云南怒江城镇国土空间规划地质灾害风险评价方法研究

魏云杰　谭维佳　余天彬 等　著

"十四五"国家重点研发计划"广域重大地质灾害隐患综合遥感识别技术研发"项目课题四（2021YFC3000404）资助出版

科 学 出 版 社

北　京

内 容 简 介

本书为"十四五"国家重点研发计划"广域重大地质灾害隐患综合遥感识别技术研发"项目课题四和云南省怒江傈僳族自治州（怒江州）地质灾害防治重点项目研究成果的总结。本书研究区怒江州地处青藏高原东南缘，山高、谷深、地质构造复杂、岩体结构破碎、生态环境脆弱，极易诱发崩塌、滑坡、泥石流等地质灾害，是云南省乃至全国地质灾害最为严重的地区之一。本书结合云南怒江城镇国土空间规划与布局，运用高精度遥感、无人机航测和地面调查勘查等技术，建立了城镇国土空间地质灾害风险评价方法，为高山峡谷区城镇规划建设及防灾减灾提供了技术支撑。

本书可供从事地质灾害防治、地震地质、工程地质、岩土工程、城乡规划及城镇建设等领域的科研和工程技术人员参考，也可供有关院校教师和研究生参考使用。

审图号：怒江 S（2024）008 号

图书在版编目（CIP）数据

云南怒江城镇国土空间规划地质灾害风险评价方法研究／魏云杰等著.
—北京：科学出版社，2024.6
ISBN 978-7-03-077557-3

Ⅰ. ①云…　Ⅱ. ①魏…　Ⅲ. ①地质灾害–风险评价–研究–怒江傈僳族自治州　Ⅳ. ①P694

中国国家版本馆 CIP 数据核字（2024）第 014507 号

责任编辑：韦　沁　李　静／责任校对：何艳萍
责任印制：肖　兴／封面设计：北京图阅盛世

科学出版社 出版
北京东黄城根北街 16 号
邮政编码：100717
http://www.sciencep.com
北京市金木堂数码科技有限公司印刷
科学出版社发行　各地新华书店经销
*
2024 年 6 月第 一 版　开本：787×1092　1/16
2024 年 6 月第一次印刷　印张：22 1/4
字数：528 000
定价：318.00 元
（如有印装质量问题，我社负责调换）

作者名单

魏云杰　谭维佳　余天彬　王俊豪　朱赛楠　杨成生
王　猛　柴金龙　康晓波　王晓刚　刘艺璇　徐　旭
彭云峰　冯希尧

主要研究人员

（按姓氏笔画排序）

丁慧兰　王　猛　王江恒　王俊豪　王晓刚　王新刚
代旭升　冯希尧　朱赛楠　刘　文　刘艺璇　刘东旺
刘传秋　江　煜　阮崇飞　孙　瑜　孙渝江　李　斌
李祖锋　杨占根　杨成生　何中海　何国强　何桂莲
余天彬　邱　勇　宋　班　宋晨光　张　楠　张天宇
张文鍪　张正圆　张劲松　张畅军　张泽鸿　张晓春
尚中堂　胡英南　赵晓勇　祝文新　胥　娇　柴金龙
徐　旭　唐榆松　黄细超　康晓波　彭云峰　谭维佳
薛春光　魏云杰

序

　　魏云杰博士的新著《云南怒江城镇国土空间规划地质灾害风险评价方法研究》即将付梓。该专著系统总结了他在云南怒江州持续开展城镇国土空间规划地质灾害风险评价方面的研究成果。他请我为该书作序，我欣然应允。

　　云南省怒江州地处云南省西北部青藏高原东南缘，山高、谷深、地质构造复杂、岩体结构破碎、生态环境脆弱，极易诱发崩塌、滑坡、泥石流等地质灾害，是云南省乃至全国地质灾害最为严重的地区之一。随着近些年经济社会快速发展，城镇地质环境容量有限，人地矛盾日益突出，地质灾害对沿江两岸聚居区、交通线路及工程基础设施等人民生命财产安全构成严重威胁，城镇规划及建设面临重大地质安全问题。这些区域海拔高、植被覆盖好、道路艰险、远离人烟，现场调查的难度非常大，很多区域人力无法抵达，如何查清隐蔽性很强的地质灾害，需要我们探索全新的综合调查研究方法。根据高山峡谷区城镇高质量发展与国土空间规划的需求，亟须研究出一套服务国土空间规划的地质灾害风险调查评价方法。开展地质灾害风险评估及防治对策研究，既关系到人民群众生命财产安全，也关系到民族地区经济社会可持续发展。

　　魏云杰博士先后主持了澜沧江德钦—兰坪段灾害地质调查、云南怒江峡谷段重大地质灾害风险精细调查评价等项目，参加了德钦县城地质灾害风险评估及新县城场址适宜性评价等工作。该专著在分析怒江州已有地质灾害监测、防治工程等资料基础上，针对研究区特殊的自然条件，采用高精度遥感解译、无人机倾斜摄影、InSAR 监测、机载激光雷达等新技术方法，结合地面调查、工程地质测绘、岩土体测试、物理模拟、数值模拟等综合调查评价手段，开展怒江州怒江峡谷段地质灾害调查评价，对重大崩塌、滑坡、泥石流进行调查和风险分区，并对县城及重点乡镇开展工程建设适宜性评价，建立了城镇国土空间规划地质灾害风险调查评价方法，为高山峡谷区城镇规划及防灾减灾提供技术方法支撑。

　　《云南怒江城镇国土空间规划地质灾害风险评价方法研究》是云南城镇地区国土空间规划与地质灾害风险评价综合研究的一部系统著作，也是魏云杰博士继《澜沧江德钦段地质灾害精细调查方法研究》专著之后在云南三江并流区开展地质灾害调查评价方法研究方面又一力作。相信该书的出版将为高山峡谷区城镇国土空间规划实现科学决策、有效规避地质灾害提供宝贵的理论和技术借鉴。衷心祝贺该专著成功出版！祝愿魏云杰博士再创佳绩！

中国工程院院士

2024 年 1 月 24 日

目　　录

绪　　论

0.1　研究背景

　　云南省怒江傈僳族自治州（怒江州）地处青藏高原东南缘，山高、谷深地质构造复杂、岩体结构破碎、生态环境脆弱，受降水、地震、工程活动等因素影响，极易诱发崩塌、滑坡、泥石流等地质灾害，具有点多、面广等特点，呈多发、易发、频发态势，风险程度高，是云南省乃至全国地质灾害最为严重的地区之一。

　　怒江州处于地质灾害高易发区，地质环境容量有限，城（乡）镇面临重大的地质安全问题。据云南省自然资源厅统计，2004～2022 年，区内发生滑坡、崩塌、泥石流等地质灾害 616 处，其中滑坡 275 处、崩塌 84 处、泥石流 251 处、地面塌陷 6 处，直接经济损失约136369 万元（表 0.1）。对乡镇、居民点整体安全构成重大威胁，地质灾害风险极高。例如，2022 年 4 月 2 日凌晨 1 时，贡山独龙族怒族自治县（贡山县）独龙江乡孔当村鲁腊组公路管理所附近突发滑坡碎屑流自然灾害，造成 6 人失联，2 个汽车修理点、1 个废铁回收点被掩埋，1 座水文站被冲毁，独龙江公路养护管理所房屋受损。

表 0.1　怒江州近 20 年间地质灾害情况统计

年份	地质灾害总数/处	不同灾种数量/处				人员伤亡数量/人	经济损失/万元
		滑坡	崩塌	泥石流	塌陷		
2004	9	4	3	2	0	35	27116
2005	3	1	0	2	0	18	20000
2006	2	0	0	2	0	5	1095
2007	121	73	40	8	0	16	461
2008	116	61	15	37	3	7	1413
2009	10	2	0	8	0	8	247
2010	47	11	0	34	2	220	15334
2011	54	27	0	26	1	0	6420
2012	32	11	1	20	0	3	1178
2013	16	7	0	9	0	0	469
2014	19	3	1	15	0	37	31884
2015	8	1	3	4	0	0	636
2016	34	12	10	12	0	10	1284
2017	9	5	1	3	0	1	1117
2018	12	3	1	8	0	1	5584

年份	地质灾害总数/处	不同灾种数量/处				人员伤亡数量/人	经济损失/万元
		滑坡	崩塌	泥石流	塌陷		
2019	4	2	0	2	0	5	237
2020	115	52	8	55	0	8	15238
2021	4	0	1	3	0	1	1790
2022	1	0	0	1	0	6	4866
合计	616	275	84	251	6	381	136369

近年来，随着经济社会的快速发展，人地矛盾日益突出，地质灾害对沿江两岸聚居区、交通线路及工程基础设施等安全构成严重威胁。因此，开展地质灾害风险评估及防治对策研究，既关系到人民群众生命财产安全，又关系到民族地区经济社会可持续发展，对不断提高少数民族地区人民生活水平、促进民族团结和社会稳定、实现经济社会跨越式发展具有十分重要意义。

根据高山峡谷区城镇高质量发展与国土空间规划的要求，亟须研究出一套服务国土空间规划的地质灾害调查风险评价方法，2021 年科技部启动"十四五"国家重点研发计划"广域重大地质灾害隐患综合遥感识别技术研发"项目。由作者牵头并负责的课题四"重大崩滑灾害隐患精准识别与风险评价研究"，在充分调查和分析重大地质灾害隐患特征及风险评价技术体系的基础上，运用高分辨率 InSAR、倾斜摄影测量等方法，对重大地质灾害边界、活动块体、影响范围进行识别，针对云南怒江城镇国土空间规划地质灾害风险评价方法开展研究工作。在此基础上，作者结合云南省怒江傈僳族自治州地质灾害防治重点项目"怒江、澜沧江峡谷段地质灾害风险评估及防治对策研究"与"怒江州重大地质灾害风险精细调查评价"的研究成果，提炼撰写成本书。

0.2　主要研究内容

本书以云南省怒江州怒江峡谷段为重点研究区，以服务怒江州高山峡谷段城镇国土空间规划和地质灾害防治为目标，主要开展了以下四个方面的研究。

（1）云南怒江州城镇国土空间规划与布局研究；
（2）怒江州地质灾害发育分布规律与高精度遥感识别；
（3）流域型地质灾害与高位滑坡泥石流灾害链成因机理研究；
（4）怒江州城镇地质灾害风险评价与工程建设适宜性评价。

0.3　研究思路与技术路线

在充分收集、分析已有地质灾害监测、防治工程等资料基础上，针对研究区特殊的自然条件，运用高精度遥感解译、无人机倾斜摄影、InSAR 监测、机载激光雷达等方法，结合地面调查、工程地质测绘、岩土体测试、数值模拟、物理模拟等综合调查评价手段，开展怒江州怒江峡谷段地质灾害调查评价,对威胁村镇场址区安全的重大崩塌、滑坡、泥石流进行调查和风险分区,并对县城及重点乡镇开展工程建设适宜性评价。本书研究技术路线如图0.1所示。

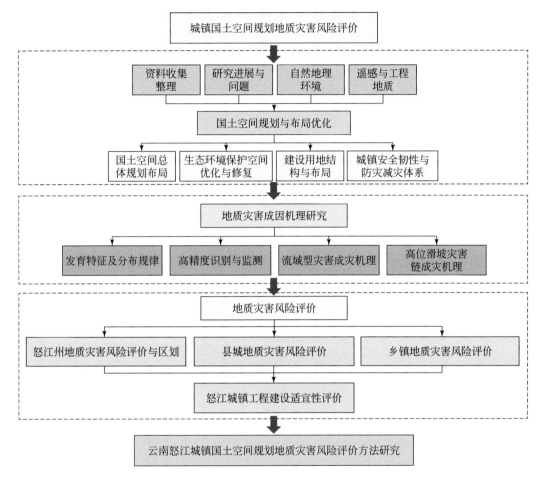

图0.1　研究技术路线图

　　本书以科学严谨的态度与原则,开展怒江大峡谷地质灾害风险评估及地质灾害防治对策研究,明确提出地质灾害风险防控对策建议,为政府决策提供技术支撑。

0.4　主要撰写人员与分工

　　本书共分11章。

　　绪论由魏云杰、朱赛楠撰写。

　　第1章国土空间规划地质灾害风险评价方法研究进展,由谭维佳、魏云杰等撰写,介绍了国土空间规划、地质灾害风险评价及高位复合型链式灾害成灾机理的研究进展。

　　第2章云南怒江自然地理环境,由柴金龙、康晓波、冯希尧、刘艺璇等撰写,介绍了云南怒江流域的地理、气象、地貌、构造及岩土体特征。

第 3 章云南怒江州城镇国土空间规划与布局研究，由朱赛楠、魏云杰、彭云峰等撰写，介绍了怒江州国土空间总体规划布局、生态环境保护空间优化与修复、建设用地结构布局与优化，以及城镇安全韧性与防灾减灾体系建设等内容。

第 4 章云南怒江地质灾害发育特征及分布规律，由王俊豪、徐旭等撰写，分析总结了云南怒江的地质灾害发育特征，以及斜坡、滑坡和崩塌的结构特征。

第 5 章基于高精度遥感的地质灾害识别与监测，由杨成生、王猛、王晓刚等撰写，介绍了利用高精度光学遥感解译、InSAR 识别监测、无人机航测等空间对地观测技术对怒江地质灾害变形活动进行监测与动态识别。

第 6 章流域型地质灾害成因机理研究，由谭维佳、魏云杰等撰写，归纳分析了怒江流域典型滑坡、崩塌、泥石流灾害的发育特征及其活动规律，开展了地质灾害的数值模拟计算分析，揭示了流域型地质灾害的成因机理。

第 7 章高位滑坡-泥石流灾害链成灾机理研究，由魏云杰、谭维佳等撰写，以云南省怒江州贡山县吉速底高位滑坡-泥石流为例，通过物理模型试验与数值模拟计算方法分析了高位滑坡-泥石流灾害链的成灾机理。

第 8 章云南怒江峡谷段地质灾害风险评价及区划研究，由王俊豪、余天彬等撰写，介绍了地质灾害风险区划的方法，对怒江峡谷段地质灾害风险进行了分区，对土地可利用性进行了分析。

第 9 章云南怒江县城地质灾害风险评价，由余天彬、王猛撰写，以县城场址区第一斜坡带为研究区，在综合遥感精细解译、地质灾害 InSAR 监测、工程地质调查和勘察等基础上，开展了 1 : 1 万地质灾害风险评价，并提出了相应的风险防控建议和县城开发建设边界划分。

第 10 章云南怒江乡镇及典型地质灾害风险评价，由余天彬、王猛等撰写，以村镇场址区为研究区，以斜坡单元为研究评价尺度单元，利用无限斜坡模型，对研究区划分的斜坡单元的危险性、风险进行逐坡定量评价。

第 11 章典型城镇工程建设适宜性评价，由魏云杰、朱赛楠等撰写，介绍了县城及重点乡镇场址区工程建设适宜评价的方法，选取两处县城聚居区、两处乡镇聚居区开展了工程建设适宜性分区和评价。

本书初稿分章节完成后，由魏云杰、朱赛楠、谭维佳统稿。

在调查研究工作和专著的撰写过程中，得到自然资源部地质灾害技术指导中心首席科学家殷跃平院士、四川省地质调查研究院成余粮教授级高级工程师等专家的技术指导和帮助，提出了诸多指导性建议，极大地提高了本次研究成果的技术水平。借此机会，特向对本书研究提供帮助、支持和指导的所有领导、专家和同行表示衷心的感谢！

由于作者水平有限，书中还有许多内容有待进一步深化研究，书中难免存在不妥之处，敬请同行专家和读者批评指正。

第1章 国土空间规划地质灾害风险评价方法研究进展

1.1 国土空间规划研究进展

国土空间规划是国家空间发展的指南、可持续发展的空间蓝图，是各类开发保护建设活动的基本依据。建立国土空间规划体系并监督实施，将主体功能区规划、土地利用规划、城乡规划等空间规划融合为统一的国土空间规划，实现"多规合一"，强化国土空间规划对各专项规划的指导约束作用，是党中央、国务院做出的重大部署。建立全国统一、责权清晰、科学高效的国土空间规划体系，整体谋划新时代国土空间开发保护格局，综合考虑人口分布、经济布局、国土利用、生态环境保护等因素，科学布局生产空间、生活空间、生态空间，是加快形成绿色生产方式和生活方式、推进生态文明建设、建设美丽中国的关键举措，是坚持以人民为中心、实现高质量发展和高品质生活、建设美好家园的重要手段，是保障国家战略有效实施、促进国家治理体系和治理能力现代化、实现"两个一百年"奋斗目标和中华民族伟大复兴中国梦的必然要求。

国际上关于国土空间规划体系大致分为四种类型：①以追求经济增长为目标的"区域经济发展政策型"体系；②以强调土地利用管控的"土地利用型"体系；③以城市自然和文化遗产保护的"城市设计与环境美化型"体系；④以协调社会–经济–环境等引导程序发展为目的的"综合型"体系（黄安等，2020）。耕地是农业活动的基础，由于全球人口增长和城镇建设扩张，耕地在不断减少，为保护耕地资源，发达国家和发展中国家都制订了相关的空间规划，如西欧国家对耕地的保护手段分为主要规划工具和补充规划工具（Oliveira et al.，2019），分别为设定农业土地利用的优先领域并禁止转换为其他用途，设定农田保护的土壤功能评估框架。也有学者通过分析城乡梯度区土地利用变化对生态系统服务供求变化的影响，发现随着人口增长和城镇扩张，生态系统服务供需不匹配的城市数量在增加，建议通过绘制生态系统服务供需关系图来修订城乡发展规划（González-García et al.，2020）。欧盟城市发展的空间战略，可分为紧凑型、老城改造型、功能混合型、免征地型、绿色型、高密度型六大战略类型，大多数城市以紧凑型和功能混合型为主要方向发展，几乎所有城市的土地面积都在扩张增加，特别是成长中的城市扩张速度最高，但扩张的效率相对低下，导致城市化地区土地废弃现象和农业用地的破碎化现象发生（Cortinovis et al.，2019）。

我国国土空间规划经历了从 1949~1985 年计划经济下单独的城市规划，到 1985~2000 年"双轨制"下的区域规划和国土规划，再到 2000~2018 年的多规共管，包括城乡规划、土地利用规划、环境保护规划等，其间中央部门完成了《全国城镇体系规划（2006—2020 年）》《全国主体功能区规划》《全国国土规划纲要（2016—2030 年）》《国

	改革开放	20世纪末至21世纪初	21世纪
规划编制体系	国土规划：京津冀等六个地区试点国土规划(1982年)，《全国国土总体规划纲要》(1985~2020年)；土地利用规划：第一轮全国土地利用总体规划(1987~2000年)，国家、省(区、市)级、县级三级三类体系，国家级、省(区、市)级、县级三个层次，总体规划、专项规划设计三种类型和规划设计三种类型	土地利用规划：第二轮全国土地利用总体规划(1997~2020年)，国家、地市级、县级和乡镇级五个层次，专项规划和规划设计三种类型	国土规划：《全国国土规划纲要(2016—2030年)》；土地利用规划：《全国土地利用总体规划纲要(2006—2020年)》《全国土地利用总体规划纲要(2006—2020年)调整方案》(2016年)
规划行政体系	国家计委和国家土地管理局	国土资源部(1998年)	国土资源部
规划法律法规体系	《中华人民共和国土地管理法》(1986年)；《国土规划编制办法》(1987年)；《中华人民共和国土地管理法实施条例》(1991年)；《土地利用总体规划编制审批暂行办法》(1993年)；《县级土地利用总体规划编制规程》	《中华人民共和国土地管理法》(1998年修订)；《中华人民共和国土地管理法实施条例》(1999年)	《中华人民共和国土地管理法》(2004年修正)《中华人民共和国土地管理法实施条例》(2014年修订)《土地利用总体规划编制审查办法》(2009年)(废止)《市(地)级土地利用总体规划编制规程》(2010年)《县级土地利用总体规划编制规程》(2010年)《乡(镇)土地利用总体规划编制规程》(2010年)《土地利用总体规划管理办法》(2017年)
编制重点	国土规划重点：资源综合开发、建设总体布局，环境综合整治。土地利用规划重点：土地承载力、耕地开发潜力、城镇用地预测等，侧重农村土地规划	土地利用规划：从农村土地规划转向城乡土地利用规划的管理，实现土地用途管制制度	严格保护耕地，对土地开发、利用和保护做出科学、合理的安排和部署。2017年颁布的办法加强了空间落地要求：划定城乡建设用地规模边界、城乡建设用地扩展边界、城乡建设用地禁建边界

图1.1 国土部门规划体系发展历程示意图

家新型城镇化规划（2014—2020 年)》，并且开展了"多规合一"的试点工作，2018 年以后全面开展了"多规合一"（朱雷洲等，2020）（图 1.1）。

国土空间规划总体框架首先应分级分类建立国土空间规划，对一定区域国土空间开发保护在空间和时间上做出安排，包括总体规划、详细规划和相关专项规划。随后，应明确各级国土空间总体规划的编制重点，全国国土空间规划是对全国国土空间做出的全局安排，是全国国土空间保护、开发、利用、修复的政策和总纲，侧重战略性，由自然资源部会同相关部门组织编制，由党中央、国务院审定后印发。同时，应强化对专项规划的指导约束作用，海岸带、自然保护地等专项规划及跨行政区域或流域的国土空间规划，由所在区域或上一级自然资源主管部门牵头组织编制，报同级政府审批；涉及空间利用的某一领域专项规划，如交通、能源、水利、农业、信息、市政等基础设施，公共服务设施，军事设施，以及生态环境保护、文物保护、林业草原等专项规划，由相关主管部门组织编制。最后，应在市（县）及以下编制详细规划。详细规划是对具体地块用途和开发建设强度等做出的实施性安排，是开展国土空间开发保护活动、实施国土空间用途管制、核发城乡建设项目规划许可、进行各项建设等的法定依据。国土空间规划具体可分为五级三类四体系（图 1.2）。

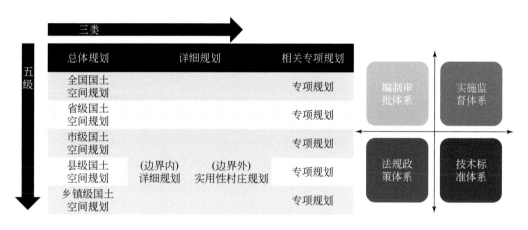

图 1.2　国土空间规划五级三类四体系

为响应党的十八大报告提出的优化国土空间开发格局，学术界和政府部门开展了大量的研究，研究主要集中在"三生空间"与"三生功能"时空变化分析（李广东和方创琳，2016；刘继来等，2017；陈仙春等，2019；魏小芳等，2019）、"三生空间"冲突性诊断（廖李红等，2017；赵旭等，2019）、"三生空间"优化（朱媛媛等，2015；魏小芳等，2019）。其中，对"三生空间"的优化既有定性分析，也有定量分析。对于定性的优化方案主要从宏观和微观视角来分析，宏观维度侧重于构建"三生空间"法律保障体系，健全生态考核机制，微观视角强调分别以耕地红线、城乡规划红线、生态红线为约束实现"三生空间"协调发展（朱媛媛等，2015）。关于城市地区生活空间的优化主要通过改善居住环境和完善公共服务设施；生产空间的优化通过整合零散的生产空间，提高生产空间发展潜力；生态空间的优化通过建设生态斑块，建设城市生态廊道（张红娟等，2019）。乡村地区主要通过加强景观风貌建设，村内生活空间整治提升，乡村文化建设，来实现生活空间优化，同时通过提升商贸服务生产，通过电商平台建设，发展特色农业优化生产空间，生态空间的优化主要通过打造村庄绿化景观带实现（张红娟等，2019）。村庄的生活空间优化主要通过合并与拆迁实现，生态空间的优化主要通过建立生态走廊、划定生态红线对其进行修复与保护，通过农用地整治和农业规模化经营优化生产空间（杨俊等，2019）。有学者基于集聚居住区产生的吸引力，耕地经济生产功能产生的生命力，以及生态环境的承载力对矿粮复合区"三生空间"进行重构，实现国土空间集约利用（洪惠坤，2016）。由于乡村空间功能地域差异性明显，环境保护需要广泛的公众参与，因此微观主体需求意愿对优化乡村"三生空间"发挥着重要作用，洪惠坤（2016）通过研究农户参与乡村空间优化的需求意愿，提出乡村空间的优化以生态环境保护为前提，要转变农业发展方式，合理规划乡村建设、完善基本公共服务，提升乡村生活空间品质。长江经济带作为中国国土空间开发的重要轴线，在生态文明建设的大背景下，生态保护与国土开发面临着挑战，于婧等（2020）通过"三生空间适宜性"划定了长江经济带"三生空间"布局，为"三生空间"格局优化提供了参考依据。

由于城镇地区城镇化与工业化相辅相成，生产和生活空间紧密相连，同时城乡之间产业结构、生活方式差异巨大，而"三生空间"的分类存在复合空间模式，在中小尺度难以精准识别，也不利于国土空间的管控（黄安等，2020）。为推动主体功能区划在国家空间规划中的深化应用，我国政府提出了开展"多规合一"的国土空间规划，以科学划定"三区三线"，实现国土空间的综合管控。目前关于"多规合一"的研究主要集中在：①"多规合一"的理论框架与技术方法；②"多规合一"的应用案例；③"多规合一"的冲突性权衡。

（1）首先在"多规合一"理论框架探讨方面。王亚飞等（2019）通过基于"双评价"的控制性参数测算，对主体功能区进行降尺度，实现了格网单元地域功能优化分区，厘清了"双评价"集成结果与主体功能分区及"三区三线"划定方案的对应关系。王介勇和刘彦随（2016）提出了基于区域发展定位和资源环境承载力评价，甄别区域主体功能、主导功能、主要功能，开展区域功能分区、用途分区、管控分级的"三主三分"的"多规合一"基本框架。王开泳和陈田（2019）提出建立同中国行政层级相应的五级国土空间规划体系，重构中国国土空间规划体系的总体思路，并且任何项目布局均不能与"三主三分"范围相冲突。

（2）"多规合一"的应用案例，张雪飞等（2019）基于资源环境承载力能力评价和国土空间开发适宜性评价对福建省生态空间和生态保护红线进行划定。李萌等（2019）采用改进方法对六盘水市水源涵养功能生态保护红线进行了划定，该方法显著提高了区域红线判别的精度。高晓路等（2019）基于城镇适宜性评价对福建省城镇空间和城镇开发边界进行了划定，并根据"三线"修正"三区"的范围，同时对冲突区采用城镇适宜性、农业适宜性和生态适宜性评分优先准则，最终确定其合理的归属。魏玉强等（2016）通过最小累计阻力模型划定出快速城镇化大都市区耕地红线，对耕地红线内不同土地利用类型采用不同的保护标准。Hu等（2020）提出了城镇地区已建设空间与绿色空间之间的权衡框架，通过对比生态红线政策实施前后区域内外土壤保留空间的变化，证明了生态空间政策的有效性，有效地支持了土地节约与土地共享框架在城市地区的应用。李思楠等（2021）根据西南喀斯特地区城镇–农业–生态适宜性的特征和资源环境承载力，探索了"双评价"下区域空间功能区的优化方法和区域地域优化模式。据此，分别以分类保护、全面改善和集群发展为中心的"三位一体"国土空间功能区域管制模式，从控制石漠化恶化地区、控制严重石漠化地区以及控制相应政策三个方面来研究石漠化空间开发与保护的新途径和新方法。

（3）土地利用冲突是社会经济快速发展和城镇化进程中各种风险因素驱动的复杂问题（孙丕苓等，2019）。由于国土空间用途的多宜性，以及参与主体之间的利益冲突，国土空间用途协调过程只能通过权衡决策来实现优化。例如，刘耀林等（2018）通过叠加生态红线、城镇开发边界、基本农田保护红线得到其空间冲突区，并分析了冲突强度的影响因素。孙爱博等（2019）采用包括经济、社会、生态价值测度每类国土空间价值，通过价值求和对国土空间冲突的版块进行国土空间总价值权衡。Ma 等（2020）通过分析京津冀城市群土地利用结构冲突、土地转换冲突、景观格局冲突来识别冲突区域的冲突特征和形成机制。该研究认为通过公众参与、空间公平、乡村振兴、土地使用系统改革和新型城镇化，可为土地利用冲突提供可行的解决方案。

国土空间规划不仅需要有区域化的宏观视野，也需要有精细化的微观视域；既要在纵向上往多尺度延伸形成"一张蓝图"，又要在横向上与多部门融合形成"多规合一"。新的时代对空间规划提出了更高的要求，亟待从规划涉及的各项专题内容入手，构建理论、方法、技术、管理等全方位、多层次的核心知识体系和相应的分析工具。唯有学界和业界协同共进，才能推动人与自然和谐共生的现代化进程。

1.2 地质灾害风险评价研究进展

地质灾害风险评价是地质灾害风险管控的基础，提出科学有效的风险管控对策建议能够很大程度上避免遭受地质灾害的威胁。国外自 20 世纪 30 年代起就开始了对自然灾害的风险研究分析。Varnes 在 1984 年首次提出了地质灾害风险的概念，他认为地质灾害风险就是由各类地质灾害破坏而产生损失的可能性，即灾害发生的可能及其对人类生命财产破坏的可能。该概念准确的定义了地质灾害风险，得到了国内外地质灾害研究者的广泛认同，已成为开展区域地质灾害风险评价的基础（牛全福，2011）。

1976 年，在国际工程地质大会上首先明确界定了地质灾害这一术语，将自然灾害归于某种地质灾害。联合国 1987 年提出的"国际减轻自然灾害十年"（International Decade for Natural Disaster Reduction，IDNDR）计划旨在提醒人们关注自然灾害，最大限度地减少人员伤亡和财产损失，使公众的生命和经济结构在灾害中受到的破坏得以减轻到最低程度（李岩，2008）。正式的自然灾害风险定义是由联合国人道主义事业部于 1991 年公布的，即风险是指某个区域内在一定的时间段内，由某种自然灾害造成的人们生命财产损失和社会经济失调的期望值，具有危害性、可变性、不确定性及复杂性等特征，其计算公式为风险=危险性×易损性（侯凯，2010；单博，2014），该计算公式得到了国内外研究者的全面认同（Fell，1994；Mejia-Navarro et al.，1994；Hearn，1995；刘希林，2000）。

　　20 世纪 60 年代末，欧美等国家就开展了地质灾害危险性和风险评价研究，这个阶段研究方法主要以定性分析为主，即根据地质灾害发生点的地形、地貌、地质构造、植被以及水文等影响因素，采用相对简单的方法即专家凭借经验进行主观判断分析进行地质灾害风险评价研究。80 年代以来，地质灾害风险研究理论创新不断，出现了一些地质灾害风险评价的理论框架，研究内容日益丰富，研究方法也逐渐增多，灾害风险评价开始突破传统的研究模式，逐渐由定性研究阶段转入定量化研究阶段（成永刚，2003），如 1993 年 Robin 等总结了常用滑坡灾害定量评价（危险性、易损性、风险）方法，对定性评价方法提出了其使用原则，并讨论了可接受风险的相关内容；Anbalagan 和 Singh（1996）利用风险矩阵对印度喜马拉雅山区的滑坡进行了风险评估和区划；2001 年，Candan Gokceoglu 等详细地讨论了地质灾害风险评价影响因素选取、评价等问题，对地质灾害风险评价研究具有重要的指导意义（薛东剑等，2010）；Dai 等（2002）通过研究不同类型滑坡的失稳概率和运动行为模式，计算出相关参数，对区域内的滑坡灾害进行了风险评价；陆显超等（2006）对广东省地质灾害进行了风险评价研究并完成分级；Yu 等（2012）基于证据权方法提出了一种评价模型并将其应用到杭州市的滑坡灾害风险评价中。

　　国内地质灾害风险评价起步相对较晚，20 世纪 80 年代地质灾害风险研究主要依附水文地质和工程地质等工作展开，研究内容也相对简单，主要包括形成机理和趋势预测；90 年代国内学者（张业成，1993；张梁等，1998；张春山等，2000，2003）提出了滑坡灾害风险评价的初步框架，为滑坡灾害风险评价建立了良好的理论基础。王礼先（1992）和刘希林（1998）对泥石流的危险度和风险评价提出了判定方法和研究思路；刘希林等（2000）根据大量的调查统计数据，发展了一套泥石流风险评价的原理和方法，提出了"风险=危险性×易损性"的评价公式，对云南省和四川省的地质灾害进行了研究；殷坤龙和柳源（2000）基于信息论建立了多因素滑坡灾害预测分析方法。21 世纪初，随着 RS 和 GIS 在国际地质灾害风险评价中的广泛应用，国内学者也逐渐开展了基于 GIS 的地质灾害风险评价工作，以 GIS 技术为平台的地质灾害风险评价研究正逐渐成为地质灾害研究的热点之一。朱良峰等（2002）研究开发了基于 GIS 的滑坡灾害风险分析系统，对全国的滑坡灾害进行了风险评价，系统阐述了基于 GIS 的区域滑坡灾害风险评价分析系统的设计思路和工作流程；张春山等（2003）总结并讨论了地质灾害的风险评价方法、评价体系、评价过程；吴益平等（2005）将 GIS 技术与 BP 神经网络模型相结合，对巴东新县城的滑坡灾害的危险性、易损性和风险进行了评价；张春山等（2006）确定了地质灾害风险评价的主要影响因子，建立了评价指标体系，采用灰色关联分析方法计算得到各个评价因子的权值，对黄河上游地区进行了以县（市、旗）为单元的风险评价。吴树仁等（2009）探索了地质灾害风险评估的工作流程，并提出了地质灾害风险评估应该遵循的六条基本原则、结构层次及核心内容，以及定性分析–定量化评价相结合的地质灾害风险评估技术方法。张艳等（2010）在地质灾害评价理论和土地资源价值理论的基础上探讨了地质灾害风险评估中的土地资源易损性评估的技术方法。唐亚明和张茂省（2011）根据当今国际上通用的滑坡风险管理理论，分析了滑坡风险评价的难点，详细论述了国内外在这些难点上进行量化和评价的技术方法并对各种方法的优缺点和适用性进行了评述。齐信等（2012）系统地总结了风险的定义，详细阐述了地质灾害风险评价研究现状、概括了地质灾害风险评价内容，归纳了地质灾害风险评价的方法、类型及评价模型，并探讨了目前风险评价实施中存在的问题。袁四化等（2013）采用 GIS 技术和遥感影像分析方法对滦县地区地质灾害进行了风险区划。郭富赟等（2014）探讨了大比例尺风险评估工作部署、技术思路和评价方法，总结了地质灾害风险评估量化评价方法。康婧等（2016）采用模糊数学法，基于海岛地质灾害风险评价指标体系，综合评价研究了长兴岛的地质灾害风险。刘传正（2017）基于多年学术研究与实地"原型观测"提出了地质灾害风险识别六个因素，这些因素的变化决定着致灾体与承灾体遭遇的概率，从而为地质灾害风险评价指明方向。赵良军等（2017）运用 GIS 空间分析技术对滑坡、崩塌、泥石流等地质灾害进行风险评价，并采用频率比灾害风险指数进行致灾因子的敏感性分析。孟晖等（2017）、李春燕等（2017）以国土资源部 2001～2015 年地质灾害灾情数据为基础，探索县域单元的地质灾害风险评价方法。此外，为解决以往地质灾害工作程度不高和地质灾害机理研究不够等问题，国土资源部从 2005 年开始，逐步开展全国县（市）1∶5 万地质灾害详细调查工作，使得地质灾害理论更加丰富，地质灾害研究更加深入，社会的防灾能力显著提高，地质灾害防治从以前的简单防御转变为对灾害风险的综合管理。

以上工作不仅提高了地质灾害工作精度，而且在学术理论与应用研究方面成果诸多，把我国的地质灾害研究事业再一次推向了新高度。

1.3　高位复合型链式灾害成灾机理研究进展

链式灾害是一系列灾害相继发生的现象，它的形成往往具有持续性、群发性、放大性及链式性的特点。目前对于链式灾害的相关研究不同的学者基于不同的研究领域对其有不同的理解与研究，但大部分学者统一认为：链式灾害是在某特定区域内发生两种或以上不同类型的灾害，且这些灾害之间存在时空关联性，同时由于形成了灾害链导致其对于该区域内灾害系统的孕灾环境，以及承灾体的破坏起到扩散或放大作用（刘洋，2013）。对于灾害链研究来说，不同的学者以其自身角度出发对其进行了定义。

国际上，最早在 Menoni（2001）发表的论文中提出了相关的概念。随后，Carpignano等（2009）又基于多米诺现象提出了不同的概念。而从扩散和放大孕灾环境与承灾体破坏的角度出发，Dombrowsky（1995）认为灾害链是系统内部不同灾害相互作用、影响的产物。Helbing（2013）在基于众多学者的研究基础上于 *Nature* 杂志上发表的论文中提到，灾害链之中的各个灾害事件之间具有极强的因果关系，不仅互相影响，同时也在互相抑制。

国内最早提出灾害链概念的是郭增建，其认为："灾害链就是两个以上灾害在同一地区或相近地区相继发生的现象"（郭建增和秦保燕，1987）。史培军（1991）从灾害链的类型出发，将其分为串联与并发两种灾害链类型。文传甲（1994）则更为注重灾害事件之间的关联性并将其定义为：一种灾害启动另一种灾害的现象。肖盛燮（2006）从系统灾变的角度出发对灾害链进行了定义。刘文方等（2006）从灾害事件之间的关系角度出发将其定义为：灾害链是指包括一组灾害元素的一个复合体系，链中灾害要素之间和灾害子系统之间存在着一系列自行连续发生的相互作用，其作用的强度使该组灾害要素具有整体性。

徐梦珍等（2012）主要研究了地质灾害链的基本特征与发生过程，以汶川地震灾区火石沟作为研究案例，对其地质灾害链展开了深入的探讨与分析。傅敏宁等（2004）将灾害的资料信息与气象数据相结合，并对此展开了一系列的讨论，基于此构建了相应的灾害链模型，即"暴雨–滑坡、崩滑–泥石流"，重点研究了其所采用的防治手段与基本特征。唐晓春（2008）也围绕这一课题进行了分析，并将其划分为以下几种类型，即第一种灾害链的类型为地震–崩、滑、流；第二种类型为地震–崩、滑、流–堰塞湖–洪水；第三种类型为地震–坝破坏后决堤–洪水。倪化勇等（2001）在进行研究时，以"8·13"清平群发性泥石流灾害链作为案例，对其发展特征展开了一系列的分析，对此所阐述的观点为，暴发泥石流的原因主要有两点，即降雨与地震，灾害链主要具有以下几种特征，包括持续性、群发性、放大性以及链式性等。陈宁等（2012）在进行研究之后，将灾害链划分成两种类型：①是内动力地质灾害链；②内外动力耦合作用地质灾害链。

就目前灾害链相关方面研究来讲，主要分为两个方向。其一，绝大部分研究以地震、台风、冰冻雨雪灾害等（周靖等，2008；崔云等，2012；王静爱等，2012）突发性灾害为目标对其形成机理、特征与空间分布等情况进行定性化的研究。王静爱等（2012）以台方灾害链为目标对其形成机理与空间规律进行了研究。付尚瑜（2011）以地震后山体滑坡–溃决型泥石流灾害链为目标进行了研究。刘洋（2013）以冰湖溃决及融雪降雨型泥石流灾害链为目标结合 RS 技术对其形成机理等一些方面进行了分析研究。其二，一部分学者采用贝叶斯网络、GERT 网络贝叶斯网络、GERT 网络、复杂网络、人工神经网络、系统动力学于 Petri 网络等机器学习模型对灾害之间的演化进行定量化研究（陈长坤和纪道溪，2012；谢自莉和马祖军，2012；Wang et al.，2013；周愉峰和马祖军，2013；王循庆等，2014）。张永利等（2011）应用 Multi-Agent 技术构建了基于灾害链的多灾种耦合预测模型，模拟灾变演化和综合预测过程。

对于灾害链风险相关方面研究，认为某特定区域会受到多种不同的致灾因子（灾害）的共同影响，其由于各个灾害之间存在因果关系，所以最终造成的破坏情况不能依靠简单的叠加来反映。可以说，在不同的环境条件下，同一种灾害诱发的灾害链可能造成的破坏是不同的，同时，随着灾害链内长度的增加（灾害事件的增加），其结果的复杂性也呈指数增加。因此，对灾害链进行全面、科学的风险分析可以为区域防灾减灾提供更加可靠的支撑。

当前对于灾害链风险的研究主要有以下两个方面。其一，从区域灾害系统理论出发定性分析影响灾害链风险的因素。黄崇福（2006）提出多态灾害链风险分析，包括：找出全部灾害链，针对每一条灾害链分析其损失的风险以及相适应的控制措施。张卫星等根据灾害链风险评估中是否考虑孕灾环境或灾害间的诱发关系，梳理归纳出三类灾害链风险评估概念模型，认为灾害链风险应包括单个灾害事件的风险和灾害间的链发风险，基于此提出了考虑两者的概念模型（张卫星和周洪建，2013）。其二，基于指标体系（叶金玉，2015）、复杂网络、概率模型等方法定量分析灾害链风险，其中模型构建方法包括复杂网络法、系统动力学等。史培军（2009）通过提取五项指标构建灾情综合指数计算了灾害链风险。季学伟等（2009）提出突发事件链定量风险评估的三个层次。刘爱华（2013）建立了城市灾害链的系统动力学模型。王翔（2011）认为区域是灾害链发生的空间范围，是由自然生态环境和人文社会环境构成的，是灾害发生的孕灾环境，基于此建立了区域灾害链影响因素指标体系，并结合每个指标的受灾频次来调节灾害的损失。

综上，众多学者从不同角度，运用不同方法对灾害链的相关方面进行了研究并取得了一定成果。通过对灾害链相关研究的综述可以看出，不同的研究人员因其不同的研究背景及研究领域，对灾害链的理解或者研究都会有不同的侧重点，这种研究的差异性丰富了相关灾害链的内容，也进一步推进了灾害链对现实生活的应用。

从灾害链风险研究的角度来看，多为定性分析，定量方法较少，目前大部分定性分析研究仅停留在概念模型的层次。定量方法多是采用指标体系的方法，基于灾害系统论，从致灾因子危险性、孕灾环境稳定性、承灾体脆弱性等一个或多个方面选择指标，具有较大的主观性，且很难体现风险要素之间的关联性。灾害链相关研究的趋势仍然是在从定性向定量化研究转变中，通过以建立的各种灾害链模型结合不同的方法对灾害链进行预测及对其可能造成的风险进行评价。在未来的研究中，应加强对灾害链的定量化研究，提高对灾害具体演化范围、转化能力、危害程度等特征的准确性描述。

第2章 云南怒江自然地理环境

2.1 地 理 位 置

怒江源于青藏高原唐古拉山南麓,流经西藏自治区和云南省,于云南省潞西市南信河口出境,境外称萨尔温江,最后注入印度洋安达曼海。怒江干流长约3240km,流域总面积约32.5万km²。其中,怒江云南段介于98°24′~100°25′E、23°11′~28°26′N之间,面积约30494km²。本书研究区范围属于怒江自泸水市小沙坝村至贡山县丙中洛镇的高山峡谷段,约296km,面积约7255km²。研究区涉及贡山县、福贡县和泸水市三个县(市),交通条件差(图2.1)。

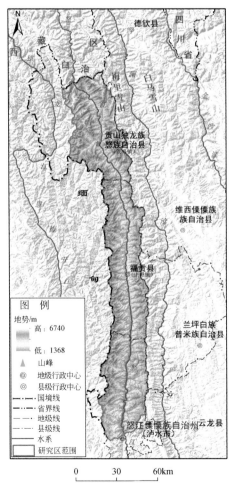

图2.1 研究区位置图

2.2　气象演化特征

2.2.1　气候特征

　　研究区地处青藏高原气候区域的温带与亚热带结合部、横断山系湿润区。由于地势陡峭、峰峦叠嶂，加之南来北下的气流夹击，气候复杂多变，随海拔上升，气温下降、降水量增加，立体气候明显，形成"一山分四季，十里不同天"的立体气候特点。根据海拔不同，呈现高山亚寒带及寒带、山地寒温带、山地温带、山地暖温带、河谷北亚热带、河谷中亚热带、河谷南亚热带七个垂直气候带（图2.2），各垂直气候分带特征见表2.1①。

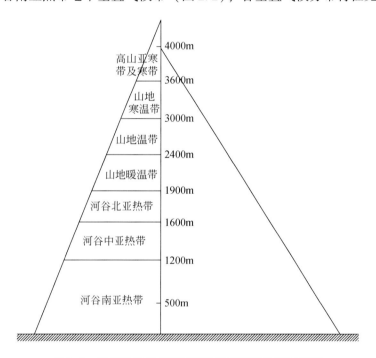

图 2.2　怒江峡谷段主要区域的垂直气候分带示意图

表 2.1　怒江峡谷段主要区域的垂直气候分带简表

分带	海拔/m	气温特点
高山亚寒带及寒带	>3600	基本是冰雪覆盖，年平均气温小于−10℃
山地寒温带	3000～3600	年平均气温小于4℃，≥10℃的活动积温在1600℃，长冬无夏，该地区不宜耕作，多为森林植被

---

　　① 云南省地质调查局，2011，怒江流域（云南段）环境工程地质调查报告。

续表

分带	海拔/m	气温特点
山地温带	2400～3000	年平均气温小于10℃，≥10℃的活动积温在3000℃左右
山地暖温带	1900～2400	年平均气温为11～14℃，≥10℃的活动积温为3200～4400℃，最冷月平均最低气温不小于0℃
河谷北亚热带	1600～1900	年平均气温为14～16℃，≥0℃的活动积温为4400～5300℃，全年霜期平均为20～90天
河谷中亚热带	1200～1600	年平均气温为16～18℃，≥10℃的活动积温为4400～6500℃，最冷月平均最低气温不小于4℃
河谷南亚热带	<1200	年平均气温大于18℃，≥10℃的活动积温在6500℃以上，持续天数360天以上，无霜

怒江流域正处在西南季风暖湿气流进入云贵高原的通道上，降水丰沛，上游绝大部分地区径流深介于200～400mm，越往河源径流深越小，往中下游逐渐加大，贡山县城至泸水市区大部分区域介于800～1600mm，径流深呈由北向南逐渐递增的明显趋势（刘冬英等，2008）。怒江峡谷段在地形阻挡下，降水量呈现随海拔增加而增大的趋势，且高黎贡山迎风坡降水多于背风坡、高黎贡山背风坡降水多于碧罗雪山迎风坡，西部多于东部、北部多于南部。受季风影响，形成干湿分明、雨水丰富、分配不均、异常年突出的特点（图2.3）。至泸水市六库街道以下为河谷区，地势较低，主要受西南海洋季风控制和东南季风影响，气候炎热无寒冬，多雨。

怒江峡谷段包含了多个不同水热状况的气候区，同时也是云南雨量最富裕和云、雾、雨日最多的地段之一。现由北至南，分别对怒江峡谷段的丙中洛镇、贡山县城、福贡县城和泸水市区四个主要地区的气象特点进行描述。

1. 丙中洛镇

丙中洛镇处于青藏高原东南部，属北亚热带河谷季风气候，多年平均气温为14.7℃，活动积温4329℃，极端最高气温为35.7℃，最低气温为2.5℃。区内降水丰富，有春秋两个雨季，分别为2～4月和7～10月，年均降水量为1667.4mm，年均陆面蒸发量为1097.6～1228.2mm；相对湿度为68%～84%，平均为78%，全年日照时数为1322.7h，季节上表现为冬季日照高于其他季节；风向以南风为主，平均风速为0.8m/s，最大风速为20m/s；年均霜日41天。

2. 贡山县城

贡山县城处于青藏高原东南部，属北亚热带河谷季风气候，立体气候和小区域气候特征明显，据县气象站多年观测资料，区内最高气温为35.7℃，最低气温为-2.5℃，多年平均气温为14.7℃；全年日照时数为1100～1400h，平均为1322.7h，季节上表现为冬季日照高于其他季节；平均相对湿度为78%；多年平均蒸发量为1274.4mm；多年平均降水量为1730.9mm，降水量随海拔增高而增大。本区有两个雨季，第一个雨季在2月至4月

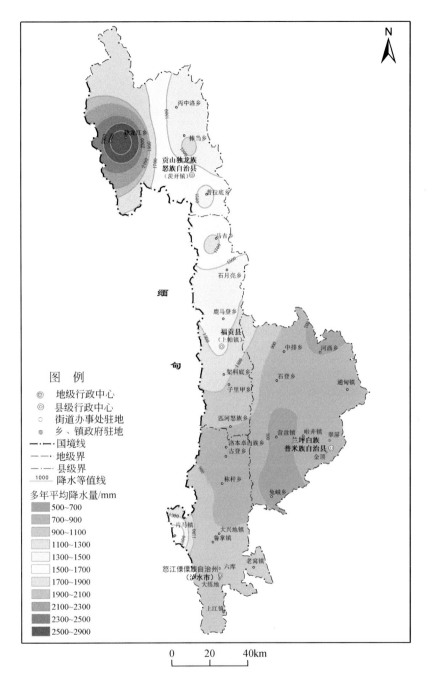

图 2.3　怒江州多年平均降水量等值线图

底，降水量占全年的 20.8%~42.6%，平均降水量为 559.2mm；第二个雨季在 5 月下旬至 11 月初，降水量占全年的 60%。雨季多连绵阴雨和暴雨，雨强大，日最大降水量达 116.4mm，多出现在 3~6 月和 10 月。风向以南风为主，平均风速为 0.8m/s，最大风速为 20m/s。年均无霜日 280 天。

3. 福贡县城

福贡县城处于怒江大峡谷底部，属北亚热带河谷季风气候，多年平均气温为 17.5℃；全年日照时数为 1301.3h，季节上表现为冬季日照高于其他季节；多年平均降水量为 1371.2mm。本区有两个雨季，第一个雨季在 2 月至 4 月底，降水量占全年 20%~40%，平均降水量为 371.1mm；第二个雨季在 6 月下旬至 10 月初，降水量占全年的 70%。

4. 泸水市区

泸水市区（六库街道）总体属亚热带山区季风气候，全年只有三个季节，无冬季，无霜期。受海拔、地形特点、地理纬度等因素的影响，气候的垂直变化极为显著。历年平均气温为 20.2℃，最热月是 7 月，平均气温为 25℃；最冷月是 1 月，平均气温为 13.2℃。多年平均降水量为 947.5mm，11 月到次年 4 月为干季，降水量占全年的 13%~21%，12 月和 1 月降水量最小；5~10 月为湿季，降水量占全年的 79%~87%，6~8 月降水量最多。多年平均日照时数为 2005h。6~9 月刮西南风，1~5 月和 10~12 月多刮偏北风，历年平均风速为 2m/s，最大风速为 24m/s。

2.2.2 气候变化对地质环境的影响

1. 影响降水量，诱发地质灾害

气候变化会影响怒江峡谷段各地区的降水量，降水是触发天然地形改变，产生滑坡、坍塌的最主要因素。一方面，降水入渗降低岩土体力学强度和增加孔隙水压力；另一方面，暴雨洪水冲蚀坡脚或洪水位涨落产生的动水压力，都可能使斜坡变形失稳，产生滑坡、崩塌、泥石流灾害。

怒江峡谷段属云南省的多雨区之一，每年有两个多雨汛期，为滑坡、崩塌、泥石流灾害的发生提供了充足的水动力条件。另外，区内高黎贡山、碧罗雪山每年积雪达半年之久，春季大量的冰雪融水是区内产生崩塌、滑坡、泥石流等地质灾害的又一外动力因素。

2. 对生态系统的影响

气候若一旦发生变化，就会对生态系统产生影响。伴随全球变暖，在平均气温不断上升的同时，不少地区的冻土、雪山不断减少，降水量和部分地区的植被覆盖率也呈现出较为明显的下降趋势。

2.3 地貌演化特征

2.3.1 地貌总体特征

怒江峡谷段总体表现为谷岭相间的地貌格局，属于强烈切割高中山峡谷地貌，流域海拔为 802～5167m，高差达 4365m，流域东西向最宽 43km、最窄 17km；怒江干流长 296km，河面海拔为 810～1680m，高差达到 870m，平均比降为 2.94‰，最大为 15‰～20‰，是怒江河道最陡的河段，险滩连布、水流湍急。怒江峡谷段没有盆地区，仅零星见有残存河流阶地和一级支流形成的冲洪积台地。河道一般宽 100～150m，最窄处仅 60～80m，水面宽 80～120m。两岸山脉夹江对峙，山坡陡峻，坡度为 35°～45°，最陡可达 60°～70°。峡谷段海拔大于 3000m 的区域占流域总面积的 11.58%，主要分布于怒江中上游高黎贡山、碧罗雪山以及南汀河的大雪山。六库以上河段主要以大于 35°的斜坡为主，可见多处斜坡大于 60°，是流域内地形最陡峻的地段。根据不同的地段特点，可将怒江峡谷段分为河谷和山地两大地貌分区[①]。

1. 河谷地貌

研究区河谷地貌主要包括峡谷地貌和宽谷地貌。峡谷是指深切于剥夷面之下，除河床外无明显的河漫滩、阶地，两岸零星发育小规模的堆积扇，谷底即为河床，谷底宽一般在 100～250m。研究区共有丙中洛以上段、丙中洛至跃进桥段两段峡谷，总长 280km，约占研究区干流总长的 50%。其中，丙中洛以上段为云南境内的怒江最北段，怒江自北西向南东径流，两岸为海拔 4000～4500m 的高山，河谷长度为 21km，河床纵坡降为 3.81‰，切割深度为 2500～3000m，谷底宽 100～150m，岸坡坡度为 35°～70°。该段峡谷岸坡陡峭，水流湍急，在丙中洛上游约 3km 处，两座绝壁从江边垂直而起，直冲云天，形成一道高 500 多米、宽近 200m 的巨大石门，怒江从石门中喷涌而出，奔泻而下，素有"石门关"美誉（图 2.4）。两岸发育 11 条较大支流，滑坡、崩塌较发育，支沟沟口少有堆积扇。河谷两岸无村庄分布，除河床两岸可修筑简易公路外，可开发利用价值不大。

图 2.4　丙中洛石门关峡谷遥感影像

丙中洛至跃进桥段怒江自北向南径流，穿越贡山、福贡、泸水三县（市）的捧当、茨开、普拉底、马吉、上帕、子里甲、匹河、洛本卓、古登、称杆、大兴地 12 个乡镇，两

---

① 云南省地质调查局，2011，怒江流域（云南段）环境工程地质调查报告。

岸为海拔 3500~4500m 的高山，河谷长度为 259km，河床纵坡降为 2.71‰，切割深度为 2500~2800m，谷底宽 150~250m，岸坡坡度为 35°~60°。该段两岸支流发育，不稳定边坡、滑坡、崩塌泥石流密布，2010 年暴发的东月谷特大山洪泥石流，2014 年福贡县腊吐底河、沙瓦河大型泥石流就位于该段内。处于河流凹岸的支沟其沟口多有堆积扇，只有非常有限的可供开发利用的空间（图 2.5）。

图 2.5　下游段峡谷遥感影像

宽谷是指具有明显的阶地、河漫滩、河床，谷肩不明显，河谷宽而浅的河段。研究区怒江干流共有丙中洛段、跃进桥至泸水市区段 2 段宽谷，总长 21.5km。丙中洛段怒江自北西向南东径流，两岸为海拔 4000~4500m 的高山，河谷长度为 4.5km，河床纵坡降为 13.33‰，切割深度为 2200~2700m，阶地宽 500~1200m，河漫滩 30~80m，河床宽 100~150m，岸坡坡度为 30°~70°。丙中洛段附近，空间开阔，地势相对平坦，面积约为 15km²，四面环山，整个宽谷被两条河分割成三大块，属北亚热带河谷区，水土资源配套较好，土壤为黄红壤，适宜种植中稻、玉米。跃进桥至泸水市区段怒江大致自北向南径流，两岸为海拔 2600~3500m 的中山，河谷长度为 17km，河床纵坡降为 1.71‰，切割深度为 1950~2700m。该段发育两级阶地，均分布于左岸新村至六库之间，一级阶地为堆积阶地，阶面平坦，形似柳叶，阶地长 1.5~2km、宽 300~600m，高于河床 20~25m；二级阶地为侵蚀阶地，形似半圆，阶面向河床倾斜，高于河床 40~60m，阶面上残留有少量砂卵砾石。河床宽 100~200m，两侧多有河漫滩分布，宽 30~150m。该段阶地、河漫滩发育，空间开阔，村寨、城镇密集，六库街道及泸水新县城均在区内。

2. 山地地貌

山地是怒江流域的主体地貌，受构造线控制，主要山脉有高黎贡山、碧罗雪山，呈南北向、近南北向或北东向延伸。依据山脉的海拔和切割深度，将其划分为高山、中山两类。

高黎贡山是横断山区最西面的一列山系，源出念青唐古拉山，原为东西走向，于 97°E 开始转向南北延伸称为伯舒拉岭，进入云南后称为高黎贡山，其西面是伊洛瓦底江，东面是怒江，自北向南海拔逐渐降低，依次表现为高山、中山。受西南季风的影响，高黎贡山的迎风坡（西坡）降水充沛；东坡为背风坡，降水相对稀少，气候较为干燥。碧罗雪山源出唐古拉山，在西藏东部称为他念他翁山，进入云南境内称为碧罗雪山，挟持于怒江与澜沧江之间，西侧为流入印度洋的怒江水系，东侧为流入太平洋的澜沧江水系，碧罗雪山是我国印度洋水系与太平洋水系的分水岭。碧罗雪山主要由花岗岩及古生界变质岩组成。六库以北，碧罗雪山山体单薄、狭窄，山脉陡峭；六库以南，山脉逐渐撒开，地势逐渐变得开阔平缓，南部的勐简、孟定一带，受南汀河断裂的控制，山脉走向由南北向变为北东向。评价区内表现为高山，主要分布于碧罗雪山北端，即自滇藏交界处的支子坡山（海拔4784m）至25°58′N附近的雪蒙山（海拔3664.2m），山脉总体走向为南北，绵延300余千米。山脉跨越贡山、福贡、泸水三县（市），海拔4000m以上的山峰有20余座，最高峰为北部的支子坡山（海拔4784m），分水岭至怒江谷底的切割深度达2000～3000m。山体斜坡坡度一般大于30°，部分达50°～80°。

高山地貌主要分布于高黎贡山北端，即自滇藏交界处的楚鹿腊卡山（海拔4649.7m）至25°40′N附近的大脑子山（海拔3780m），山脉陡峭，南北绵延300余千米，沿分水岭多数地段构成中缅两国的国界。海拔大于5000m的山峰仅有丙中洛附近的卡娃卡博峰（海拔5128m），其余均在3500～5000m。

中山地貌主要分布于高黎贡山南端，即大脑子山（海拔3780m）至中缅边境处，山脉总体走向为南北，绵延近200km。山脉跨越泸水市、保山市的隆阳区、龙陵县。分水岭沿线海拔为3500～2200m，偶有零星山峰的海拔略高于3500m，与怒江谷底的切割深度为1500～2000m。山体斜坡坡度一般大于25°，部分达50°～70°。

3. 河流水系

研究区内地表水系极为发育，主要支流有70余条，大多数河流切割深、坡度大，属暴涨暴落型山区河流，除河源汇入的支流呈树状外，大部分支流均沿构造线发育。支流大部分发源于高黎贡山和碧罗雪山，呈羽状，具有河道短、落差大、有融雪补给、汛期水量大等特点（图2.6）。怒江支流的流域面积与河道长度之间遵循线性关系：$Y=24.02+0.029X$，$R^2=0.97$，式中，标准偏差为8.57，置信度小于0.0001。线性关系式表明随着流域面积的增大其河道长度呈线性增大（王随继等，2006）（图2.7）。

怒江在中国境内流域面积为12.48万 km²，多年平均流量为1840m/s，年径流量为580亿m；澜沧江流域面积为12.1万 km²，多年平均流量仅1340m/s，年径流量为422亿m。虽然流域面积几乎相同，但怒江的年径流量约为澜沧江的1.37倍，可见怒江水量的丰沛。流域内最大月径流，一般出现在7～8月，8月的径流最多。

2.3.2　地貌演化特征及成因

地貌产生于构造活动和各种地表营力驱动的侵蚀夷平和堆积过程中，如在构造抬升活跃的地区，河流强烈的侵蚀作用往往造就深切的峡谷地貌，此类地区河流下切速率往往被用来衡量构造抬升速率（顾兆炎等，2006）。

1. 断裂带演化

怒江断裂北段基本沿怒江河谷两岸近南北向展布，与区域性的澜沧江、怒江以及两侧山脉的总体走向一致，倾向东，在一些切穿断裂的近东西冲沟沟壁上，可见较好的断裂构造剖面。例如，在鲁掌镇两侧，断裂沿线形成明显的负地形和断层三角面，由于残坡积覆盖层较厚，以及沿断裂带风化侵蚀作用，未见断层露头。横穿断裂的一系列怒江支流没有出现同步扭曲现象，沟内也不存在跌水现象。

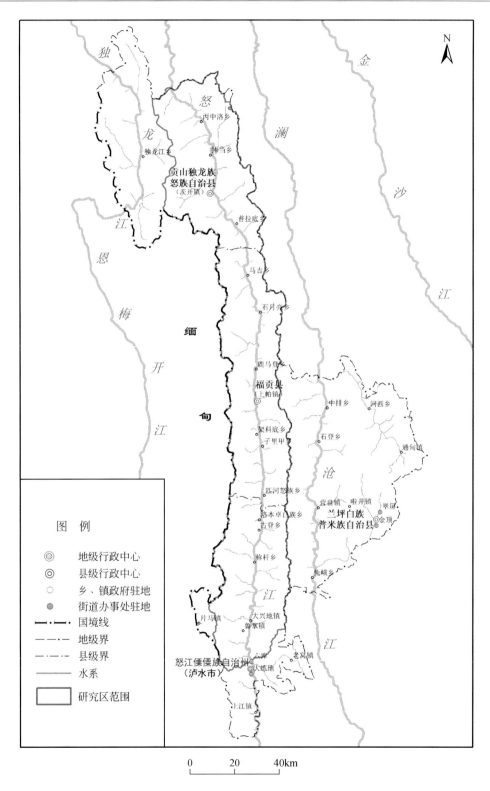

图 2.6　怒江州水系分布图

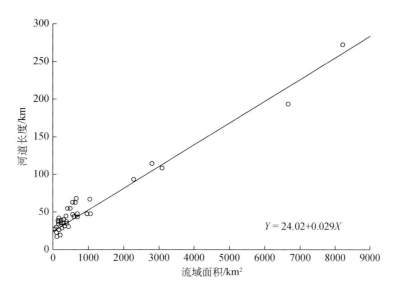

图 2.7　怒江支流的流域面积与河道长度之间的关系

怒江断裂带可能是晋宁运动时伴随高黎贡山复背斜的形成而出现的，喜马拉雅期之前的构造形迹已难以辨认，目前所展示的是喜马拉雅期十分明显的剪切特征。新近纪以来，由于印度板块的北东向推挤，青藏高原强烈隆升，印支地块向南挤出，怒江断裂带表现为挤压逆冲和右旋走滑运动。这种挤压剪切运动在上新世至更新世十分强烈，且自北而南，活动时代有逐渐变老的趋势。自新近纪以来，尤其是上新世以来，滇西地区伴随着青藏高原的强烈隆升而快速隆起，使得在此前形成的夷平面被抬升为高原面。

2. 河流阶地演化

怒江由于河谷狭窄，两岸坡度极陡，受后期流水侵蚀，阶地保存较少，在鹿马登乡、利沙底村、普拉底乡及茨开镇等地有少量分布。阶地类型大多数为基座阶地，少数基岩裸露，表现为侵蚀阶地特征。阶地距河床高差为 10~180m，一般仅发育 1~2 级阶地，局部发育的阶地可能超过 6~7 级，由于流水的侵蚀、冲刷作用，多数阶地已消失不见，仅局部尚有残存。从各阶地距离河床的相对位置来看，不同位置发育的阶地距离河床的相对高度也不一致。

据赵希涛等（2011）的研究，怒江河谷以深切峡谷和宽谷相间分布为主，在峡谷段部分容易发生堵江型泥石流和滑坡，从而造成宽谷段发育和保存大量的古堰塞湖相地层（图 2.8）。在上游河段表现为下切–均夷–下切的一般模式［图 2.8（a）］；中下游河段受到地质灾害堵江事件的扰动，尤其宽谷段河谷的发育整体表现以下切–均夷–下切–堰塞–下切为主［图 2.8（b）］；在河谷的形成过程中，即使在长尺度上，河流也很少达到均衡，从而表现为下切–堰塞–下切（以堰塞湖相沉积为基座多次下切）的模式［图 2.8（c）］。

在六库以北新村一带，可见怒江两岸至少发育六级河流阶地，其中Ⅰ级阶地（T_1）属于堆积阶地，拔河高度为 8~10m；Ⅱ级阶地（T_2）也属于堆积阶地，拔河高度为 0~

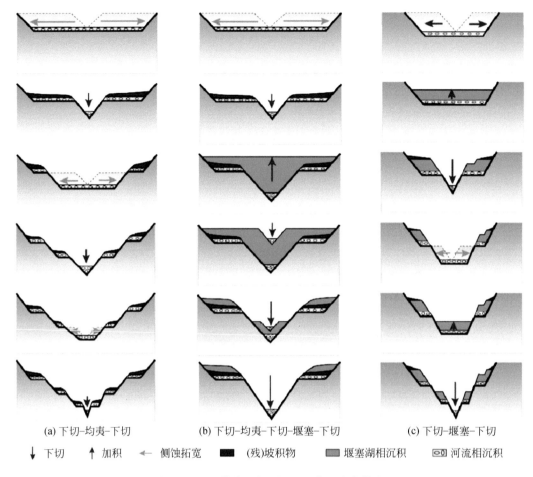

(a) 下切–均夷–下切   (b) 下切–均夷–下切–堰塞–下切   (c) 下切–堰塞–下切

↓ 下切   ↑ 加积   ← 侧蚀拓宽   ■ (残) 坡积物   ▨ 堰塞湖相沉积   ▭ 河流相沉积

图 2.8   三江并流区怒江河谷的主要发育模式

25m，公路及村庄等主要位于该阶地面上；Ⅲ级阶地（T_3）为基座阶地，拔河高度为 40 ~ 45m；Ⅳ级阶地（T_4）也为基座阶地，拔河高度为 70 ~ 80m；Ⅴ级阶地（T_5）为侵蚀阶地，拔河高度为 100 ~ 110m；Ⅵ级阶地（T_6）为侵蚀阶地，拔河高度为 0 ~ 160m。河流冲积相堆积层在岩性上主要为一套砂砾石，局部可见二元结构，但多呈互层形式。在阶地的形成时代上，T_1 为全新世阶地，T_2 ~ T_3 为晚更新世阶地，T_4 ~ T_5 为中更新世阶地，T_6 及 T_6 以上阶地可能为早更新世阶地。中国地震局地震预测研究所 2005 年在该阶地中下部附近采集了热释光年代样品，测定结果为 (93.41±7.94) ×10^3 年。

综上，怒江断裂带北段未发现晚更新世以来断裂活动的直接证据，根据该断裂地质地貌表现，并结合年代学分析结果，前人通过研究认为怒江的形成时代大约为早更新世至中更新世。怒江形成之后在流域内普遍发育有三级阶地，只是在六库以北局部地区发育有 4 ~ 6 级阶地（蒋信忠，2003）。总体反映出怒江由北向南河流的平均下切速率是逐渐降低的，各时期的隆升速率不相等，具有快慢相互交替的趋势；在同一时间段内各段河流的下切速率也具有差异性，存在北高南低的现象。这种在同一时间段内各段不同的隆升速率，可能与怒江北段处在东喜马拉雅构造结部位受到更加强烈的挤压−推挤作用有关。

3. 夷平面特征及时代

在滇西地区广泛发育有一级上新世夷平面，夷平面普遍受到两种变形：一种为大面积的掀斜变形，夷平面高度由西北向东南方向递减；另一种为断裂变形，夷平面呈地堑式下降或地垒式上升。

夷平面的当前海拔减去准平原的原始海拔即为上新世期以来夷平面被抬升的高度，但值得注意的是滇西高原在不断隆升的过程中也在不断地遭受剥蚀。何浩生等（1993）研究认为，将滇西的准平原面（即夷平面的原始高度）定在 1000m 左右是较合理的；而对于夷平面时代的确定，根据野外实地考察及综合前人的研究成果（表 2.2），把滇西的夷平面时代定为上新世晚期至更新世早期是比较合理的（李光涛等，2008）。

表 2.2　前人确定的夷平面年代统计结果

来源	王鸿祯（1957 年）	任美锷（1957 年）	黄培华（1960 年）	罗素兴（1963 年）	赵国光（1965 年）	许仲路（1978 年）	《中国自然地理》（1980 年）	何浩生（1991 年）
准平原化阶段	上新世	古近系至上新世	上新世	始新世初至上新世末	上新世末	第三纪初至第四纪初	白垩纪末至上新世初	上新世
抬升阶段		上新世初	上新世	新近纪初至更新世末	上新世末		上新世末	上新世末至更新世初

怒江北部察瓦龙，相当于德钦一线，夷平面的海拔为 4500m，往南夷平面的海拔逐渐降低，存在 3000~3200m、2800~3200m、2200~2700m、2200~2500m、2000~2200m 等不同高度的夷平面。夷平面表现出由西北向东南倾斜的特点，反映了上新世末期以来云南高原的第四纪构造运动西北强东南弱，为掀斜式的不等量上升。按《国际地层委员会关于建立全球年代地层标准的准则》修订版确定的第四纪下限为 1.8Ma。由表 2.3 即可推算出察瓦龙段平均隆升速率为 1.94mm/a，福贡段平均隆升速率为 1.11~1.22mm/a，古登段平均隆升速率为 1.00~1.22mm/a。考虑到怒江形成于早中更新世，所以河流的下切速率仅能反映怒江形成以来的隆升速率，而夷平面反映的则是第四纪以来的隆升速率。从河流的下切速率和夷平面的隆升速率的计算可以看出，它们的隆升数值还是比较吻合的。

表 2.3　滇西夷平面高度及上升幅度统计结果

地点	夷平面海拔/m	上新世末期以来夷平面抬升幅度/m
察瓦龙	4500	3500
福贡	3000~3200	2000~2200
古登	2800~3200	1800~2200
腾冲、保山	2200~2700	1200~1700
镇安	2200~2500	1200~1500
潞西	2000~2200	1000~1200

　　滇西夷平面除受到印度板块的挤压而整体性抬升外，还受到断裂活动而引起的构造变形。主要表现为断裂使夷平面解体为多级地垒式上升，形成多级台地或高山，或使夷平面解体为地堑式下降，形成断陷盆地。在怒江西侧的高黎贡山由于受到断裂的解体而形成了多级夷平面，它们与怒江流域发育的断陷盆地（如道街盆地）形成了反差巨大的多级阶梯式结构。根据夷平面被断裂错移的垂直位移幅度的测量，可以计算出断层的垂直位移量。在道街盆地，最低一级夷平面的海拔约为650m，而位于同一水平线的高黎贡山的最高一级夷平面海拔约为2500m，所以道街盆地西侧的断裂最大垂直位移幅度为1850m（李光涛等，2008）。

2.3.3　地貌发育对地质环境的影响

　　地貌条件是地质灾害发生的主要条件之一。怒江峡谷区主要为高山峡谷地貌，98%以上土地面积为山地，其中坡度大于25°的陡坡地占85%以上，以构造侵蚀、剥蚀高山、中山为主，有利于地质灾害的形成。据分析统计，85%以上的滑坡、崩塌及不稳定斜坡发生在坡度大于25°的陡坡地带；泥石流主要发生于流域面积小于20km²、沟岸坡度为40°~65°、主沟平均纵坡降在200‰~600‰的沟谷中[①]。

　　研究区地处地壳强烈抬升区，峡谷深切、山坡高陡、气候复杂，河流发育且坡降大。自然条件下，地质灾害发育，水土流失严重，加之区域内人口环境容量已经超载，人类活动频繁，加剧滑坡、崩塌、泥石流等各类地质灾害及水土流失的可能性与危险性。例如，贡山县城、福贡县城和泸水市区均受地质灾害威胁，联通三地的交通干道经常遭受崩塌、滑坡、泥石流的袭扰，人民生命财产安全已受到严重危害；水土流失使生态环境不断恶化，洪涝灾害发生频繁，灾情加重。因此，崩塌、滑坡、泥石流等各类地质灾害及水土流失已成为影响和制约流域内社会、经济发展的主要环境地质问题。

　　丙中洛—六库段山高谷深，谷底狭窄，两岸一级支流上游呈掌状，次级支流发育，冰雪融化及降雨为泥石流提供了水源条件；由于三江并流区为构造强烈挤压区，岩体破碎，冻融风化、重力堆积发育，为泥石流的发育提供了丰富的物源；中游有顺直的大比降沟道，区内降雨不均，集中在7~8月，容易形成大规模堵溃型泥石流，冲入怒江干流，由于干流狭窄，大规模泥石流容易形成暂时性堵江，或壅水、急滩；地层走向与河流流向基本一致，滑坡及崩塌沿河发育。六库—赛格段处在地貌陡变带，右岸怒江断裂上盘物源丰富，受地震及强降水触发，易形成巨型堰塞型泥石流，如上江镇历史大型堵江泥石流。赛格—潞江段，右岸怒江断裂上盘物源丰富，雨量充沛，几乎每年均有山洪及泥石流发生，其早期发育缓坡堆积台地，进入怒江干流的泥石流相对偏少。腊勐—木城段泥石流主要有沟谷型和坡面型两种，下游泥石流本次调查共有114条，河道长140km，平均0.82条/km，由于下游坡降较中游大、较上游小，植被较中上游不发育，物源丰富，故腊勐—木城段泥石流较上游发育差，较中游发育好。

　　[①]　云南省地质调查局，2011，怒江流域（云南段）环境工程地质调查报告。

2.4　区域构造演化

怒江峡谷区域地处西南三江造山带南段，地质构造较为复杂，在古生代处于冈瓦纳大陆与劳亚大陆之间的特提斯构造域，古特提斯地质遗迹保存较好，是研究古特提斯演化的重要地区之一。前人学者以"多旋回槽、台学说"为理论指导，结合应用板块构造理论及方法，综合分析云南的地质构造及大地构造问题，对云南省地壳进行了大地构造单元的划分，岩类包括沉积岩、火成岩及变质岩，地层从前震旦系至第四系均有发育。

2.4.1　地层

根据《云南省岩石地层》（云南省地质矿产局，1996）和"云南省成矿地质背景研究报告"[①]，云南省地层分区划分为大区、区、分区和小区四个层级，研究区涉及的大区包括藏滇地层大区（Ⅰ）和华南地层大区（Ⅱ），涉及的区包括冈底斯–腾冲地层区（Ⅰ-1）、羌南–保山地层区（Ⅰ-2）和羌北–昌都–思茅地层区（Ⅱ-1），涉及的分区包括腾冲地层分区（Ⅰ-1-1）、保山地层分区（Ⅰ-2-1）和兰坪–思茅地层分区（Ⅱ-1-1），涉及的小区包括施甸地层小区（Ⅰ-2-1-2）、澜沧地层小区（Ⅱ-1-1-1）和漾濞地层小区（Ⅱ-1-1-3）（表2.4，图2.9），区内分布少量第四系。现按地层分区和第四系对怒江峡谷区产出的岩石地层序列及岩石组合进行简述。

表 2.4　怒江峡谷主要区域地层分区划分表

大区	区	分区	小区
藏滇地层大区（Ⅰ）	冈底斯–腾冲地层区（Ⅰ-1）	腾冲地层分区（Ⅰ-1-1）	
	羌南–保山地层区（Ⅰ-2）	保山地层分区（Ⅰ-2-1）	施甸地层小区（Ⅰ-2-1-2）
华南地层大区（Ⅱ）	羌北–昌都–思茅地层区（Ⅱ-1）	兰坪–思茅地层分区（Ⅱ-1-1）	澜沧地层小区（Ⅱ-1-1-1）
			漾濞地层小区（Ⅱ-1-1-3）

1. 腾冲地层分区（Ⅰ-1-1）

腾冲地层分区指怒江断裂以西的云南部分，主要位于怒江峡谷主要区域的中西侧一带，约占怒江峡谷面积的60%。该地层分区岩石地层序列及特征是：大面积出露古元古界结晶基底高黎贡山岩群，缺失中元古界—下古生界的沉积，其上直接为上古生界沉积覆盖；发育早二叠世冰期冰筏沉积。该地层分区在怒江峡谷主要产有古元古界高黎贡山岩群和二叠系远滨–海陆交互相地层（表2.5），其中高黎贡山岩群被广泛认为是古元古代结晶基底，主要是一套变粒岩、片麻岩、片岩和大理岩的组合，变质程度可达高角闪岩相。

---

① 李靖等，2013，云南省成矿地质背景研究报告。

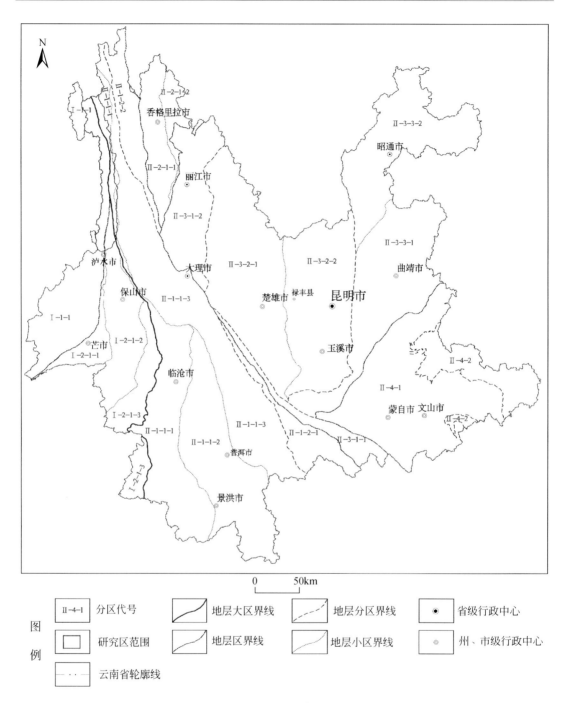

图 2.9　怒江峡谷主要区域地层分区位置图

Ⅰ-1-1. 腾冲地层分区；Ⅰ-2-1-1 潞西地层小区；Ⅰ-2-1-2. 施甸地层小区；Ⅰ-2-1-3. 耿马地层小区；Ⅱ-1-1-1. 澜沧地层小区；Ⅱ-1-1-2. 景谷地层小区；Ⅱ-1-1-3. 漾濞地层小区；Ⅱ-1-2-1. 绿春地层小区；Ⅱ-1-2-2. 德钦地层小区；Ⅱ-2-1-1. 中甸地层小区；Ⅱ-2-1-2. 属都海地层小区；Ⅱ-3-1-1. 金平地层小区；Ⅱ-3-1-2. 丽江地层小区；Ⅱ-3-2-1. 楚雄地层小区；Ⅱ-3-2-2. 昆明地层小区；Ⅱ-3-3-1. 曲靖地层小区；Ⅱ-3-3-2. 昭通地层小区；Ⅱ-4-1. 个旧地层分区；Ⅱ-4-2. 富宁地层分区

2. 保山地层分区（Ⅰ-2-1）

保山地层分区为怒江断裂以东和昌宁–孟连断裂以西的部分，位于怒江峡谷主要区域的南段东侧一带，可进一步细分为施甸地层小区。施甸地层小区地层发育齐全，震旦系至下—中寒武统公养河群为被动陆缘环境沉积，上寒武统至中—上三叠统均为一套陆表海沉积，其中早二叠世冰筏沉积和早二叠世晚期卧牛寺组裂谷型玄武岩的喷发，显示了其与冈瓦纳大陆的密切关系。该地层小区在怒江峡谷主要产有古生代陆表海连续沉积地层和少量海陆交互相侏罗系（表2.6），其中怒江峡谷主要区域产有泥盆系、石炭系、二叠系、侏罗系，仅在泸水市六库街道及以南一带产有少量寒武系、奥陶系、志留系。

表 2.5　怒江峡谷腾冲地层分区岩石地层序列及特征

年代地层			岩石地层单位及代号			沉积岩建造组合类型	厚度/m	岩性岩相简述	沉积相	沉积体系
界	系	统	群	组	代号					
下古生界	二叠系	中统		大坝组	P_2db	海陆交互砂泥岩夹砾岩组合	245	绢云母板岩、粉砂质板岩，夹砂岩、含砾砂岩	临滨	陆源碎屑滨海
				大东厂组	P_2dd	开阔台地碳酸盐岩组合	498	块状灰岩，上部夹白云质灰岩含燧石条带	开阔台地	碳酸盐台地
		下统		空树河组	P_1k	远滨含砾泥岩–粉砂岩组合	1145	上部为泥质粉砂岩、粉砂质板岩；中部为绢云板岩；下部为含砾板岩	半深水冰海	冰海
				邦读组	P_1b	远滨泥岩–粉砂岩组合	1607	下部为泥质粉砂岩、粉砂质板岩；中上部为绢云板岩	半深水冰海	冰海
古元古界			高黎贡山岩群		Pt_1G	变粒岩–片麻岩–片岩构造组合	>3051.3 视厚度	片岩、黑云变粒岩–片麻岩，夹角闪变粒岩–片麻岩、大理岩		

表 2.6　怒江峡谷主要区域施甸地层小区地层序列及特征

年代地层			岩石地层单位及代号			沉积岩建造组合类型	厚度/m	岩性岩相简述	沉积相	沉积体系
界	系	统	群	组	代号					
中生界	侏罗系	中统		勐戛组	J_2m	海陆交互沙泥岩、粉砂岩，夹灰岩、基性火山岩组合	735	下部为紫红色砾岩、钙质泥岩，夹泥质灰岩、泥质粉砂岩；中部为白云质灰岩夹紫红色泥岩；上部为浅褐色橄榄玄武岩	河口湾	河口湾
上古生界	二叠系	上统		沙子坡组	$P_{2-3}s$	陆表海白云岩–灰岩组合	234~853	下部为灰岩、生物碎屑灰岩，夹白云岩；上部为白云质灰岩、白云岩，夹灰岩	开阔台地	碳酸盐台地
		中统		丙麻组	P_2bm	陆表海砂泥岩夹砾岩组合	43~52	底部为黄、黄绿色砂砾岩；中上部为玄武质砂岩、凝灰质砂页岩	前滨	无障壁海岩
		下统		卧牛寺组	P_1w	玄武岩–凝灰岩组合	768.6	致密状、气孔状、杏仁状玄武岩、安山岩、玄武岩、凝灰岩，夹火山碎屑岩及灰岩		
				丁家寨组	P_1d	陆表海含冰筏砂、砾石团块的浊积岩组合	147~397	下部为灰色含砾泥岩、石英砂岩；中上部为含砾页岩、粉砂质泥岩，夹生物碎屑灰岩；顶部为凝灰质泥岩	半深水冰海	冰海

年代地层			岩石地层单位及代号			沉积岩建造组合类型	厚度 /m	岩性岩相简述	沉积相	沉积体系
界	系	统	群	组	代号					
上古生界	石炭系	下统		铺门前组	C_1p	陆表海灰岩组合	72.1	浅灰色鲕粒灰岩，夹细晶灰岩、泥晶灰岩，水平层理发育	开阔台地	碳酸盐台地
				香山组	C_1x	陆表海灰岩组合	196.7 ~ 294.9	灰、浅灰色泥质灰岩、白云质灰岩、生物碎屑灰岩，夹钙质泥岩		
				张家田组	C_1z	陆源碎屑浊积岩组合	1011	下部为粉砂质板岩夹安山玄武岩；中部为泥晶灰岩夹粉砂质、硅质岩；上部为钙质页岩、石英粉砂岩	斜坡沟谷斜坡扇	半深海
	泥盆系	上统		大寨门组	D_3d	陆表海硅质岩组合	47.1 ~ 61	浅灰、灰白色硅质岩	陆架泥	陆源碎屑浅海
		中统		何元寨组	$D_{1-2}h$	陆表海灰岩组合	424.9 ~ 563	浅灰、灰、灰黄色灰岩、泥质灰岩、泥灰岩，夹生物碎屑灰岩	开阔台地	碳酸盐台地
		下统		向阳寺组	D_1x	陆表海陆源碎屑-灰岩组合	228.8 ~ 586.6	下部为砂质灰岩、生物碎屑灰岩，夹粉砂岩、泥岩；中部为粉砂岩、粉砂质泥岩；上部为灰黄色粉砂质灰岩夹生物碎屑灰岩	台缘浅滩生物礁	
下古生界	志留系			栗柴坝组	Sl	陆表海陆源碎屑-灰岩组合	271 ~ 537.8	网纹状泥质灰岩，夹钙质泥岩、粉砂岩、黑色页岩	台缘浅滩	陆源碎屑浅海
	奥陶系	上统		仁和桥组	$O-Sr$	陆表海泥岩-粉砂岩组合	148 ~ 221.5	粉砂质页岩、硅质页岩，夹硅质粉砂岩及泥灰岩透镜体	陆架泥	
		中统		蒲缥组	Op	陆表海泥岩-粉砂岩组合	58.8 ~ 320	灰绿、紫红色泥质粉砂岩、页岩，夹疙瘩状泥灰岩	陆架泥	
		下统		施甸组	Os	陆表海砂泥岩组合	93.7 ~ 275.6	黄色页岩、粉砂岩，夹细砂岩、泥灰岩	陆架泥	无障壁海岸
				老尖山组	O_1lj	陆表海砂岩组合	1356	下部为中厚层状石英砂岩夹泥质灰岩；中部为石英砂岩夹泥岩；上部为石英砂岩、粉砂岩、粉砂质板岩不等厚互层	潮坪	无障壁海岸
	寒武系	上统		保山组	ϵ_3b	陆表海陆源碎屑-灰岩组合	217.3 ~ 944.7	泥岩、粉砂岩、石英砂岩与灰色灰岩、泥质条带灰岩不等厚互层	潮坪-台缘浅滩	碳酸盐台地
				沙河厂组	ϵ_3sh	陆表海陆源碎屑-灰岩组合	250 ~ 944.7	灰黄、浅黄、灰色中厚层灰岩、泥质灰岩、鲕粒灰岩、粉砂质页岩、泥质粉砂岩	台缘浅滩	碳酸盐台地
				核桃坪组	ϵ_3h	陆表海泥岩-粉砂岩组合	392 ~ 867	下部为粉砂质页岩、粉砂岩；上部为泥灰岩、粉砂质页岩、页岩不等厚互层	潮坪	障壁海岸

3. 兰坪–思茅地层分区 （Ⅱ-1-1）

兰坪–思茅地层分区产于崇山断裂以东及沿至怒江峡谷区外，主要位于其北东侧一带，并可进一步细分为澜沧地层小区和漾濞地层小区。

澜沧地层小区下部为古元古界—中元古界结晶基底，其上为上古生界泥盆系—石炭系被动陆缘半深海浊积岩所覆。该地层小区在怒江峡谷区主要产有古元古界、泥盆系—石炭系、石炭系、三叠系和侏罗系（表2.7）；其中崇山岩群广泛认为是古元古代结晶基底，是一套变粒岩、片麻岩、片岩、斜长角闪岩和大理岩的组合，变质程度达高角闪岩相。

表 2.7 怒江峡谷主要区域澜沧地层小区地层序列及特征

年代地层			岩石地层单位及代号			沉积岩建造组合类型	厚度/m	岩性岩相简述	沉积相	沉积体系
界	系	统	群	组	代号					
中生界	侏罗系	中统		花开左组	J_2h	海陆交互砂泥岩夹砾岩组合	838~1914	下部为紫红色泥岩与细粒石英砂岩不等厚互层；上部为黄绿色钙质泥岩、泥灰岩，夹粉砂质泥岩与紫红色泥岩	三角洲前缘	三角洲
	三叠系	上统		三岔河组	T_3sc	河湖相含煤碎屑岩组合	456.6	上部为泥岩、粉砂岩，夹砂岩、砂砾岩；下部为砾岩、砂砾岩，夹碳质页岩、泥灰岩透镜体	河口湾	河口湾
		中统		忙怀组	T_2m	流纹岩–英安岩–流纹质角砾凝灰岩组合	378~1347	紫红色蛇纹岩、流纹斑岩、流纹质英安斑岩，夹流纹质角砾凝灰岩、泥质硅质岩		
上古生界	石炭系		莫得群		Cmd	半深海浊积岩（砂、板岩）组合	>2020	变质石英砂岩、绢云板岩，夹硅质板岩与粉砂质板岩	斜坡沟谷	半深海
	泥盆系			南段组	D-Cn	半深海浊积岩（砂、板岩）组合	738.1	以浅灰、灰白色石英砂岩为主，夹黏板岩或与黏板岩互层	斜坡扇	半深海
古元古界			崇山岩群		Pt_1C	斜长变粒岩–斜长片麻岩–斜长角闪岩组合		黑云斜长变粒岩–片麻岩–角闪斜长变粒岩–片麻岩、斜长角闪岩、大理岩		

漾濞地层小区下部为古元古界—中元古界结晶基底，其上被二叠系陆缘半深海浊积岩所覆。该地层小区在怒江峡谷区主要产有古元古界、三叠系和侏罗系（表2.8）。

4. 第四系

怒江峡谷区第四系主要表现为河流洪冲积层，且以河流阶地为代表，其中在怒江峡谷的泸水市六库一带可以观察到4~6级阶地，大多为基座阶地（基岩古河床），偶尔见小型堆积阶地，但在基座阶地往往夹有巨型砾石的沙砾石堆积，并覆盖风化程度不等的土壤层。

表 2.8 怒江峡谷主要区域漾濞地层小区地层序列及特征

年代地层			岩石地层单位及代号			沉积岩建造组合类型	厚度/m	岩性岩相简述	沉积相	沉积体系
界	系	统	群	组	代号					
中生界	侏罗系	中统		漾江组	J_1y	海陆交互砂泥岩夹砾岩组合	580	紫红色泥岩与褐黄色砂岩、细砂岩不等厚互层，化石较少；而盆地东缘漾江组褐黄色砂岩相比减少	三角洲前缘	三角洲
	三叠系	上统		歪古村组	T_3w	河湖相含煤碎屑岩组合	131	上部紫红、蓝灰色浅变质泥岩；下部泥岩夹砂岩	河口湾	河口湾
		中统		忙怀组	T_2m	流纹岩-英安岩-流纹质角砾凝灰岩组合	378 ~ 1347	紫红色蛇纹岩、流纹斑岩、流纹质英安斑岩，夹流纹质角砾凝灰岩、泥质硅质岩		
古元古界	二叠系	上统			P_2z	半深海浊积岩（砂、板岩）组合	986	灰黑色板岩夹黄绿色细砂岩		

2.4.2 岩浆岩

怒江峡谷地区产出的岩浆岩类型多样且丰富，除了前述关于地层部分的火山岩（二叠系卧牛寺组和三叠系忙怀组）以外，还出露有大量的侵入岩。结合"云南省成矿地质背景研究报告"[①] 资料，怒江峡谷主要区域的岩浆侵入活动时代可分为中元古代、奥陶纪、二叠纪、三叠纪、白垩纪和古近纪，与吕梁期、泛非期、海西期、印支期、燕山期和喜马拉雅期的岩浆相对应，具体见表 2.9。

表 2.9 怒江峡谷主要区域侵入岩划分简表

岩石时代	岩石类型	代号及时代	分布的大地构造位置（三级构造单元）	构造属性特征
古近纪	花岗闪长岩、二长花岗岩	$\gamma\delta E$、$\eta\eta E$	碧罗雪山-崇山变质基底杂岩	后造山型
白垩纪	二长花岗岩	$\eta\gamma K_2$	班戈-腾冲岩浆弧	造山晚期
			碧罗雪山-崇山变质基底杂岩	碰撞前-碰撞型（造山）
		$\eta\gamma K_1$	班戈-腾冲岩浆弧	碰撞前-碰撞型（造山）
三叠纪	石英闪长岩	δoT（时代暂定）	碧罗雪山-崇山变质基底杂岩	火山弧环境
	二长花岗岩	$\eta\gamma T$		同碰撞环境（造山）

---

① 李靖等，2013，云南省成矿地质背景研究报告。

续表

岩石时代	岩石类型	代号及时代	分布的大地构造位置 （三级构造单元）	构造属性特征
二叠纪	方辉橄榄岩	ΣP	怒江蛇绿混杂岩	富集型洋中脊型地幔岩
	辉长岩	νP		洋岛玄武岩
	辉长辉绿岩	$\beta\mu P$、νP	保山陆表海	板内-非造山环境
奥陶纪	二长花岗岩	$\eta\gamma O$	怒江蛇绿混杂岩	造山-造山晚期
中元古代	花岗质片麻岩	γPt_2	班戈-腾冲岩浆弧，并与高黎贡山岩群相伴生	同碰撞环境（造山）
			碧罗雪山-崇山变质基底杂岩，并与崇山岩群相伴生	火山弧环境

2.4.3　变质岩

怒江峡谷区变质岩分布广泛，在地史上曾发生过多期不同类型的变质作用，大部分地质体已发生了不同程度的变质。变质期次主要为吕梁期、泛非期、海西期、印支期、喜马拉雅期，区域变质作用和动力变质作用均有表现。同时，不同时期、不同类型、不同强度的变质相互叠加，致使本区岩石面貌较为复杂。结合"云南省成矿地质背景研究报告"[①]资料，怒江峡谷主要区域横跨了冈底斯-喜马拉雅变质域（Ⅰ）、班公湖-怒江-昌宁-孟连变质域（Ⅱ）和羌塘-三江变质域（Ⅲ）三个一级变质域，以及三个二级变质区、三个三级变质地带和四个变质岩带（表2.10），各变质带的变质作用特征见表2.11。

表 2.10　怒江峡谷主要区域变质单元划分表

变质域	变质区	变质地带	变质岩带
冈底斯-喜马拉雅变质域（Ⅰ）	腾冲-保山变质区（Ⅰ-1）	腾冲变质地带（Ⅰ-1-1）	独龙江-梁河变质岩带（Ⅰ-1-1-2）
			高黎贡山变质岩带（Ⅰ-1-1-3）
班公湖-怒江-昌宁-孟连变质域（Ⅱ）	怒江-孟连变质区（Ⅱ-1）	丙中洛变质地带（Ⅱ-1-1）	丙中洛变质岩带（Ⅱ-1-1-1）
羌塘-三江变质域（Ⅲ）	兰坪-思茅变质区（Ⅲ-1）	崇山-大勐龙变质地带（Ⅲ-1-1）	崇山变质岩带（Ⅲ-1-1-1）

此外，怒江峡谷区还遭受了中新世的大规模剪切走滑作用（张波等，2010；唐渊等，2013），峡谷一带的岩石组分发生了不同程度的韧性剪切变形，形成了一系列千糜岩、糜棱岩和糜棱岩化等岩石，在部分断裂附近还产有少量的碎裂岩、断层角砾岩、碎粒岩等。

---

① 李靖等，2013，云南省成矿地质背景研究报告。

表 2.11　怒江峡谷主要区域变质带变质作用特征表

变质单元名称			地质时代		地层单位及代号		代号	变质岩石构造组合类型	变质建造及岩性描述	原岩建造组合	变形作用特点	变质相系	变质作用类型	变质时代	大地构造环境
变质域	变质地带	变质岩带	代	纪	群	组									
冈底斯-喜马拉雅变质域（I）	腾冲-保山变质地带（I-1）	独龙江-梁河变质岩带（I-1-2）	晚古生代	二叠纪		空树河组	P₁k	绢云板岩-砂质板岩-含砾板岩组合	灰色砂质板岩、绢云板岩、夹同色含砾板岩、结晶灰岩	含冰筏砾石的陆缘斜坡细碎屑岩建造	浅变质、弱变形、发育板理、变形强弱不均一	低绿片岩相	区域低温动力变质	印支期	碰撞
		高黎贡山变质岩带（I-1-3）	古元古代			邦读组	P₁b	板岩-粉砂质板岩组合	下部为泥质粉砂岩、粉砂质板岩，中上部为绢云板岩	陆缘斜坡细碎屑岩建造	变形弱，发育板理，褶皱宽缓				
					高黎贡山岩群		Pt₁G	斜长片麻岩-斜长变粒岩片麻岩构造组合	云母片岩、片岩、黑云斜长片麻岩、夹斜长变粒岩-片麻岩	含中基性火山岩的陆缘碎屑岩建造	强烈的韧性变形、流动构造、S-C组构，分泌脉和石香肠构造、岩石片理	中低角闪岩相、高角闪	区域动力热流变质	古元古代	俯冲-碰撞
班公湖-怒江-昌宁-孟连变质域（II）	丙中洛变质地带（II-1）	怒江-思茅变质岩带（II-1-1）	晚古生代	石炭纪	莫梅群		Cmd³	变质砂岩-绢云板岩-结晶灰岩构造岩组合	变质石英砂岩、绢云板岩、夹硅质板岩粉砂质板岩	主动陆缘斜坡细碎屑岩建造	浅变质、强变形、以脆韧性变形为主、发育板理、下部出现于岩石香肠和石香肠构造、岩石片理	高绿片岩相	碰撞变质作用	印支期	被动主动陆缘斜坡
							Cmd²	变质砂岩-绢云板岩-绿泥灰岩构造组合	变质砂岩、绢云板岩、夹大理岩、阳起岩片岩	中部夹基性火山岩，下部夹碳酸盐岩及硅质岩建造					
							Cmd¹		绢云千枚岩、绢云片岩、硅质岩						
				泥盆纪		南段组	D-Cn	石英变粒岩夹板岩组合	变质石英砂岩、绢云板岩、绢云斜长石英板岩	被动陆缘浅海碎屑岩建造	浅变质、变形、以脆韧性变形为主及发育板理	高压绿片岩相	碰撞变质作用	印支期	被动主动陆缘斜坡
羌塘-三江变质域（III）	崇山-兰坪-思茅变质地带（III-1）	崇山变质岩带（III-1-1）	古元古代		崇山岩群		Pt₁C	斜长变粒岩-斜长片麻岩-斜长角闪岩组合	黑云斜长变粒岩、角闪斜长变粒岩、斜长角闪岩	含中基性火山岩的细碎屑岩建造	强烈的韧性变形、流动构造、S-C组构，片麻理发育	中压角闪岩相	区域动力热流变质	古元古代	俯冲-碰撞

2.4.4　怒江蛇绿混杂岩

怒江蛇绿混杂岩产于怒江峡谷地区的贡山县一带，东西两侧分别以崇山断裂和昌宁–孟连断裂为界，东邻碧罗雪山–崇山变质基底杂岩，西接班戈–腾冲岩浆弧；向北延入西藏，向南在福贡县马吉一带尖灭。怒江蛇绿混杂岩时代暂归为晚古生代，代表了古特提斯洋盆的物质残迹，空间上与南部的奥陶纪湾河蛇绿混杂岩、石炭纪铜厂街蛇绿混杂岩遥遥相对（段建中等，2001；潘桂棠等，2020）。怒江蛇绿混杂岩西侧主体为方辉橄榄岩、角闪岩、变余辉长辉绿岩、变余辉绿玢岩，是一套亚碱性拉斑玄武岩，且具有洋岛玄武岩特征；东侧主体为变质砂岩–板岩–千枚岩–大理岩的组合，为复理石建造和被动大陆边缘斜坡相沉积。此外，局部位置可见西侧构造呈包体状，块状产于东侧岩石中。

2.4.5　构造

1. 构造单元划分

据"云南省成矿地质背景研究报告"[①] 资料，怒江峡谷主要区域横跨了羌塘–三江造山系（Ⅶ）、班公湖–双湖–怒江–昌宁–孟连对接带（Ⅷ）和冈底斯–喜马拉雅山系（Ⅸ）三个一级构造单元，以及四个二级和三级构造单元（表 2.12，图 2.10），是一个由多级别、多构造单元交汇的区域，构造变形强烈，怒江峡谷是云南境内挤压变形最为强烈的地带之一。

表 2.12　怒江峡谷主要区域之构造单元划分表

一级构造单元	二级构造单元	三级构造单元
羌塘–三江造山系（Ⅶ）	崇山–临沧地块（Ⅶ-7）	碧罗雪山–崇山变质基底杂岩（T–K）（Ⅶ-7-1）
班公湖–双湖–怒江–昌宁–孟连对接带（Ⅷ）	怒江–昌宁–孟连结合带（Ⅷ-3）	怒江蛇绿混杂岩（Pz₂）（Ⅷ-3-3）
冈底斯–喜马拉雅造山系（Ⅸ）	冈底斯–察隅弧盆系（Ⅸ-1）	班戈–腾冲岩浆弧（J–K–Q）（Ⅸ-1-3）
	保山地块（Ⅸ-4）	保山陆表海（∈–T₂）（Ⅸ-4-3）

2. 构造产出特征

怒江峡谷一带的构造线主体为北北西向和近南北向（与怒江峡谷走向延伸相一致），局部位置产有少量晚期的北西向平移断裂，断裂和褶皱构造发育。怒江峡谷主要区域的泸水市六库街道至贡山县是长约 220km 的狭长及"蜂腰"地带，一级构造单元班公湖–双湖–怒江–昌宁–孟连对接带（Ⅷ）基本被挤压覆盖殆尽，一级分阶断裂即昌宁–孟连断裂

---

① 李靖等，2013，云南省成矿地质背景研究报告。

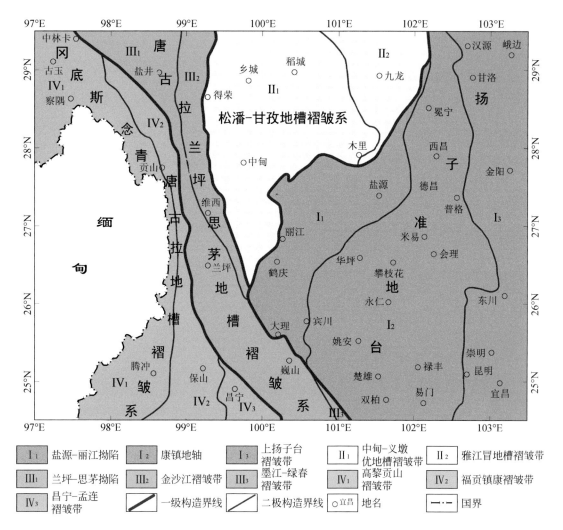

图2.10　怒江流域区域构造图

和崇山断裂在地表位置主体已合并为一条断裂，峡谷内近直立带和大角度岩层十分发育。

怒江峡谷内印支期和喜马拉雅期的构造运动表现最为强烈，其中脆性、韧性断裂均较为发育，大部分断裂继承了早期断裂性质，以致断裂构造的活动期次难以判别。此外，中新世中期发生了大规模的左行剪切走滑作用，峡谷一带的岩石组分发生了不同程度的韧性剪切变形。同时，怒江峡谷的节理、劈理等小型构造较为发育，并普遍发育了三组区域性节理与劈理，是怒江峡谷一带滑坡、崩塌等地质灾害多发的重要原因之一。

3. 新构造运动及地震

研究区主要位于怒江大断裂，此外，褶皱及次级结构面极为发育。怒江深大断裂沿怒江西岸近南北纵贯全区，长154km，为二级构造单元，断层线呈舒缓波状，断面向西倾，倾角为70°～80°，西盘为高黎贡山岩群（Pt₁G）变质岩，东盘为石炭系（C）变质岩，两侧形成上百米的挤压破碎带。断裂两侧石炭系中发育南北向断裂束，其中，以经过福贡县城区的一条规模最大，纵贯全区，倾角近直立；东盘石炭系变质岩总体倾向东，倾角相对较缓。此外，在区间各地质体中普遍发育一些规模不等的挤压破碎带，总体走向与主构造线一致。石炭系（C）和高黎贡山岩群（Pt_1G）两套岩层均强烈变形，各自形成褶皱束，褶皱经历多期叠加，但最强大的一期方向仍与主构造线（南北）一致，同时，两套岩层因经历以区域变质作用为主的多期、多形式的变质过程，达到角闪岩相中级变质，变质程度中–深度。后期经历混合岩化高级变质作用，除石炭系外，变质程度和压力较高，分别形成各自的变质岩带。其中，一些高级和中–深度变质岩层，如眼球状片麻岩等，其褶皱变形性质属于韧性变形，它们是韧性剪切带的典型产物——"糜棱岩"。

由于区内多期次、多形式、多类型的变质和变形作用，岩层的原生层理受到严重破坏，原始面理不明显，存留下来的是发育的构造面理，如板状片理、片麻理等轴面劈理以及后期的裂隙。

1）新构造运动

研究区内新构造运动比较强烈，主要表现在地壳的强烈上升运动，形成了今日雄伟壮丽的雪山峡谷。在高耸的雪山之上有现代冰川堆积，在深切的怒江峡谷之中，现代洪积扇、冲积堆积物十分发育，怒江河流两岸有多级侵蚀或堆积阶地分布。进入第四纪以来的新构造运动期，横断山系块断带作为一个新且活动的地体，是在喜马拉雅运动隆起的基础上形成与发展的，强烈地影响本区。活动性深、大断裂是新构造运动中的主导构造，区内沿某些深、大断裂发生断陷及局部沉陷，形成怒江等，并有地震震中分布，区内大多数深、大断裂是活动性断裂，如高黎贡山断裂、怒江断裂、獐子山–托基断裂、碧罗雪山断裂均为活动性断裂，沿断裂带有地热温泉的分布，并伴随地震（该区附近有史以来仅有弱震显示）。

由于新构造运动的不均匀性，发育了腊普河、永春河、通甸河等较多的倒流河，沿大江大河有多级侵蚀台地和堆积阶地。在更新世时曾有多期冰川发育，至今在海拔 3000m 以上保留了完美的冰川遗迹。同时，在山地、河谷时有滑坡、泥石流和崩塌发生，于山麓地带有规模较大的洪积扇（裙）发育。上述均表明了区域上新构造运动的持续性、继承性及强烈性。

2）地震

研究区沿怒江断裂带有地热温泉的分布，并伴随地震，但境内有史以来没有破坏性地震记录，仅有弱震显示，而周边地区近 60 年来大地震频繁发生，其中，1950 年西藏东部8.6 级特大地震、1976 年云南龙陵 7.3 级地震、1988 年澜沧江 7.4 级地震、耿马 7.2 级地震、1995 年中缅交界 7.3 级地震、1996 年丽江 7.0 级地震发生均在怒江或其附近地区。

3）区域地壳稳定性

据《中国地震动参数区划图》（GB 18306—2015），工程区地震动峰值加速度为 0.20g，对应的地震基本烈度为Ⅷ度。根据《建筑抗震设计规范》（GB 50011—2010）及《水工建筑物抗震设计规范》（DL 5075—97），工程区所在区域抗震设防烈度为Ⅷ度。另据"云南省地质构造及区域稳定性遥感综合调查报告"，研究区处于地壳稳定性次稳定区。

2.5 岩土体特征

2.5.1 工程地质特征

1. 岩土体类型及分布

根据岩石坚硬程度、结构面特征、风化程度等，研究区岩土体类型包括土体、碎屑岩建造、碳酸盐建造、碳酸盐夹碎屑岩建造、岩浆岩建造、变质岩建造，工程地质岩组类型及分布特征详见图 2.11。

2. 岩土体物理力学特征

怒江峡谷段地层岩性相对单一，以石炭系变粒岩、千枚岩、大理岩，高黎贡山岩群、崇山岩群深变质岩和燕山期花岗岩为主，出露面积广，沿江呈条带状分布。第四系主要分布在较大盆地及宽缓河谷两岸阶地、怒江支流沟口洪积裙地带，分布零散。主要有洪积、冲积、湖积砾石、砂砾、含碎石黏土等组成，根据勘察取样及工程经验，岩土体力学性质见表 2.13。

表 2.13 怒江峡谷区岩土体力学性质统计表

岩石名称	天然密度 /(g/cm³)	饱和单轴抗压强度 /MPa	软化系数	黏聚力 /MPa	内摩擦角 /(°)
砂岩	2.20~2.71	80~110	0.55~0.97	15~19	40°43′
泥岩	2.35~2.74	9.9~23.8	0.35	38.2	48.6
泥灰岩	2.10~2.70	80~120	0.44~0.54	21	32
灰岩	0.75~1.4	35.8	0.53	23	35
石英砂岩	2.34~2.7	40~65	0.75~0.8	25~28	38°37′
灰岩	2.61~2.8	142.14	0.69~1.00	14~41	38°57′
白云岩	2.67~2.8	52.92	0.42~0.80	15~19	40°43′
花岗岩	2.61~2.8	148	0.61~0.93	20~41	38°57′
玄武岩	2.81~2.90	120.4~186.2	0.30~0.95	37	40°17′
变粒岩	2.50~2.84	44.5~159.2	0.75~0.97	32	45
大理岩	2.50~3.30	70.0~140.0	0.42~0.85	30	40
片岩	2.50~2.80	29.5~174.1	0.49~0.80	40	25
千枚岩	2.71~2.86	28.1~33.3	0.67~0.96	28	30
板岩	2.50~3.30	72.0~149.6	0.52~0.82	32	35

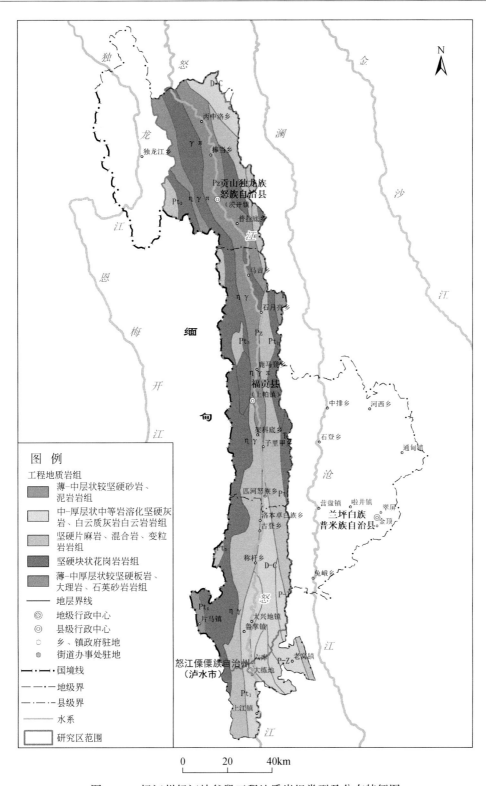

图 2.11　怒江州怒江峡谷段工程地质岩组类型及分布特征图

2.5.2 水文地质特征

根据含水层的含水空隙特征，将区内的地下水划分为孔隙水、裂隙水和岩溶水三大类型，相应地也将含水岩组划分为松散岩类孔隙水含水岩组、基岩（碎屑岩、区域变质岩、侵入岩）裂隙水含水岩组和碳酸盐岩岩溶水含水岩组三大类型。

研究区以裂隙水为主体，孔隙水虽分布广泛但厚度薄、水量小、季节性变化大，岩溶水则分布局限。其中孔隙水和裂隙水是诱发滑坡、崩塌的重要因素，岩溶水则是产生岩溶塌陷的主要因素。

1. 松散岩类孔隙水

含水岩组类型主要为第四系残坡积层、冲洪积层、冰积层、泥石流堆积层等多种成因类型，岩性以块（碎）石混合土、混合土块（碎）石、混合土漂（卵）石等为主。常具多元结构，透水性一般较弱；水量贫乏且季节性变化极大，泉流量一般小于 0.3L/s；水质欠佳，水化学类型以 HCO_3-Ca 型为主，其次是 $HCO_3 \cdot SO_4$-Ca 型。埋藏类型有饱气带水和潜水。松散岩类孔隙水主要沿河流阶地、谷口冲洪积扇、山坳分布。水源补给主要来自大气降水，部分地段则来自河水、冰雪融水及基岩裂隙水等。排泄方式主要为渗透水流，部分通过泉流、蒸发排泄。

2. 基岩裂隙水

基岩裂隙水的形成、径流和排泄不仅受各类裂隙及降水量控制，而且明显受到地形地貌、河流沟溪、岩性、植被以及上覆松散岩类孔隙水含水岩组的明显控制。埋藏类型主要属潜水，水位随降水量的变化而变化，水循环交替强烈。地下水的直接水源均来自大气降水，通过基岩裂隙垂直下渗补给；同时接受河流、溪水的间接（循环）补给；径流受裂隙系统及其产状，以及地形地貌的控制，由地形高处向低处运移；排泄方式主要以渗透水流的形式向谷底地带排入河流、沟溪，部分则通过泉流、蒸发排泄。具有上游补给下游排泄、边补给边排泄、就近补给就近排泄的特点。区内基岩类型复杂多样，所经历的地质发展历史也各不相同。根据含水层的岩性特征，将基岩裂隙水划分为碎屑岩裂隙水、区域变质岩裂隙水和侵入岩裂隙水三个亚类。

1）碎屑岩裂隙水

含水层由古近系、新近系、侏罗系、二叠系、三叠系组成，分布广泛，岩性以薄-中厚层砂砾岩、砂岩、泥岩、板岩为主。富水性与裂隙发育程度密切相关，一般较弱，局部中等富水，泉水流量为 0.01 ~ 0.5L/s，最大值为 2.54L/s。水化学类型以 HCO_3-Ca 型为主。

2）区域变质岩裂隙水

含水岩组为元古宇混合岩化深变质岩系及石炭系、上二叠统中浅变质岩系，岩性为混合岩、变粒岩、片麻岩、板岩、千枚岩、片岩及大理岩等。富水性受裂隙发育状况控制，一般中等富水，局部丰富，泉水流量一般为 $0.1 \sim 5.0 \text{L/s}$，最大为 34.2L/s。水化学类型以 $HCO_3\text{-}Ca \cdot Mg$ 型为主。

3）侵入岩裂隙水

含水岩组主要为燕山期花岗岩类，局部为辉长岩。富水性受裂隙发育状况控制，一般中等富水，局部丰富，泉水流量一般为 $0.4 \sim 1.3 \text{L/s}$，最大为 1.47L/s。水化学类型以 $HCO_3\text{-}Na+K \cdot Ca$ 型为主。

3. 碳酸盐岩岩溶水

碳酸盐岩岩溶水主要属碳酸盐岩岩溶裂隙水。含水岩组为下二叠统日东组灰岩、白云岩，夹砂岩、板岩、泥灰岩。岩溶弱–中等发育，富水性受岩溶裂隙发育状况控制，一般中等富水，泉水流量为 $0.56 \sim 8.75 \text{L/s}$。埋藏类型主要属潜水，水化学类型为 $HCO_3\text{-}Ca$ 型及 $HCO_3\text{-}Ca \cdot Mg$ 型。

2.6 小 结

（1）研究区为怒江流域云南段北起丙中洛镇、南至小沙坝村的怒江峡谷段，怒江干流长 296km，河面海拔分布在 $810 \sim 1680\text{m}$，高差达到 870m，平均比降为 2.94‰。按地貌形态特征、谷底宽度及两岸谷坡特征，研究区整体属于强烈切割高中山峡谷地貌，流域海拔分布在 $802 \sim 5167\text{m}$，高差达到 4365m，怒江流域东西向最宽 43km、最窄 17km。怒江峡谷段山高谷深，坡度为 $30° \sim 50°$，地形反差极大，为崩塌、滑坡、泥石流高易发区。

（2）研究区岩性复杂，时代跨度大。岩类包括沉积岩、火成岩及变质岩，地层从前震旦系至第四系均有发育，第四纪有强烈的岩浆活动，岩石类型复杂，以酸性侵入岩为主，其次为基性岩及碱性岩，受南北向区域构造的控制十分明显。具有多期、多阶段、多旋回特点。

（3）研究区地处西南三江造山带南段，位于昌都–思茅地块、保山地块西侧，冈底斯地块东侧的怒江–潞西及碧土–孟连结合带上。在古生代处于冈瓦纳大陆与劳亚大陆之间的特提斯构造域，古特提斯地质遗迹保存较好，地质构造较为复杂。

（4）怒江州怒江峡谷段河谷岸坡高陡，地形高差大，活动构造发育，岩体结构破碎，地震活动明显，地质环境脆弱，地质灾害发育，雨水丰富，资源环境承载能力不足。

第3章　云南怒江州城镇国土空间
规划与布局研究

3.1　概　　述

怒江州地处云南省西北部，与缅甸接壤，国境线长450km，占中缅边境线的20%。位于"世界屋脊"南延部分横断山脉纵谷地带，是闻名于世的高山深切割地貌。州内地势北高南低，呈现"四山夹三江，坝子零星落"的地理空间格局。州内生物资源丰富，是全球三大生物多样性中心之一；生态本底优越，肩负云南省西北重要生态安全屏障使命。22个少数民族在此繁衍生息，独龙族和怒族更是怒江州独有。全州已知地质灾害隐患点共1455处，地质环境条件脆弱，降水、地震、工程活动极易诱发滑坡、泥石流、崩塌等地质灾害，属于地质灾害极易发区和易发区，是全省地质灾害最为严重的地区之一。按照全州阶段目标，统筹发展与安全、耕地与保护底线、生态保护与资源节约集约利用、城乡与区域协调发展，划定落实耕地和永久基本农田保护红线、生态保护红线、城镇开发边界三条控制线。优化农业、生态、城镇功能空间，协调重大基础设施、重大生产力和公共资源布局，构建优势互补、高质量发展的区域经济布局和国土空间体系，推动空间治理体系和治理能力现代化，实现国土空间开发保护更高质量、更有效率、更加公平、更可持续、更为安全，为怒江州高质量跨越式发展提供国土空间保障。

3.2　怒江州城镇国土空间总体规划布局

3.2.1　怒江州自然生态本底

1. 高山峡谷

怒江州境内自东向西为云岭、碧罗雪山、高黎贡山、担当力卡山等四大山系横断排列，为典型的高山峡谷地貌，地势北高南低。自西向东有北南走向的褶皱山系和三条由北向南大江深切谷相间排列，贯穿全境。怒江州海拔4000m以上的山峰多达40余座。最高为北部贡山县滇藏交界处高黎贡山的楚鹿腊卡峰，海拔为5128m，最低为南部泸水市蛮英村怒江出境处，海拔为738m，高差为4390m。

峡谷是怒江州次于山地的重要地貌形态，怒江大峡谷从西藏境内的丁青、嘉玉桥一带开始，到泸水市跃进桥为止，总长度在600km以上，其长度为世界之最。怒江大峡谷从北到南，纵贯全州，在州境内长316km。其次为澜沧江峡谷，在境内长130km。独龙江峡谷在贡山县境内长 92km。

以高山峡谷为主体的地貌结构,对怒江州气候、水文、土壤、生物等自然因素影响巨大,使怒江州生态环境呈现出多样性的特征。

2. 水系湖泊

怒江州江河密集,纵横交错,共有大小河流 183 条,分属怒江、澜沧江、独龙江三大水系。集水面积大于 $100km^2$ 的河流有 37 条,大于 $500km^2$ 以上的河流有 6 条,即怒江、澜沧江、独龙江、老窝河、批江和通甸河。境内的高山湖泊共有 43 个,主要分布于高黎贡山和碧罗雪山海拔 3500m 以上区域。

怒江发源于青海省唐古拉山南麓,经西藏自治区于贡山县青拉涌流入怒江州境内,在高黎贡山和怒山的夹持下向南奔驰。怒江进入州境内后纵贯贡山、福贡、泸水 3 个县(市),在泸水市蛮云村流入保山市,境内干流总长 369.8km,流域面积为 $8152.9km^2$,江面宽度为 $100 \sim 130m$,洪水期与枯水期水位相差 5m,天然落差 640m,每 1000m 平均落差 2.03m,洪水流量为 $10400m^3/s$,枯水流量为 $316m^3/s$,两岸倾泻出 118 条中小河流,羽状排列注入怒江。其中,重要一级支流包括双拉河、迪麻洛河、普拉河、茨开河、利沙底河、上帕河、腊吐底河、古泉河、堵堵罗依玛河、玛布河、瓦姑河、老窝河、赖茂河、蛮蚌河等。

澜沧江发源于西藏唐古拉山南麓,进入云南后,由维西傈僳族自治县的维登流入兰坪白族普米族自治县(兰坪县),奔于碧罗雪山和云岭之间,与云岭和碧罗雪山垂直高差为 $2000 \sim 2500m$,境内全长 128.1km,流域面积为 $4386.4km^2$,江面最高海拔为 1577m、最低海拔为 1373m,落差 184m,每 1000m 平均落差 1.415m,洪水期流量为 $6480m^3/s$,枯水期流量为 $198m^3/s$。两岸中小河流共有 36 条汇入江中,其中重要一级支流包括玉河、德庆河、木瓜邑河、仁甸河、玉龙河、基独河、批江、碧玉河等,主要二级支流有安乐街河、清水江、挂登河、蝴蝶箐、通甸河。

独龙江发源于西藏自治区察隅县,从迪布里流入贡山独龙族怒族自治县境内,其上游称为克劳龙河,与麻必洛河汇合后始称独龙江,为伊洛瓦底江三大源流之一的恩梅开江上游,从中缅交界处钦郎当流入缅甸,境内流程 80km,流域面积为 $1947km^2$,两岸有支流 13 条,主要有麻必洛河、担当洛河、拉王夺河、布卡王河、不嘎洛河、夏木林河、达赛洛河等。同属于伊洛瓦底江水系的还有泸水市境内的片马河、古浪河、岗房河,出境后注入缅甸境内的糯千卡河,再汇入伊洛瓦底江。

3. 坝子

怒江州境内除峡谷、溪流、冲积扇、洪冲积台地以及小面积山间槽地外,均被山地占据。在"三江"河谷江边,分布着面积大小不同的许多冲积扇、冲积堆和冲积裙,成为怒江州的主要农作区。在怒江河谷,分布较大的冲积扇和冲积堆,有蛮英坝、丙贡坝、赖茂坝、六库坝、灯笼坝、上帕坝、永垃嘎坝、丙中洛坝等。在澜沧江河谷,有免峨坝、营盘坝、石登坝、中排坝等。

怒江州坡度在 $8°$ 以下、面积在 $1km^2$ 以上的区域划定为坝区。全州有 $1km^2$ 以上坝子有六个（蛮英坝子、丙贡坝子、赖茂坝子、金顶坝子一、金顶坝子二、通甸坝子），分布于两个县（市）的六个镇（乡）。贡山县、福贡县没有大于 $1km^2$ 的坝子，泸水市和兰坪县各有三个坝子，面积最大的通甸坝子，面积达 $19.05km^2$。

4. "山、川、湖、坝"自然生态本底

怒江州地处横断山脉纵谷地带，呈现出"四山夹三江"的典型高山峡谷地貌特征。境内有高黎贡山、碧罗雪山、担当力卡山、云岭山脉四大山系，怒江、澜沧江、独龙江三大水系，34 个高山湖泊，金顶坝子一、金顶坝子二、通甸坝子、蛮英坝子、丙贡坝子、赖茂坝子六个坝区，共同构成了怒江州"山、川、湖、坝"的自然生态本底，并深刻影响着怒江州历史上城镇格局的发展变化。

3.2.2 构建"四屏三廊、双核两轴"的保护开发总体格局

结合全州自然地理格局和区域资源环境格局，统筹资源环境承载力与人口、经济布局。涵养山水林湖湿草，减缓生态空间缩减趋势，保护生物多样性和生态系统多元性，保护坝区优质高产农田，推进全域土地综合整治，改善耕地碎片化、提升坡耕地质量，做优高原特色农业、保障全州粮食自给能力，做强泸水和兰坪两大州域核心，优化城镇存量空间释放潜力，产城融合促进产业集群发展，提升城镇化重要载体承载能力，形成高质量发展的区域经济布局。优化、重塑全州国土空间，形成"四屏三廊、双核两轴"的总体格局。

1. 四屏三廊

四屏：即高黎贡山生态屏障、担当力卡山生态屏障、碧罗雪山生态屏障和云岭生态屏障。加强碧罗雪山、高黎贡山、担当力卡山、云岭为主的自然保护地的生态保护和绿色发展，实现生态保护、绿色发展、民生改善互利共赢。

三廊：依托独龙江、怒江、澜沧江形成三条南北向的生态廊道，秉持绿色发展理念，深入开展怒江、澜沧江、独龙江沿岸生态修复专项行动，聚焦水清、岸绿、景美，统筹水域、边坡、陆域，加强河流沿岸披绿改造，持续推进水污染源整治，营造良好的水环境、水生态。挖掘怒江生态特色，充分发挥怒江"四屏三廊"生态特点，将生态特征作为怒江州建设发展的底色。梳理怒江州水系资源，充分发挥怒江峡谷生态氛围，为新时代打造怒江沿江环境提供环境支撑。

2. 双核两轴

双核，即泸水、兰坪，一主一副两个州域核心，肩负着引领带动整个怒江州域发展的核心作用。主核——泸水市中心城区是怒江州各类要素的集聚中心，为州域中心城市，是怒江州域西部发展的主核心。副核——兰坪县城建设成为怒江州副中心城市，是怒江州东部经济发展的增长极。

聚焦"干净、宜居、特色、智慧"，加强城市规划、建设、经营和管理，全面提升泸

水市中心城区的城市功能，建设成为大滇西旅游环线游客集散中心、怒江州域中心城市，增强城市综合承载力和可持续发展能力，带动引领全州经济社会发展。发挥兰坪作为三江并流旅游通道中心节点和主要入口的区位优势，结合建设有色金属工业重镇和百亿绿色铅锌产业基地，发展高原特色农业，建设成为工业、农业、旅游一体化发展的特色县城。

轴带是指通过南北向城镇发展带和东西向城镇发展轴联动州域内城镇共同发展。南北向城镇发展带：沿怒江和南北向交通一线形成"泸水—福贡—贡山"南北向城镇发展带，向北联系香格里拉、西藏，向南联系保山、瑞丽、大理、昆明，快速带动沿线城镇集聚发展，促进人口向怒江沿线城镇集中，促进沿江地区因地制宜、优势互补与错位发展，着力打造以文化旅游发展、民俗风情展示为主的南北向绿色城镇发展带。东西向城镇发展轴：沿兰福二级公路等东西向交通干线形成"匹河—营盘—兰坪"东西向城镇发展轴，向西联系泸水、福贡、贡山，向东联系兰坪、剑川、丽江、攀枝花，带动沿线城镇集聚发展。

3.3　怒江州城镇生态环境保护空间优化与修复

3.3.1　怒江州城镇生态环境空间格局

1. 生态空间特点

怒江州生态空间格局因其独特的山川地貌塑造而形成了层次丰富且生物多样性丰富的独特生态空间。

怒江州地理位置处于横断山脉腹地，是欧亚、印支板块的缝合线部分，属喜马拉雅山地槽区的察隅-腾冲褶皱系，受青藏高原抬升的影响，地质构造极为复杂。全州地势北高南低，境内三江四山盘踞从东向西有云岭山脉、澜沧江、怒山山脉（碧罗雪山）、怒江、高黎贡山山脉、独龙江、担当力卡山脉，拥有神秘、美丽险奇、原始古朴的怒江大峡谷，形成世界罕见的自然奇观。同时，怒江州属于世界最典型的横断山系立体气候区之一，包含了我国从南亚热带到高山苔原带各气候的土壤和植被，既是西北植物区系和古热带植物区系的交汇带，又是古北界和东洋界两大动物区系的通道。在州内的多数地带或人迹罕至的地段，仍保存着不少古老的孑遗种、珍稀种和特有种兼备的生物带谱，高级植物就有 3000 多种，是我国寒、温、热三个气候带兼备的生物物种基因库，有代表性的生物景观是具有"阴阳双瀑""千古情侣"之誉的滴水河双瀑布、冰蚀湖、听命湖、姚家坪森林公园，州内拥有多种多样的森林植被类型、种类繁多的珍稀动物等。

2. 生态空间格局

依据怒江州独特的山川地貌，落实云南省总体生态格局要求，构建以国家公园、自然保护区、自然公园及河流为严格保护区域的"四屏三廊三节点"的生态安全格局。

"四屏"：重点保护独特的生态系统和生物多样性，发挥涵养大江大河水源和调节气候的功能。构建西部南北向生态屏障，提供森林碳汇、清洁水源、清新空气，并提供生态农业和生态旅游产品。

"三廊":建设怒江生物多样性廊道,加强对独龙江、怒江、澜沧江流域生态环境的保护,合理开发利用流域资源。设立独龙江、怒江、澜沧江流域保护专项资金,建设独龙江、怒江、澜沧江流域生态环境保护补偿机制,逐步恢复独龙江、怒江、澜沧江干流和一级支流两岸的植被,加强生态环境建设,保护怒江州水生态空间。

"三节点":以兰坪箐花甸国家湿地公园、兰坪碧罗雪山省级森林公园、三江并流国家级风景名胜区三个自然公园为补充的重要生态斑块。

3.3.2　生态环境功能区优化与修复

1. 生态功能区保护与修复

以保护和修复横断山地带性的森林、草原、河流、湿地等重要生态系统为重点,深入实施独龙江流域生物多样性保育、三江并流区域生物多样性保育等重点生态保护修复工程。全面保护修复天然林,巩固退耕还林还草成果。以怒江、澜沧江、独龙江流域生态脆弱区、"半山生态破坏区"等为重点区域,开展退化生态系统修复,持续推动"怒江花谷"生态建设项目,对矿区、破损山体和灾毁林地等受损区域城镇面山等生态脆弱地区开展陡坡生态治理,提升生态系统结构完整性和功能稳定性。以兰坪箐花甸国家湿地公园为重点,对集中连片、破碎化严重、功能退化的湿地实施修复和综合整治工程,协同开展退耕还湿工程,恢复湿地生态功能,维持湿地生态系统健康。科学推进退化草地修复治理,实施退牧退耕还草等工程,加快天然牧草地生态保护与修复;启动生态脆弱区人工种草生态修复试点,改良草原植被,促进植被重建。

2. 持续开展水土流失治理

怒江—伊洛瓦底江沿岸水土流失预防带重点保护两江沿岸生态环境,涵养水源。澜沧江流域水土流失治理区开展以小流域为单元的山水林田湖草沙综合治理,加强坡耕地、水土流失严重区域的综合整治。基本建成与怒江州经济社会发展相适应的水土流失综合防治体系,水土流失面积和强度控制在适当范围内,人为水土流失得到有效控制,水土保持率提高到 75% 以上。

3. 因地制宜推动矿山生态修复

通过地质环境治理、地形重塑、土壤重构、植被重建等综合治理措施,因地制宜地推动历史遗留矿山和生产矿山的生态保护修复,恢复和提升矿区生态功能,实现资源可持续利用。

推进历史遗留矿山生态保护修复。按照"保障安全、恢复生态、兼顾景观"的要求,以自然修复为主,工程治理为辅的原则,制订"一矿一策"修复档案和生态修复方案,开展历史遗留矿山综合治理。规划期末,完成全州所有历史遗留矿山生态修复工作,共修复历史遗留矿山损毁土地 2.41km²。

加强生产矿山生态保护修复。全面禁止在矿山生态重点保护区内进行固体矿产开发活动，加强矿产开发区的矿山生态环境保护，严控矿山数量，防止过度开采。加强对采矿山生态环境的保护，开展废水粉尘、固体废弃物等污染物综合防治，减轻矿产开发对生态环境的影响和破坏，使矿山地质环境得到有效保护和及时治理，矿区损毁上地得到及时复垦。实施绿色矿业发展示范区建设工程，鼓励有条件的地区探索开展绿色矿业发展示范区建设，集中连片地推动绿色矿业发展。

4. 精准实施国土山川绿化

聚焦"两带"（怒江生态修复带和澜沧江生态修复带），"三沿"（沿道路、沿江河、沿城镇）等重点区域，合理安排国土绿化空间、合理利用水资源、科学选择树种草种，推动国土绿化高质量发展。结合"绿美城市"建设，进一步提高园林绿化水平，提升城市品质，美化城乡人居环境，促进城市生态与社会经济协调发展。将规划造林绿化空间落实到国土空间规划中，上图入库，实施"一张图"管理。

5. 持续推进环境污染治理

严防水体污染。以工程措施为主，自然生态修复为辅，改善水质加强水污染源头治理和达标排放，实现水生态品质提升和地下水保护，重点开展通甸河、沘江等流域水污染防治，城镇生活污水处置设施及配套管网提升改善和扩建、饮用水水源地保护、地下水污染防治、农业面源污染防治等工程。

强化土壤污染防治。继续推进农用地和建设用地重点地块、土壤污染重点监管单位周边土壤监测和调查，建立土壤环境信息数据库和管理平台。重点开展兰坪、泸水等地土壤重金属污染综合治理。加强有色金属矿采选、冶炼和历史遗留尾矿区域建设用地土壤环境调查、风险评估和治理修复。

全面完善环境治理体系。全面落实生态环境保护责任清单，健全州级生态环境保护督查制度、健全生态环境公益诉讼和损害赔偿制度、完善生态环保法规体系和执法司法制度。全面实行排污许可制，加快完善排污权、碳排放权交易机制。完善环境保护、污染物总量减排约束性指标管理。

3.4　建设用地结构与布局优化

3.4.1　用地结构与布局

落实《云南省国土空间规划（2021—2035 年)》指标，以盘活存量为重点，明确用途结构优化方向，确定全域主要用地的规模和比例。优化建设用地结构和布局，推动人、城、产、交通一体化发展。确定州域主导产业发展方向，保障发展实体经济的产业空间。在确保环境安全的基础上引导发展功能复合的产业社区，促进产城融合、职住平衡。

农用地调整 13285.98km²，占怒江州土地总面积的 91.10%，较基期年减少 11.12km²；

　　其中，耕地严格落实"三区三线"划定中的耕地保护目标，规模为 573.59km²，较基期年减少 8.42km²，减少部分主要为建设用地。2009 年 12 月 31 日后，已依法批准且落实占补平衡即将建设的和自然保护地核心保护区内耕地；建设用地占用耕地部分主要集中在泸水市、兰坪县城镇开发边界内，以及福贡县、贡山县基础设施建设。

　　园地、林地和草地共减少 4.95km²，主要为 25°坡以下沿江平缓土地转变为建设用地。

　　建设用地调整 152.71km²，占怒江州土地总面积的 1.05%，较基期年增加 12.61km²；其中村庄用地向城镇用地转变 4.9km²，主要集中在城镇开发边界内。

　　区域基础设施用地增加 5.22km²，主要为规划交通用地和水工设施用地。

　　自然保护与保留用地调整 468.49km²，规划期间无变化，所占比例为 3.21%。

　　其他土地调整为 677.54km²，占怒江州土地总面积的 4.65%，较基期年减少 1.5km²，主要转变为建设用地，集中在城镇开发边界内和沿江建设用地集中区域。

3.4.2　城镇建设用地节约集约

　　严控增量与盘活存量相结合。始终坚持最严格的耕地保护制度，并实施严格的用途管制，从源头上控制各类建设对耕地等各种农用地的占用。新增建设用地优先用于保障基础设施和民生、公益类及重大项目需求。强化城镇开发边界对建设用地规模刚性约束，严格限制城市无序蔓延，引导城镇建设更加集中紧凑，强化产业向重点发展园区集聚。加快推进存量建设用地转型利用，提高存量建设用地在土地供应总量中的比例。坚持土地要素跟着项目走，实施增量安排与存量盘活挂钩的"增存挂钩"机制，倒逼各地盘活存量建设用地。推动新增建设用地供应与批而未建、闲置用地处置相挂钩，通过新增建设用地计划指标分配促进存量建设用地消化。

　　优化结构与提升效率。城镇用地方面，着力推动城镇低效用地再开发，用"存量"换"增量"。农村用地方面，大力推广全域土地综合整治，在耕地总量不减少、永久基本农田布局基本稳定的前提下用结构优化释放出空间。深入推进城乡统一的建设用地市场建设，完善国有土地有偿使用制度，大力推动工业用地租赁和出让相结合，健全土地二级市场。修订基础设施用地控制标准，扩大基础设施用地有偿使用范围，努力用资金和技术换空间。开展自然资源节约集约示范县（市）创建活动，引导全社会提高节约集约用地的意识。

　　建立健全集约节约用地制度。完善指标约束机制，开展人均城镇建设用地、城市土地平均容积率、各功能区容积率和不同用途容积率建筑密度、单位土地投资等土地利用效率和效益的控制标准研究。在建设项目各个环节，严格执行建设用地标准。严格执行节约集约用地标准，提高工业项目投资强度、产出率和容积率门槛，探索实行租让结合、分阶段出让的工业用地供应制度，加强建设项目用地标准控制，建立健全低效用地再开发机制。

3.5　城镇安全韧性与防灾减灾体系建设

3.5.1　确定主要灾害类型

怒江州降水时空分布不均，雨季容易产生洪涝灾害，其余月份易发生干旱。此外，由于境内山峦起伏、江河纵横，新构造运动非常强烈，再加上人类活动的影响，使怒江州成为云南省地质灾害最严重的地区之一，主要的地质灾害表现为崩塌、滑坡、泥石流和地震等。

3.5.2　完善防灾减灾设施建设

1. 洪涝灾害防治

防洪标准：怒江州 4 县（市）城市防护区河流防洪标准采用 20～50 年一遇，其余乡镇河流防洪标准采用 10～20 年一遇；蓄、滞洪区的分洪运用标准和区内安全设施的建设标准应根据批准的江河流域防洪规划的要求分析来确定。洪涝灾害防治措施：对城镇河流上游的水库，排除隐患，提高防洪标准，对不满足防洪库容的水库进行扩建；城镇河流段主要考虑提高河流的行洪能力，对不满足防洪标准的河流断面应按防洪标准要求加高或扩宽断面；城镇下游段河流进行综合治理，确保城市河段满足防洪标准的洪水通畅排出城镇区；对城镇内排水暗沟及明渠进行改造，以满足水流通畅及过流断面，防止产生内涝；加大城镇防洪排涝基础设施的建设力度，提高城镇的排涝能力；科学布局防洪堤、截洪沟、排涝泵站等防洪排涝设施。对于处于低洼积水区域的老城区，采取加高加固河道堤防、铺设大管径的排水管道和建设排涝泵站，或局部搬迁，开辟湿地等措施。增大渗水地面，采用扩大绿地面积，建设渗水道路、广场等方式，使雨水渗入地下，并减缓地面雨水径流速度，减缓、减少雨水骤积，做好水土保持、汛期防汛工作，降低次生灾害发生的风险。

2. 地震灾害防治

抗震设防标准：怒江州贡山县独龙江乡，兰坪县兔峨乡、营盘镇、啦井镇、金顶街道、石登乡六个乡镇抗震设防烈度为Ⅶ度，地震动峰值加速度为 0.15g，其余地区抗震设防烈度为Ⅷ度，地震动峰值加速度为 0.20g；一般建设工程按照《中国地震动参数区划图》（GB 18306—2015）进行抗震设防，幼儿园、学校、医院等人员密集场所的建设工程在一般建设工程抗震设防要求的基础上提高一档进行抗震设防。抗震设施配置：构建以"紧急避难场所、固定避难场所、中心避难场所"三级避难场所为主体的应急避难场所体系。2035 年，人均避难场所面积不得低于 1.5m²，紧急避难场所为用于避难人员就近紧急或临时避难的场所，因临近疏散人员设置，避难疏散距离不应大于 0.5km；固定避难场所具备避难宿住功能和相应配套设施，用于避难人员固定避难和进行集中性救援，避难疏散距离不应大于 2.5 km；中心避难场所应具备服务于城镇或城镇分区的救灾指挥、应急物资储备分发、综合应急医疗、卫生救护、专业救灾队伍驻扎等功能（表 3.1）。

表 3.1　固定避难场所责任区范围的控制指标

类别	有效避难面积 /hm²	避难疏散距离 /km	短期避难容量 /万人	责任区建设用地 /km²	责任区应急服务 总人口/万人
长期固定避难场所	≥5.0	≤2.5	≤9.0	≤15.0	≤20.0
中期固定避难场所	≥1.0	≤1.5	≤2.3	≤7.0	≤15.3
短期固定避难场所	≥0.2	≤1.0	≤0.5	≤2.0	≤3.5

3. 地质灾害防治

防治目标：州域内以崩塌、滑坡、泥石流为防御重点，提高地质灾害预防防治能力，有效地减轻灾害发生风险，最大限度地降低对人类生命财产的威胁、减少灾害损失。防治措施：以地质灾害易发性分区为基础，兼顾地理、地质单元和县级行政区的完整性，将全州划分为地质灾害重点防治区和一般防治区；针对不同级别防治区，采取不同的防治措施。各级政府和主管部门对地质灾害的危害性有足够的认识和高度重视，对地质环境有影响项目的立项、审批要严格把关，并制订相应防治措施。对重要的崩塌、滑坡、泥石流等地质灾害点，以工程防治为主或采取部分搬迁避让；加强生态环境保护，减轻水土流失，控制地质灾害的发展。对重要的地质灾害点建立群测群防、专群结合监测网络，建立健全的监测预警预报制度及应急反应机制，以及专群结合的监测预警预报体系和地质灾害综合防灾体系。加强科普宣传，提高广大群众对地质灾害的防范意识，严格控制人为因素引发的地质灾害，加强对建设项目地质灾害危险性的评估工作。

4. 火灾防治

防治目标：贯彻预防为主、防消结合的方针，按照政府统一领导、部门依法监管、单位全面负责、公民积极参与的原则实行消防安全责任制，建立全灾种大应急的灭火救援应急体系。设施布局：城市建设用地范围内消防站布局，应以消防队接到出动指令后 5min 内可以到达其辖区边缘为原则确定，消防站辖区面积不宜大于 7km²；设在城市建设用地边缘地区、新区且道路系统较为畅通的普通消防站，应以消防队接到出动指令后 5min 内可以到达其辖区边缘为原则确定其辖区面积，其辖区面积不应大于 15km²。

5. 人防工程

指导思想：人防工程建设应从整体上增强怒江州的综合发展能力和防护能力，保证具有平时发展经济、抗御多种自然灾害，战时防空抗毁，保存战争潜力的双重功能。设施布局：战时留城"二坚持"人员按 50% 计，人员掩蔽工程按人口 0.5m²/人计算。人防指挥通信、医疗救护、物资准备、防空专业队等工程应按《人防工程战术技术要求》配置。人防建设与分区建设相结合，既增强防空抗毁能力，又解决建设与发展过程中遇到的矛盾和困难，使分区功能日趋完善。结合的主要方向：修建地下停车场、地下过街道、地下街，结合民用建筑和居民小区建设修建平战两用、附建式防空地下室，以及地下粮库、油库、药品库、冷藏库等。

6. 疫情防控

完善重大疫情防控救治体系，健全重大疫情应急响应机制和救助制度，以及统一的应急物资保障体系，建立科学研究、疾病控制、临床治疗的有效协同机制。

3.5.3　预留应急用地，增强城市安全韧性

预留应急用地是为了在抢险救灾（包括防汛、地震、污染等事故紧急治理、地质灾害防治工程、地灾紧急避让、地灾救援抢险通道安全事故紧急治理工程等）时能够有足够的用地用来抵御各类灾害，充分考虑各类灾害特点，选择在灾害多发区、易发区结合各类型场地（公园、广场、运动场、停车场等）预留应急用地，为灾害发生做准备，更好的抵御各类灾害，增强城市安全韧性。

3.5.4　管控危险品用地，严控危化品生产及存储

在州域范围内，综合考虑现状用地情况及未来使用需求预留一定数量的危险品生产及存储设施用地。生产、储存危险化学品的单位应当在其作业场所和安全设施、设备上设置明显的安全警示标志。危险品生产及存储设施用地应当根据其生产、储存的危险化学品的种类和危险特性，在作业场所设置相应的监测、监控、通风、防晒、调温防火、灭火、防爆、泄压、防毒、中和、防潮、防雷、防静电、防腐、防泄漏，以及防护围堤或者隔离操作等安全设施、设备，并按照国家标准、行业标准或者国家有关规定对安全设施、设备进行经常性维护保养，保证安全设施、设备的正常使用。

3.5.5　划定城市安全通道，坚实防灾设施管控

划定城市安全通道应选择城市主干道及其他通向城镇疏散场地、郊外旷地的道路，作为城市安全通道。城市安全通道应具有引导疏散的作用，并应易于识别方向，通向人员密集区的通道宜为环形回路，城市安全通道划定需综合考虑避难场所外部应急救灾与内部疏散道路连接状况，满足应急保障及消防要求。防灾设施管控应依据防灾设施用地控制范围，划定防灾设施控制线，防灾设施包括消防设施（消防调度中心消防站）、防洪设施（防洪堤墙、排洪沟–截洪沟、防洪闸）、抗震设施（避震疏散场地）等。

3.6　小　　结

怒江州位于"世界屋脊"青藏高原东南缘部分横断山脉纵谷地带，是闻名于世的高山

深切割地貌，造就了如"怒江大峡谷"等诸多驰名中外的地理奇观，堪称"地质地貌博物馆"，独龙江、怒江、澜沧江三大水系流经，水资源丰富。担当力卡山、高黎贡山、碧罗雪山、云岭山脉雄伟壮美，其间散布着高山湖泊和地热温泉。怒江州坝子少且零星分布。三江并流世界自然遗产核心区，生态环境优越。云南怒江州国土空间规划与布局旨在建立健全的国土空间开发保护制度，全面提升国土空间治理体系和治理能力的现代化水平，实现国土空间开发保护更高质量、更有效率、更加公平、更可持续地为怒江州实现高质量跨越式发展提供保障。

第4章 云南怒江地质灾害发育特征及分布规律

4.1 概 述

受规模巨大的南北走向褶皱山系和深大断裂影响，研究区内山高、谷深、坡陡，地质环境条件极为复杂，由于岩体破碎，斜坡变形破坏强烈，斜坡区重力地质作用现象突出，加之区内受不同时期构造运动的叠加作用，岩浆侵入、沉积环境多变等因素影响，致使区内岩土体类型多样、工程地质特性差异大，为地质灾害的发育提供了充分条件。

据《1：50 万云南省地质图》，三江并流区内地层的分布及同时代地层的岩性、厚度变化、岩浆活动等受怒江断裂、澜沧江断裂、金沙江断裂的控制尤其明显（骆银辉，2009）。怒江流域山高坡陡、地势险峻、环境地质条件脆弱，地质灾害等环境问题已逐渐成为制约地方社会经济发展的关键因素（王嘉学，2005）。武锋刚和张文君（2011）利用高分辨率卫星数据资料，结合已有的研究成果、资料，对怒江上游俄米地区开展 1：50000 工程地质遥感解译研究工作，分析滑坡、崩塌及沟谷泥石流等不良地质现象的空间发育分布特征。通过 GIS 与 RS 技术的结合解译，共圈定出 65 处地质灾害。杨艳等（2012）通过对怒江河谷潞江段 21 条泥石流重点沟道堆积物的沉积特征、形成基本条件的野外调查，结合室内泥石流沟汇水面积、纵比降的数理统计，运用光释光（optically stimulated luminescence，OSL）测年技术对洪积物的年龄进行测定，揭示了研究区泥石流的发育具有明显的区域性和分期性。结果表明以潞江为界，泥石流从西岸向东岸迁移；东岸泥石流的发育存在南北差异，具有从北向南发展的趋势且期次明显，两岸泥石流发育分为三期。郑师谊等（2012）以外动力地质灾害相对多发的滇西怒江河谷潞江盆地段为研究对象，基于该区的 1：5 万地质灾害调查结果，在全面掌握该区崩塌与滑坡分布状况的基础上，利用层次分析法对该区地质灾害危险性程度进行综合分析和评价，获得了该区的崩塌和滑坡危险性评价图。谈树成等（2014）以怒江为例，利用面向对象的可视化编程语言 C#基于 WebGIS 平台开发出了具有集查询检索、统计分析、空间分析、专题图制作、预报预警及动态维护等功能于一体的斜坡地质灾害气象预报预警信息系统。陶时雨（2016）依据区域地壳稳定性定量化评价的方法与原则，对云南省怒江峡谷区泸水段进行区域地壳稳定性与地震作用下导致的次生地质灾害预测两方面进行研究。

地质环境和降水量是诱发地质灾害的主要因素，为了进一步提高对地质灾害的防治、预报能力，朱映橙（2016）开发了具有统计分析、数据查询、空间分析、人员管理、预警产品生成等功能齐全的怒江州滑坡地质灾害气象预警系统。朱军（2018）以 GIS 和 RS 等多种空间分析技术为数据分析平台，以怒江州地质灾害和水土流失等主要生态问题为出发点，利用地质灾害易发性、土壤侵蚀量和侵蚀强度、景观格局生态安全、土地生产潜力、生态系统服务功能价值等五个综合性生态安全指标对怒江州生态安全展开了多视角多尺度动态评价区划。李益敏等（2018）在地理信息系统（geographic information system，GIS）技术支持下，采用确定性系数（certainty factor，CF）分析了斜坡地质灾害易发敏感性，并通过敏感性指数（E）分析了各因子对斜坡地质灾害发生的影响程度，确定有利于斜坡地质灾害发生的条件，绘制了斜坡地质灾害敏感性分区图。刘宇（2020）通过资料收集、遥感解译及野外调查等方法，在全面分析研究区地质灾害形成的地质环境条件的基础上，研究了地质灾害的发育规律及其影响因素，完成了地质灾害的危险性区划评价。胡小龙（2020）依托"怒江流域云南段第四纪河谷演变及灾生趋势研究"项目，以野外实地调查为基础，结合前人相关研究成果，对怒江下游河谷六库—潞江段内的地质灾害影响因素、分布规律及发育特征进行了分析研究，最后基于 ArcGIS 软件采用证据权法（weight of evidence method）和模糊综合评判法（fuzzy comprehension evaluation method）分别对研究区内的地质灾害进行危险性评价及区划。卢瀚（2020）以怒江州泸水市为研究对象，围绕研究区防灾减灾需求，采用无人机、InSAR、钻探、物探、数值分析等技术，对区域内堆积体类型、成因机制进行分析，利用 InSAR 技术对研究区内的隐患点进行识别，并进行野外调查验证。重点分析了两处典型堆积层滑坡演化过程及成因机制，对强降水条件下滑坡稳定性进行了分析。张群等（2022）以怒江流域的泸水市为例，利用地质灾害基础数据，基于 GIS 平台和逻辑回归理论，对模型进行评估、多元共线性诊断、拟合度检验，建立地质灾害危险性评价模型，构建了不同类型承灾体的易损性指标分级赋值表，首次提出了针对西南山区人口、房屋等承灾体分布特征的易损性评价方法，综合评价地质灾害危险性、易损性及风险。冯显杰等（2022）以怒江州为研究区，选择高程、坡度、坡向、曲率、起伏度等 12 个评价因子，构建区域易发性评价指标体系，采用信息量（information value，IV）模型、信息量-BP 神经网络（information value-back propagation neural networks，IV-BPNN）耦合模型与信息量–支持向量机（information value-support vector machine，IV-SVM）耦合模型进行地质灾害易发性评价。

4.2　地质灾害发育特征

研究区涉及泸水市、福贡县和贡山县三个行政区域，共包括小沙坝—丙中洛段的 17 个乡（镇、街道）。在区划、详查、精细调查资料的基础上，结合现场调查，现已查明研究区滑坡、崩塌、泥石流 1111 处，其中崩塌 193 处、滑坡 565 处、泥石流 353 处；规模等级以中小型为主，其中特大型 3 处、大型 25 处、中型 204 处、小型 879 处（表 4.1，图 4.1）。

表 4.1　研究区地质灾害统计表

规模等级	滑坡		崩塌		泥石流		合计	
	点数/处	占比/%	点数/处	占比/%	点数/处	占比/%	点数/处	占比/%
特大型	0	0	0	0	3	0.27	3	0.27
大型	13	1.17	4	0.36	8	0.72	25	2.25

续表

规模等级	滑坡		崩塌		泥石流		合计	
	点数/处	占比/%	点数/处	占比/%	点数/处	占比/%	点数/处	占比/%
中型	72	6.48	32	2.88	100	9.00	204	18.36
小型	480	43.20	157	14.13	242	21.78	879	79.12
合计	565	50.86	193	17.37	353	31.77	1111	100.00

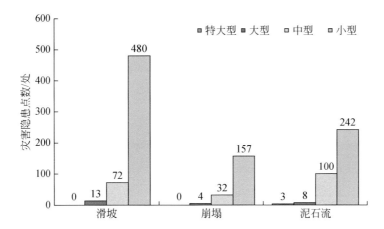

图 4.1　研究区地质灾害隐患点不同规模等级分布图

按照威胁对象，将研究区地质灾害按险情分级，险情等级以中、小型为主，其中特大型 11 处、大型 22 处、中型 158 处、小型 920 处（表 4.2，图 4.2）。

表 4.2　研究区地质灾害隐患点灾险等级统计表

灾险等级	滑坡		崩塌		泥石流		合计	
	点数/处	占比/%	点数/处	占比/%	点数/处	占比/%	点数/处	占比/%
特大型	4	0.36	2	0.18	5	0.45	11	0.99
大型	7	0.63	1	0.09	14	1.26	22	1.98
中型	76	6.84	39	3.51	43	3.87	158	14.22
小型	478	43.02	151	13.59	291	26.19	920	82.81
合计	565	50.85	193	17.37	353	31.77	1111	100.00

研究区受滑坡、泥石流威胁最为严重，其次为崩塌；单点危害以泥石流最为严重，其次为崩塌，研究区地质灾害潜在威胁人口 89907 人，潜在威胁财产 272169 万元（表 4.3，图 4.3）。

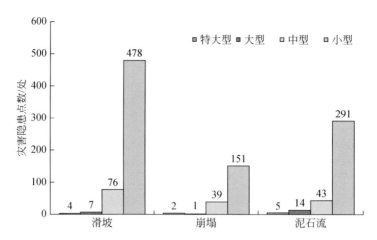

图 4.2　研究区地质灾害隐患点不同灾险等级分布图

表 4.3　研究区地质灾害危害程度统计表

规模等级	滑坡		崩塌		泥石流	
	威胁人口/人	威胁财产/万元	威胁人口/人	威胁财产/万元	威胁人口/人	威胁财产/万元
特大型	—	—	—	—	1078	11000
大型	542	1710	470	600	4397	27882
中型	6825	22191	4546	5444	18080	55173
小型	29566	75366	11855	31487	12548	41316
小计	36933	99267	16871	37531	36103	135371
合计	威胁人口 89907 人，威胁财产 272169 万元					

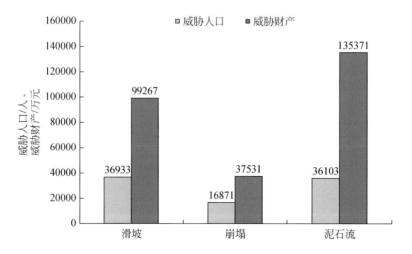

图 4.3　研究区地质灾害隐患点危害程度分布图

4.3　地质灾害分布特征

通过对已有的 1111 处地质灾害行政分布统计（表 4.4，图 4.4），其中分布最多的为福贡县，共发育 587 处，占总数的 52.84%；其次贡山县分布 294 处，占总数的 26.46%；泸水市分布 230 处，占总数的 20.70%。从统计结果看，17 个乡镇（街道）中灾害发育数量均大于 20 处，发育数量大于 60 处的有 9 个乡镇，分布数量在 40～60 处范围的有 4 个乡镇，分布数量在 20～40 处范围的有 4 个乡镇（街道），分布数量最多的为上帕镇，共发育 148 处，占总数的 13.32%；六库街道分布最少，仅有 22 处，占总数的 1.98%。

表 4.4　研究区地质灾害在行政区分布统计表

序号	县（区）	乡镇（街道）	地质灾害/处			合计/处	占比/%	合计/处	占比/%
			滑坡	崩塌	泥石流				
1	泸水市	六库街道	9	4	9	22	1.98	230	20.70
2		鲁掌镇	18	1	8	27	2.43		
3		大兴地镇	48	5	6	59	5.31		
4		古登乡	7	11	6	24	2.16		
5		称杆乡	36	29	8	73	6.57		
6		洛本卓白族乡	10	12	3	25	2.25		
7	福贡县	匹河怒族乡	30	14	16	60	5.40	587	52.84
8		架科底乡	28	13	21	62	5.58		
9		子里甲乡	26	6	22	54	4.86		
10		上帕镇	85	19	44	148	13.32		
11		鹿马登乡	38	12	39	89	8.01		
12		石月亮乡	64	—	34	98	8.82		
13		马吉乡	30	17	29	76	6.84		
14	贡山县	普拉底乡	26	16	26	68	6.12	294	26.46
15		茨开镇	52	17	35	104	9.36		
16		捧当乡	27	5	25	57	5.13		
17		丙中洛镇	31	12	22	65	5.85		
合计			565	193	353	1111	100.00	1111	100.00

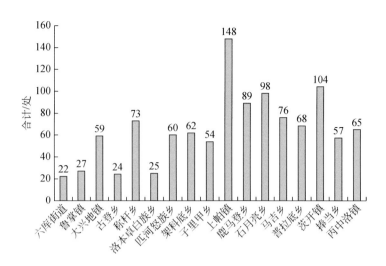

图 4.4　研究区地质灾害在各乡镇分布统计图

4.4　地质灾害结构特征

4.4.1　研究区斜坡结构特征

　　研究区位于怒江构造侵蚀中-高山峡谷地貌区，总体山高、坡陡、谷深，两岸斜坡坡度为 35°～45°，最陡可达 60°～70°。各种重力地质作用强烈，为区内滑坡、崩塌、泥石流提供有利的地形地貌条件。

　　根据调查，研究区贡山县、福贡县内地层岩性以石炭系变粒岩、千枚岩、大理岩，高黎贡山（岩）群、崇山岩群深变质岩和燕山期花岗岩为主，出露面积广，沿江呈条带状分布（图 4.5、图 4.6）；泸水市境内怒江西岸以高黎贡山群和寒武系为主，东岸从第四系到寒武系均有出露（图 4.7）。研究区宽缓斜坡浅表被第四系坡积层和洪积层覆盖，岩性主要由碎石、黏性土及砂卵砾石组成，厚度为 2～50m，其中，在缓坡区，覆盖层相对较薄，平均厚度为 5～15m；在宽缓河谷两岸阶地、怒江支流沟口洪积裙地带相对厚度较厚，平均厚度为 15～25m，在陡坡地段，基岩出露，受断裂构造影响，结构破碎，易于风化。总体上，研究区内岩土体类型多样、工程地质特性差异大，为地质灾害的发育提供了有利的物质条件。

4.4.2　研究区滑坡结构特征

　　滑坡为研究区地质灾害发育的主要类型之一，共计为 565 处。通过对研究区滑坡开展工程地质调查及对贡山县贡山一中滑坡、福贡县南安建滑坡、泸水市庄房滑坡、泸水市泸

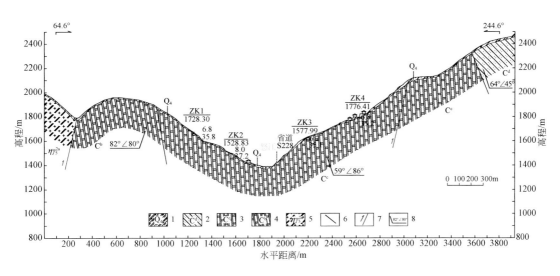

图 4.5　贡山县打所–黑马工程地质剖面图

1. 第四系残坡积、冲洪积黏土、碎石土、砂卵砾石多层土体；2. 石炭系第四段石英砂岩；3. 石炭系第三段大理石；4. 石炭系第二段大理岩；5. 燕山早期边缘相细中粒二长花岗岩；6. 地层界线；7. 实测逆断层；8. 产状

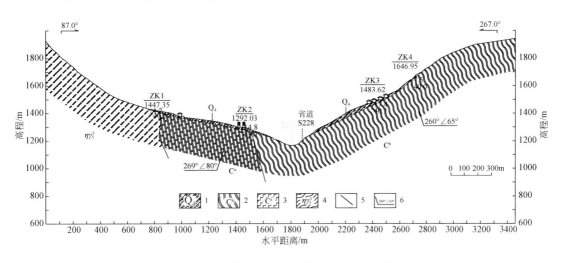

图 4.6　福贡县布拉底–抗谷工程地质剖面图

1. 第四系残坡积、冲洪积黏土、碎石土、砂卵砾石多层土体；2. 石炭系第二段石英岩；3. 石炭系第一段大理岩；4. 燕山晚期二长花岗岩；5. 地层界线；6. 产状

水一中滑坡等四个典型滑坡灾害点开展工程地质钻探和物探分析，滑坡主要为土质滑坡，滑体岩土类型主要为第四系残坡积层、崩坡积层、滑坡堆积层碎石、粉质黏土、含砾粉质黏土多层土体及冲洪积层砂卵砾石层，厚度为 5~40m，其土体结构松散，均匀性差，透水性相对较强，富水性相对较差。下伏基岩主要为白云岩、大理岩、玄武岩、花岗岩、变粒岩及混合岩等，基岩均匀性较好，透水性较弱（表 4.5，图 4.8~图 4.13）。雨季时地表水能快速下渗到土岩差异界面，在接触面产生径流、侵蚀，降低接触面岩土体结构强度，使得崩坡积层沿土岩界面产生滑移破坏。

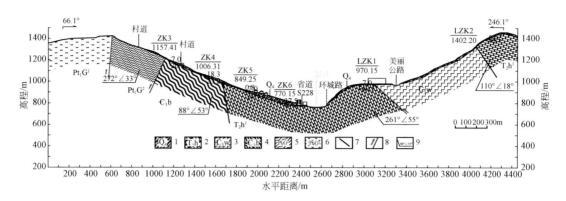

图 4.7　泸水市庄房–下坝户工程地质剖面图

1. 第四系残坡积、冲洪积黏土、碎石土、砂卵砾石多层土体；2. 中三叠统河湾组下段白云岩；3. 上石炭统卧牛寺组玄武岩；4. 上寒武统保山组板岩；5. 高黎贡山上亚群片岩；6. 高黎贡山下亚群混合岩；7. 地层界线；8. 实测逆断层；9. 产状

表 4.5　典型滑坡结构特征简表

编号	滑坡名称	滑坡类型	滑体		滑床
			地层岩性	厚度	
1	贡山县贡山一中滑坡	土质滑坡	第四系崩坡积层碎石土单层土体	厚 5～35m，平均厚 15m	第四系冲洪积层（堆积时间较久，有一定胶结现象）、石炭系第二段中厚层状中风化大理岩、燕山早期花岗岩
2	福贡县南安建滑坡	土质滑坡	第四系残坡积层粉质黏土体	厚 5～7m，平均厚 6m	石炭系第二段变粒岩
3	泸水市庄房滑坡	土质滑坡	第四系滑坡堆积层碎石、粉质黏土、含砾粉质黏土多层土体	厚 5～40m，平均厚 20m	中三叠统河湾组下段中厚层状白云岩、上寒武统保山组中厚层状板岩
4	泸水市泸水一中滑坡	土质滑坡	第四系坡洪积层碎石、粉质黏土、含砾粉质黏土多层土体	厚 20～30m，平均厚 25m	中三叠统河湾组下段白云岩

4.4.3　研究区崩塌结构特征

崩塌也是研究区地质灾害发育的主要类型之一，共计 193 处。通过对研究区崩塌开展工程地质调查及对 5 个典型崩塌点开展勘察，研究区由于构造运动强烈，新构造运动活跃，岩体节理裂隙发育，风化强烈，容易形成崩塌，崩塌类型主要为倾倒式、坠落式及滑

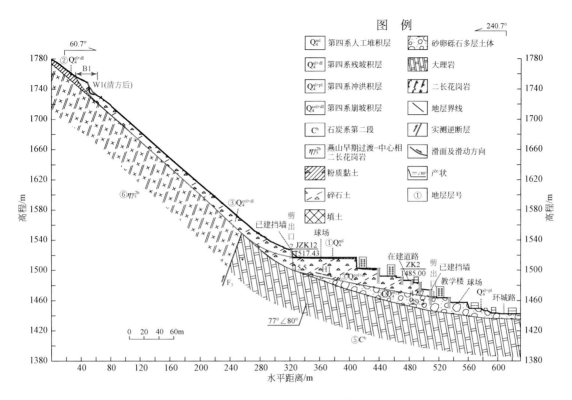

图 4.8　贡山一中滑坡工程地质剖面图

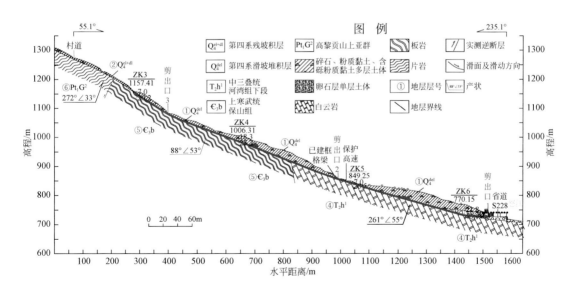

图 4.9　庄房滑坡工程地质剖面图

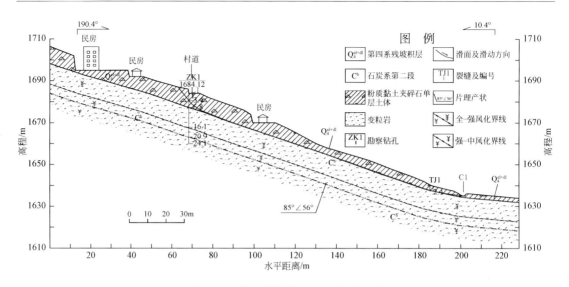

图 4.10　南安建滑坡工程地质剖面图

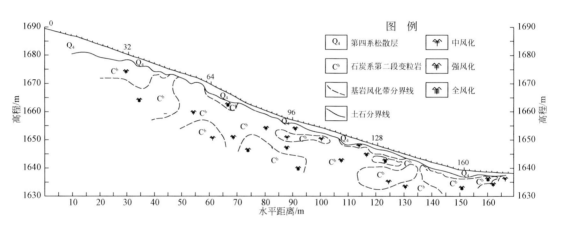

图 4.11　南安建滑坡工程物探工程地质剖面图

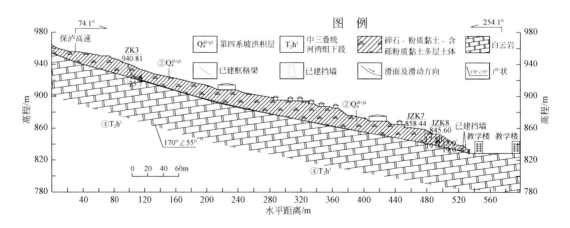

图 4.12　泸水一中滑坡工程地质剖面图

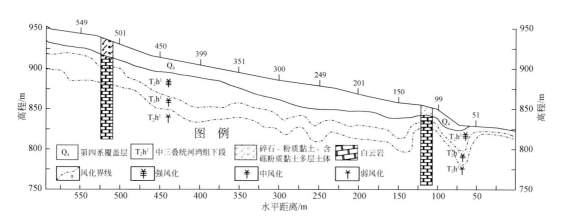

图 4.13　泸水一中滑坡工程物探地微振解译工程地质剖面图

移式。崩塌体物质以岩质为主，岩土类型主要以古生界石炭系第三段片岩、变粒岩、高黎贡山下亚群混合岩等硬质岩石为主，发育 2～3 组节理裂隙，典型崩塌结构特征见表 4.6，相应的工程地质剖面图见图 4.14～图 4.19。

表 4.6　典型崩塌结构特征表

编号	崩塌名称	崩塌类型	地层岩性	地层（片理）产状	节理裂隙
1	贡山县达拉底组崩塌	倾倒式和坠落式	古生界石炭系第三段片岩	65°∠83°	J1：145°∠4°，J2：230°∠85°
2	福贡县阿路底组崩塌	倾倒式和坠落式	古生界石炭系第二段变粒岩	57°∠61°	J1：175°∠76°，J2：290°∠70°
3	福贡县依垮底组崩塌	倾倒式和坠落式	古生界石炭系第二段中风化变粒岩	295°∠81°	J1：183°∠78°，J1：151°∠16°
4	福贡县明交组崩塌	倾倒式和坠落式	高黎贡山下亚群混合岩	—	B1 崩塌：J1：22°∠54°，J2：117°∠62°，J3：167°∠80°；B2 崩塌：J1：35°∠60°，J2：325°∠10°，J3：180°∠75°
5	泸水市托表克组崩塌	倾倒式和坠落式	高黎贡山下亚群混合岩	—	J1：97°∠82°，J2：160°∠76°，J3：213°∠12°

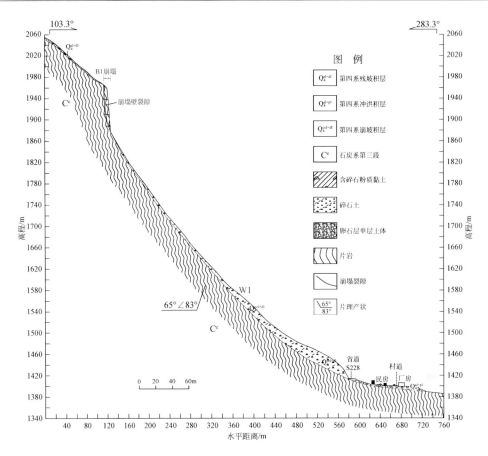

图 4.14　达拉底组崩塌工程地质剖面图

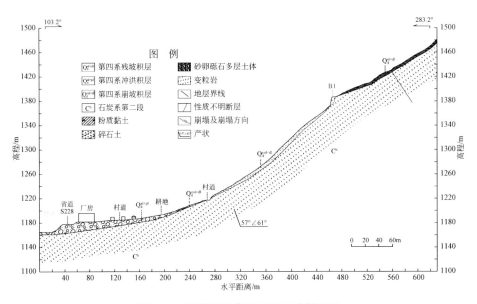

图 4.15　阿路底组崩塌工程地质剖面图

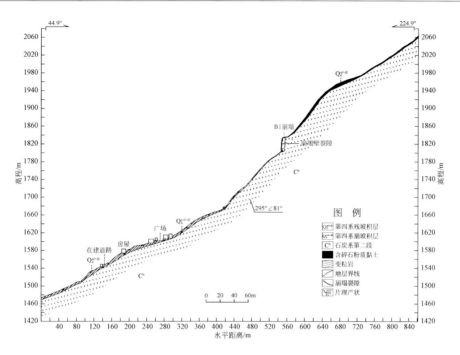

图 4.16　依垮底组崩塌工程地质剖面图

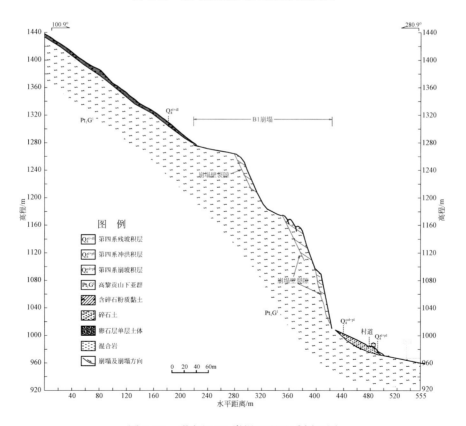

图 4.17　明交组 B1 崩塌工程地质剖面图

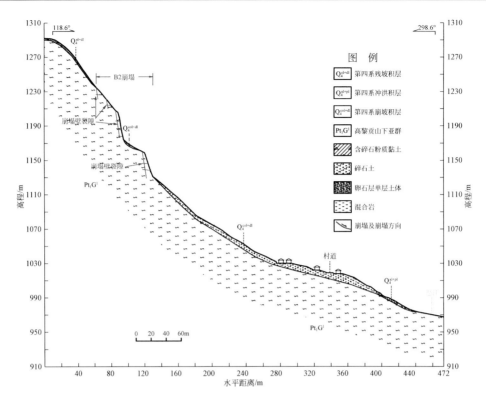

图 4.18　明交组 B2 崩塌工程地质剖面图

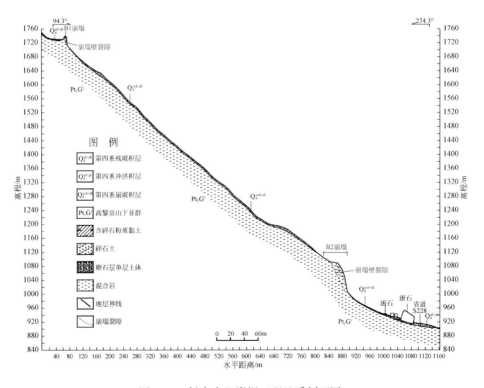

图 4.19　托表克组崩塌工程地质剖面图

4.5　小　　结

　　研究区内山高、谷深、坡陡，地质环境条件极为复杂，由于岩体破碎，斜坡变形破坏强烈，岩土体类型多样、工程地质特性差异大，为地质灾害的发育提供了充分条件。现已查明研究区滑坡、崩塌、泥石流共 1111 处，其中崩塌 193 处、滑坡 565 处、泥石流 353 处；规模等级以中小型为主，其中特大型 3 处、大型 25 处、中型 204 处、小型 879 处；险情等级以中小型为主，其中特大型 11 处、大型 22 处、中型 158 处、小型 920 处。

　　区内受滑坡、泥石流威胁最为严重，其次为崩塌。研究区内共选取四个典型滑坡灾害点、三条典型剖面以及两个重点调查区开展工程地质钻探，共完成钻孔 32 个，完成总进尺 952.4m；对泸水一中滑坡、南安建滑坡及 2 个重点调查区开展工程物探，完成物探剖面 7 条，完成工作量 2.8km；对所选 4 条泥石流灾害点开展槽探，共完成 31 个探槽，完成工作量 209.3m³；对所选崩塌灾害点及 2 个重点调查区开展精细调查，完成调查面积 14.6km²；本次勘察完成断面测绘 18 条，共 14.6km。区内宽缓斜坡浅表被第四系坡积层和洪积层覆盖，岩性主要由碎石、黏性土及砂卵砾石组成，厚 2～50m。在缓坡区，覆盖层相对较薄，平均厚度为 5～15m；在宽缓河谷两岸阶地、怒江支流沟口洪积裙地带厚度相对较厚，平均厚度为 15～25m。在陡坡地段，基岩出露，受断裂构造影响，结构破碎，易于风化。

第5章　基于高精度遥感的地质灾害识别与监测

5.1　概　　述

云南省怒江州为典型的深切高山峡谷地貌，地质灾害频发，部分地质灾害为高位隐蔽性地灾，具有突发性强、成灾速度快、成灾规模大等特点。同时，怒江州复杂的地形地貌和特殊的气候条件导致该地区是云南省泥石流等地质灾害较为敏感和易发的区域。例如，2010 年"8·18"怒江州贡山县发生了死亡失踪 92 人的特大泥石流灾害。据云南省环境监测院提供的资料，怒江州分布有泥石流沟 410 条，已对当地人民的生命财产安全构成威胁。《云南减灾年鉴》也显示，怒江州每年发生若干起地质灾害，尤其集中在雨季，造成严重的人员伤亡与财产损失。

虽然已经有众多学者和研究部门对该地区的地质、构造及岩性等方面开展一些工作，但由于该地区地形陡峭、环境复杂，许多地质灾害较隐蔽，开展常规野外调查工作难度极大，常规地面监测手段在该地区实施也极具挑战。同时，随着工程建设的加快以及工程地质环境的变化，如滑坡、崩塌等地质灾害的活动明显加剧，其蠕动变形加快，其规模、范围、危害程度和危害方式都已发生变化，现有的成果已经远远不能满足地区经济发展的需要，迫切需要加强区域内滑坡灾害的调查与更新。因此，利用现代空间对地观测技术，如卫星和航空遥感技术，加强该地区地质灾害隐患活动监测与动态更新工作尤为迫切。

遥感技术在地质灾害监测方面的应用大概兴起于 20 世纪 70 年代，日本有些学者利用航拍黑白影像对滑坡进行研究。后来，加拿大等国家的学者通过使用 Landsat TM 等多类型遥感影像进一步提高了滑坡监测的精度。我国基于遥感技术开展滑坡的研究开始于 20 世纪 80 年代初期，随着遥感技术在 21 世纪初的飞速发展，王治华（2005）通过他所提出的"数字滑坡"技术，使得遥感技术监测滑坡得到了广泛的应用。李铁峰等（2006）在使用多幅 SPOT-5 影像开展滑坡遥感监测的过程中，初步提出了遥感影像可以提取微量级形变的结论。童立强和郭兆成（2013）在对获取到的多分辨率影像进行运动距离等多因子分析之后，认为滑坡在遥感影像上有特殊的标志，并对这些标志进行了列举。随着地质灾害监测技术要求的不断提高，传统光学遥感技术易受降水天气、空间分辨率等影响的局限性也逐渐被学者所发现。合成孔径雷达（synthetic aperture radar，SAR）作为一种新型遥感传感器，不仅克服了传统光学遥感易受降水等天气的影响这一缺点，而且其发射微波穿透能力较强，可以获取传统光学遥感难以成像地区的信息。以 SAR 影像为基础发展起来的合成孔径雷达干涉测量（interferometric synthetic aperture radar，InSAR）技术，在高山峡谷区进行地质灾害调查方面有着传统测量技术所不具备的优势。InSAR 技术具有大范围、高精度获取地表微小形变的能力，且不受云雨天气的影响。由于地质灾害发生前，通常伴有微小的地表形变，因此，InSAR 技术可以达到大范围地质灾害识别与监测的目的。

5.2　高精度遥感处理技术与可靠性分析

5.2.1　InSAR 技术与可靠性分析

InSAR 是以 SAR 雷达天线接收到的返回信号为信息源，利用干涉测量技术监测地表形变或三维地形信息的一种测量技术。它能够克服常规地质灾害调查方法的局限性，通过非接触方式对人类难以到达地区的地表微小形变进行精细监测，具有很强的可行性和适用性，被广泛应用于地形复杂地区潜在滑坡隐患点的探测与识别。尤其是时序 InSAR 技术的发展，进一步提高了 InSAR 技术的地表形变监测精度和对地质灾害的监测能力。

1. Stacking-InSAR 技术

Stacking-InSAR 技术是将差分合成孔径雷达干涉测量（differential InSAR，D-InSAR）解缠后的差分干涉相位进行线性叠加，通过加权平均处理最大限度地减少大气误差和数字高程模型（digital elevation model，DEM）误差的影响，从而更加准确地获取形变的一种方法（Sandwell and Price，1997；龙四春等，2008）。其基本假设是在独立的干涉图中，大气扰动的误差相位是随机的，而区域上的形变为线性速率。在这种假设的基础上，将多幅独立干涉图对应的解缠相位进行叠加，得到所叠加时间基线内的累积形变相位信息。叠加后的大气误差相位，不是单幅干涉图中大气相位误差随干涉图数量倍数增长的结果，而是干涉图数量的平方根倍增长的结果，由此提高了叠加相位图中形变信息和大气误差项之间的信噪比，达到了提高监测精度的目的。

Stacking-InSAR 技术在估计形变速率时，根据主从影像的时间间隔计算，Stacking-InSAR 的数学模型如下：

$$\text{ph\_rate} = \frac{\sum_{i=1}^{n} (\Delta t_i \phi_i)}{\sum_{i=1}^{n} (\Delta t_i^2)} \tag{5.1}$$

式中，ph_rate 为相位形变速率；n 为干涉图总数；Δt_i 为第 i 个解缠图的两幅影像之间的时间间隔；ϕ_i 为第 i 个干涉图的解缠相位值。在 Stacking-InSAR 处理过程中，为了减少大气扰动产生的误差，要使用去除大气误差的解缠干涉图，并剔除误差较大的干涉图，在满足相干性条件下，选择时间基线较长的干涉图进行处理，从而获取较为准确的形变速率。

Stacking-InSAR 的优点是能在数据量较少的情况下获取年平均速率，同时可以有效地抑制大气延迟误差和 DEM 误差。然而 Stacking-InSAR 技术也有一定的局限性，其对于活动量较小的非线性形变较难获取形变区。

2. 小基线集 InSAR 技术

小基线集合成孔径雷达干涉测量（small baseline subset InSAR，SBAS-InSAR）技术由

Berardino 等（2002）、Lanari 等（2004）先后提出，该技术主要应用于低分辨率、大尺度时间序列形变监测。SBAS-InSAR 技术是利用已有的 SAR 影像数据集形成若干小集合，每个小集合内 SAR 影像间基线较小，集合间 SAR 影像基线较大，在小集合内，地表形变信息利用最小二乘求解，并应用奇异值分解（singular value decomposition，SVD）方法（王国秀，1989）将多个小基线技术集联合求解，从而更高精度地获取自起始影像时间到每一景影像获取时间段内的累积地面形变量。SBAS-InSAR 技术的基本原理如下：

获取同一区域的 N 幅 SAR 影像，根据最优干涉组合条件，生成 M 幅干涉图，有

$$\frac{N}{2} \leqslant M \leqslant \frac{N(N-1)}{2} \tag{5.2}$$

去除平地相位和地形相位后得到差分干涉图。假设第 j 幅干涉图是由 t_A、t_B 两个时间获得的 SAR 影像干涉生成，且 $t_B > t_A$，则像元 x 的差分干涉相位表示为

$$\Delta \varphi_j(x) \approx \phi(t_B, x) - \phi(t_A, x) = \frac{4\pi}{\lambda}\big[d(t_B, x) - d(t_A, x) \big] \tag{5.3}$$

式中，$d(t_A, x)$ 和 $d(t_B, x)$ 为相对于 t_0 的雷达视线方向累积形变；$\phi(t_A, x)$ 和 $\phi(t_B, x)$ 分别为 $d(t_A, x)$ 和 $d(t_B, x)$ 所引起的形变相位；λ 为波长。式（5.3）可表示为如下线性模型形式：

$$\boldsymbol{A\phi} = \Delta\boldsymbol{\phi} \tag{5.4}$$

式中，$\boldsymbol{\phi}$ 为 N 幅 SAR 影像上的待求形变相位构成的矩阵；$\Delta\boldsymbol{\phi}$ 为 M 幅干涉图上的差分干涉相位组成的矩阵；$\boldsymbol{A}[M{\times}N]$ 为系数矩阵，每行对应一幅干涉图，每列对应一个 SAR 影像，主影像所在列为 +1，从影像所在列为 -1，其余列全为 0。当 $M \geqslant N$ 时，$\boldsymbol{A}$ 矩阵的秩为 N，则利用最小二乘法可得

$$\boldsymbol{\phi} = \boldsymbol{A}^{\#} \cdot \Delta\boldsymbol{\phi}, \quad \boldsymbol{A}^{\#} = (\boldsymbol{A}^{\mathrm{T}}\boldsymbol{A})^{-1}\boldsymbol{A}^{\mathrm{T}} \tag{5.5}$$

该方法没有考虑轨道相位误差、DEM 误差和大气延迟相位，这是在理想情况下得到的最优解。对于式（5.4），若所有 SAR 影像都属于同一个基线集，采用最小二乘方法可求得形变值。然而在实际中一般会存在多个基线集，这时 $\boldsymbol{A}^{\mathrm{T}}\boldsymbol{A}$ 则是一个奇异矩阵，其正则逆不存在。如果有 L 个基线集，那么 $\boldsymbol{A}$ 矩阵的秩为 $N-L+1$，此时方程组有无穷多个解，为了求得方程组的唯一解，SBAS 利用矩阵的奇异值分解方法求取最小范数意义上的最小二乘解。首先将矩阵 $\boldsymbol{A}[M{\times}N]$ 进行 SVD 分解：

$$\boldsymbol{A} = \boldsymbol{USV}^{\mathrm{T}} \tag{5.6}$$

式中，$\boldsymbol{U}$ 为由 $\boldsymbol{AA}^{\mathrm{T}}$ 的特征向量 $\boldsymbol{u}_i$ 组成的 $M{\times}M$ 的对角矩阵，其对角线元素为 $\boldsymbol{AA}^{\mathrm{T}}$ 的特征值 λ_i；$\boldsymbol{V}$ 为由 $\boldsymbol{AA}^{\mathrm{T}}$ 的特征向量 $\boldsymbol{v}_i$ 组成的 $N{\times}N$ 的正交矩阵。假设 $\boldsymbol{A}$ 矩阵的秩为 R，那么 $\boldsymbol{AA}^{\mathrm{T}}$ 的前面 R 个特征值非零，后面 $M-R$ 个特征值为零。$\boldsymbol{A}^{+}$ 为 $\boldsymbol{A}$ 伪逆，有

$$\boldsymbol{A}^{+} = \sum_{i=1}^{R} \frac{1}{\sqrt{\lambda_i}} \boldsymbol{v}_i \boldsymbol{u}_i \tag{5.7}$$

那么相位估计值为 $\hat{\boldsymbol{\phi}} = \boldsymbol{A}^{+}\delta\boldsymbol{\phi}$，将相位转化为平均相位速度，即

$$\boldsymbol{v}^{\mathrm{T}} = \Big[v_1 = \frac{\phi_2}{t_2 - t_1}, \cdots, v_{N-1} = \frac{\phi_N - \phi_{N-1}}{t_N - t_{N-1}} \Big] \tag{5.8}$$

代替式（5.3）中的相位，有

$$\sum (t_{k+1} - t_k) v_k = \Delta \varphi_j, \quad j = 1, \cdots, M \qquad (5.9)$$

得到了一个新的方程：

$$\boldsymbol{D}\boldsymbol{v} = \Delta\phi \qquad (5.10)$$

式中，$\boldsymbol{D}$ 为一个 $M\times(M-1)$ 的矩阵，主从影像获取时间之间的列为 $D(j, k) = t_k - t_{k-1}$，其他的 $D(j, k) = 0$。对矩阵 $\boldsymbol{D}$ 做 SVD 分解得到 $\boldsymbol{v}$ 的最小范数解。若要考虑高程误差 ξ 相位则可建立方程组：

$$\boldsymbol{D}\boldsymbol{v} + \boldsymbol{C} \cdot \xi = \Delta\phi \qquad (5.11)$$

式中，$\boldsymbol{C}[M\times1]$ 为与垂直基线分量相关的系数矩阵，由此可以计算高程误差。在线性模型的基础上，根据噪声的时空相关特性，通过对残余相位进行适当滤波就能分离出大气延迟相位和非线性形变相位。

SBAS-InSAR 技术采用多主影像的方式，提高了 SAR 数据的利用率，使得形变测量的时间采样频率变大，可以在符合设置的时间基线与空间基线的范围内，获取较多的可利用的干涉对，保证了干涉图的相干性，通过挑选误差影响小的干涉对，计算出形变速率与时间序列，在一定程度上也可以起到抑制大气延迟误差，限制地形误差的作用。SBAS-InSAR 技术数据处理流程如图 5.1 所示。

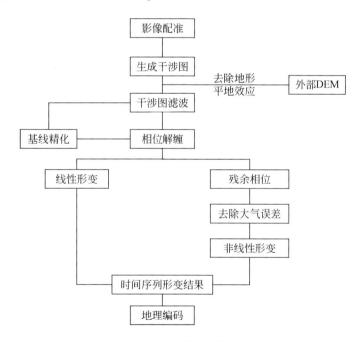

图 5.1　SBAS-InSAR 技术数据处理流程图

3. 多维小基线集 InSAR 技术

多维小基线集（multidimensional small baseline subset，MSBAS）InSAR 技术作为一种多维形变时序分析方法，最早是由 Samsonov 等（2013）所提出的。基于不同的入射角与方位角，选择覆盖公共区域的影像，依据其几何关系，对视线向形变进行分解，从而获得东西向和垂直向形变特征的方法称为多维小基线集技术。该方法考虑到由于 SAR 卫星飞行的几何原因，导致其对于南北向的形变不敏感，因此忽略了滑坡南北向的形变。通常，数据处理所获取的视线向（line of sight，LOS）形变只是真实形变的部分分量，难以准确反映野外复杂地形情况的斜坡真实形变。MSBAS 技术的出现，能有效地弥补单一影像只能获取一维视线向形变的不足，为提取滑坡在不同方向上的形变特征提供了可能。MSBAS 主要有以下三个关键步骤。

（1）准备输入数据：由一组或多组升轨和降轨数据处理所获得的差分解缠相位图。将升轨与降轨的差分解缠相位进行地理编码，选择高相干的解缠相位通过重采样至升、降轨影像的公共区域。

（2）创建时间矩阵，掩膜不相干的像素点。

（3）奇异值分解：逐个处理像素点，获取各像素二维形变速度分量，然后对形变速率数值积分，获取形变时间序列。

其中利用多轨道数据集获取二维形变时间序列的反演矩阵如下：

$$\begin{pmatrix} -\cos\theta\sin\varphi A & \cos\varphi A \\ \lambda L \end{pmatrix}\begin{pmatrix} V_E \\ V_U \end{pmatrix} = \begin{pmatrix} \hat{\phi} \\ 0 \end{pmatrix} \tag{5.12}$$

式中，θ 和 φ 分别为方位角和入射角；A 为获取的 SAR 影像的时间间隔；λ 为正则化参数；L 为零阶、一阶、二阶差分算子；V_E 和 V_U 分别为东西向和垂直向的地表形变速度分量；$\hat{\phi}$ 为获取的干涉位移。其中，系数矩阵用 C 来表示，则 $C = \begin{pmatrix} -\cos\theta\sin\varphi A & \cos\varphi A \\ \lambda L \end{pmatrix}$ 从而可以求得东西向的形变速度分量（V_E）和垂直向的形变速度分量（V_U）：

$$\begin{pmatrix} V_E \\ V_U \end{pmatrix} = (C^T C)^{-1} C^T \begin{pmatrix} \hat{\phi} \\ 0 \end{pmatrix} \tag{5.13}$$

在进行 MSBAS 处理前，首先，需要对覆盖的地质灾害点升、降轨影像进行处理，获得各自视线向形变相位；然后，将干涉质量较好的升、降轨结果进行地理编码处理，并重采样到一个公共网格；最后，基于 MSBAS 方法获取公共区域的二维形变时间序列。MSBAS-InSAR 技术的数据处理流程如图 5.2 所示。

4. InSAR 可靠性分析技术

由于卫星雷达在对地面进行扫描的过程中，其侧视成像的特点，不可避免地会产生由于地形起伏而造成的几何畸变（李振洪等，2019）。几何畸变的类型可以分为阴影、叠掩、透视收缩等现象。阴影区域是由于雷达发出的信号被山体遮挡，导致山体背部发生滑坡时无法被监测出来。叠掩区域是由于雷达信号获取地面滑坡形变的过程中，山体顶部的信号和山体底部的信号同时进入雷达信号接收机，从而导致彼此形变信号之间产生干扰，影响了对滑坡的监测。透视收缩区域是由于雷达信号在监测滑坡时，滑坡原有的高度或距离在信号接收的过程中被压缩了，导致所监测出来的结果不准确。图 5.3 为几种几何畸变与卫星雷达的几何关系，α 为卫星参数中的入射角，θ 为局部入射角（戴可人等，2021）。

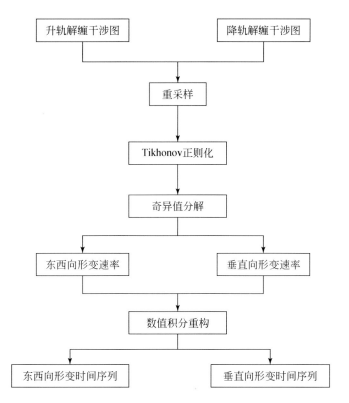

图 5.2 MSBAS-InSAR 技术数据处理流程图

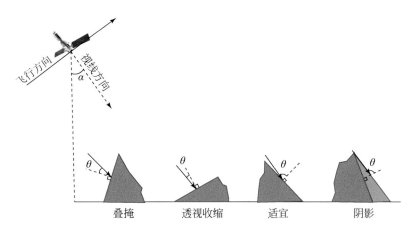

图 5.3 几种几何畸变与卫星雷达的几何关系

几何畸变的计算结果对后期 InSAR 结果识别滑坡起到了很大的辅助作用，为了计算出几何畸变区域，Ren 等（2022）提出了一种改进的 R 指数的方法，其计算公式如下：

$$R=\sin\{\theta+\arctan[\tan\alpha\times\cos(\varphi-\beta)]\}\times Sh\times La\times Fa \tag{5.14}$$

式中，θ 为卫星 LOS 向的入射角；φ 为卫星 LOS 的方位角；α 为地形坡度；β 为地形坡向；

Sh 为阴影系数，阴影区该值为 0，其他区域值为 1.0；La 为叠掩系数，主动及近被动叠掩区域值为 0，其他区域值为 1.0；Fa 为远被动叠掩系数，叠掩区域该值为 0，其他区域值为 1.0。以上这三个系数都可以通过 ArcGIS 中的山体阴影模型来进行计算，具体的细节请参考 Notti 等（2014）。图 5.4 是三个系数在 ArcGIS 求解时，所需要的太阳高度角和太阳方位角的位置关系。

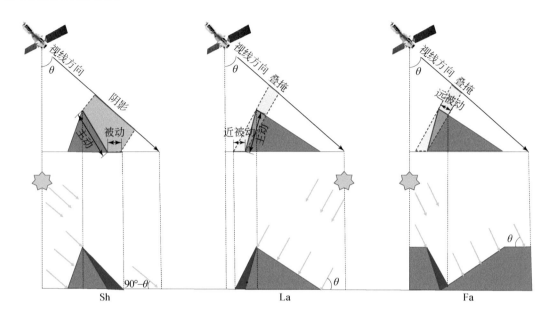

图 5.4　三个系数与太阳高度角、方位角关系图

在用山体阴影计算 Sh、La 和 Fa 时，会涉及太阳高度角和太阳方位角的计算，由于 SAR 卫星升、降轨飞行姿态的不同，造成其计算时也不尽相同。根据图 5.4，阴影系数、叠掩系数和远被动叠掩系数的太阳高度角分别为 $90°-\theta$、θ 和 θ。

最后，将计算得到的 R 指数结果与 $\sin(\theta)$ 的值进行对比，可以得到如下结果：

$$\begin{cases} R \geqslant \sin\theta, \text{可视性良好(适宜区)} \\ 0 < R < \sin\theta, \text{可视性中等(透收收缩)} \\ R = 0, \text{可视性较差(叠掩或阴影)} \end{cases} \quad (5.15)$$

在可视性良好的区域开展地质灾害调查，则地质灾害可被监测的程度较高。相反，在可视性较差的区域开展地质灾害调查，则地质灾害隐患点可能会漏识。

敏感性是指 SAR 卫星可以测量到的坡度移动总位移量的百分比，即地面三维变形在雷达 LOS 方向上的投影。敏感性值越高，则表示可监测到滑坡位移的可能性越大。敏感性值一般用灵敏度来表示，计算方法为雷达 LOS 单位矢量（$\boldsymbol{A}$）与滑坡位移单位矢量（$\boldsymbol{B}$）夹角的余弦值（Wang et al., 2021）。

$$\text{灵敏度} = \cos\langle A, B\rangle = \frac{A \cdot B}{|A| \cdot |B|} = A \cdot B$$
$$= \sin(\alpha + 90°) \cdot \sin\theta \cdot \cos\beta \cdot \sin\gamma \qquad (5.16)$$
$$+ \cos(\alpha + 90°) \cdot \sin\theta \cdot \cos\beta \cdot \cos\gamma + \cos\theta \cdot \sin\beta$$

式中，α 为雷达卫星飞行方向角；θ 为雷达卫星的入射角；β 为地形坡度；γ 为地形坡向。其值为 $-1 \sim 1$，值越大，说明可监测滑坡变形百分比越高，当视线向和坡面呈垂直关系时，灵敏度为 0，此时监测结果不可靠。

5.2.2　倾斜摄影测量技术

倾斜摄影测量技术是通过在飞行平台上搭载多台传感器，同时从一个垂直、四个侧视等不同角度采集影像。通常可以将它理解为一项更为高阶的摄影测量技术，其获取的影像更为丰富和多样，从而能够更好地恢复各种目标的三维信息。倾斜摄影测量技术凭借其丰富的地理信息和直观、友好的使用体验，结合无人机机动灵活的特点，在测绘、交通、水利水电、地灾应急等领域得到了广泛的应用，尤其在城市和山区等复杂地形环境下，更能发挥其独特优势。在地质灾害风险评价工作中，可以采用无人机倾斜摄影测量技术快速、高效地重建工作区高精度实景三维模型，从而更为精确地解译和分析区内地形、地物和灾害相关要素等信息。

1. 倾斜摄影测量相机

倾斜摄影测量相机可以实现以不同角度和方向拍摄地面的影像数据，通常具有以下五个特点。

（1）高分辨率：分辨率通常很高，能够捕捉到地面上细微的细节和物体。

（2）宽视角：视角通常很宽，能够覆盖较大的场景。

（3）快速拍摄：通常可以实现快速拍摄，可在较短时间内完成对较大区域的数据采集。

（4）定位精度高：通常具有较高的定位精度，能够对拍摄数据进行有效的位置校正。

（5）易于安装：通常非常易于安装，可轻松地安装在载体上进行采集。

目前，国内生产倾斜摄影测量相机的厂家众多，其中比较有名的包括红鹏、赛尔、大势智慧、苏州创飞及成都睿铂等，而无人机厂家包括纵横、飞马等公司也有自带的倾斜摄影模块。近年来倾斜摄影相机不断发展，逐渐加入了三轴云台、数据实时传输、高精度实时动态（real-time kinematic，RTK）定位等技术，实现了更高精度、更高效率的数据采集能力。

针对云南省高落差的地形条件，采用自主研发的智能双相机摆拍云台 CH-2（图 5.5）开展倾斜数据采集。该航摄仪有两个重新优化组装的 SONY A7R4 全画幅单反相机（图 5.6），单相机具有 6100 万像素，通过智能摆拍，能够实现五个方向约 3 亿像素的影像获取。云台体积较小、结构简单可靠，并可以根据不同的任务需求更换不同焦距的专用镜头。

图 5.5　智能双相机摆拍云台 CH-2

图 5.6　改装后 SONY A7R4 全画幅单反相机

2. 无人机平台

怒江峡谷地形高差大，航飞范围最大达到 36km^2，对无人机的飞行平台要求较高，一方面需要具有大面积作业能力，另一方面需要能够进行仿地飞行，减小数据分辨率差异，提升数据精度。

在峡谷地区作业，采用自主改装的纯电动垂直起降固定翼无人机系统 HF-1（图 5.7）开展航测作业。该机型为垂直起降、全自主飞行，操作简单；可配置多个任务模块舱；机身结构高度模块化，各连接结构全部采用快锁装置；旋翼机臂采用折叠设计，无需拆卸，电气和机械连接一次同步，进一步提高可靠性和便捷性。

固定翼无人机系统 HF-1 能够实现稳定的垂直起降功能，可以在狭窄的地方进行起飞和降落，受场地影响较小，提高了外业航摄的效率和复杂地形的作业能力。同时，飞行平台可以根据已有的高程数据进行航线规划，在地形高差较大的区域实施仿地飞行，提高航摄影像分辨率的一致性。

3. 技术流程

倾斜摄影作业生产流程见图 5.8。

图 5.7   纯电动垂直起降固定翼无人机系统 HF-1

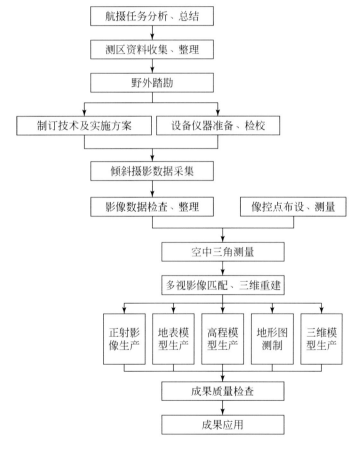

图 5.8   倾斜摄影作业生产流程图

1）航摄前工作

对区域航摄任务和成果需求进行分析，确定任务可行性。

充分收集测区已有的航摄、遥感、地形地貌、气候等基础资料，为航摄飞行、内业生产提供充足的基础数据。

对测区进行踏勘，实地了解区域地形地貌、气候条件，以及机场、重要设施等情况，确定飞行空域条件、航摄设备对任务的适应性及划分航摄分区，并制订详细的项目实施方案，做好空域申请和飞行任务备案。

2）控制测量

按照《数字航空摄影测量 控制测量规范》（CH/T 3006—2011）、《全球定位系统实时动态测量（RTK）技术规范》（CH/T 2009—2010）等相关要求，合理布设像控点，进行控制网测量工作，为三维模型、数字高程模型、数字正射影像、数字线划图测量提供精准的定位参数。针对怒江等峡谷地区，控制点的布测应注意以下六个方面。

（1）在高山峡谷地区，高差一般较大，控制点立体、均匀地分布在摄区内，加强测区边沿的控制点布设，并且控制点的点位不能布设在近似一条直线或近似一个平面上，有利于提高航测精度。

（2）控制点的选点范围应完全控制整个成图区域，如果控制点的选点范围不能控制整个测区，那么控制点选点范围以外的成图区域的高程误差将沿控制点连线方向成倍增长。

（3）控制点布设前，在条件允许的情况下，应严格根据规范来设计控制点布点略图，做到航向及旁向基线数不超限，控制点基线跨度不超限。因为当航向或旁向跨度超限时，将使区域网精度大大降低；当控制点基线跨度超限时，会导致加密时局部加密点精度降低，影响测图精度。

（4）当标准点位或像主点落水时，不能采用区域网布点法，应采用全野外布点法。因为当标准点位或像主点落水时，采用区域网布点，空三加密时在落水区域生成的加密点的精度会大大降低，甚至可能引起变形，从而影响整个加密分区的精度。

（5）为了提高成果精度，一是要保证质量较好的数据源，无人机在航摄时尽量保持较好的飞行姿态，航摄时光线比较充足，以便获取较好质量的原始航片；二是飞行架次的首尾航带，以及航带的首尾航片最好布设像控点；三是在不规则区域，如整个测区相对突出的地方，相应要增加布设像控点，保证整个测区的构网精度。

（6）对于坡度较大的区域，可在范围顶部和底部适宜的地方布设相控点，并尽量加密周边布点。

3）倾斜数据采集

严格按照项目要求，根据成果规格要求，制定详细的飞行航线，并组织无人机航摄队伍，按照相应流程和规范开展野外航摄工作。

（1）航线布设。利用 Google Earth 影像及高程数据开展倾斜摄影航线设计。摄影航高按式（5.17）计算：

$$H = \frac{f \times \mathrm{GSD}}{a} \tag{5.17}$$

式中，H 为摄影航高，m；f 为镜头焦距，mm；GSD 为地面分辨率，m；a 为像元尺寸，mm。

开展大比例尺测图任务时，为了保证飞行安全和数据分辨率的一致性，需要结合区内地物、地形变化，进行较为准确的航区划分或者仿地飞行。

（2）航空摄影技术参数设定。为了保证成果精度，峡谷地区像片的航向重叠度设置为 85%，旁向重叠度为 70%；航向覆盖需要超出分区边界线两条基线，旁向覆盖需要超出整个摄区和分区边界线像幅的 50%；同一航线相邻的两张像片航高差小于 30m，同一航线上最高、最低航高之差小于 50m；像片倾角小于 12°，像片旋角小于 15°；每条航线的有效航片要超出成图范围六条基线以上。

（3）航摄飞行。飞机及机组人员、摄影员随时准备，只要天气符合要求立即安排人员、设备进行试飞试拍，并及时分析处理试照的影像，为正式作业做好准备工作；航空摄影的实施一切准备就绪后，逐条航线进行航空摄影，争取在同一架次或相似的气候条件下执行航飞任务；飞行中按照《无人机航摄安全作业基本要求》（CH/Z 3001—2010）严格保证飞行安全。

（4）质量控制与检查。航摄结束后，对航摄资料进行拷贝和检查，需要保证影像与定位测姿系统（position and orientation system，POS）数据数量一一对应，且影像应清晰、层次丰富、反差适中、色调柔和；影像上无云、雪，以及大面积烟雾、反光、污点等对立体模型连接和测绘产生影响的缺陷。

4）内业数据处理

获取航拍数据后，根据项目需求和《低空数字航空摄影测量内业规范》（CH/Z 3003—2010）、《数字航空摄影测量 空中三角测量规范》（GB/T 23236—2009）、《低空数字航摄与数据处理规范》（GB/T 39612—2020）、《数字表面模型 航空摄影测量生产技术规程》（CH/T 3012—2014）、《三维地理信息模型生产规范》（CH/T 9016—2012）、《基础地理信息数字成果 1：500 1：1000 1：2000 生产技术规程 第 3 部分：数字正射影像图》（CH/T 9020.3—2013）、《基础地理信息数字成果 1：500 1：1000 1：2000 第 2 部分：数字高程模型》（CH/T 9020.2—2013）、《基础地理信息数字成果 1：500 1：1000 1：2000 生产技术规程 第 1 部分：数字线划图》（CH/T 9020.1—2013）等技术规范，及时开展后期内业处理工作，生成符合要求的数字高程模型、数字正射影像和数字线划图。

5）成果提交

经质量检查合格后及时整理和提交成果数据，以便其及时推动后续风险评价工作的开展。

4. 质量控制

（1）影像清晰自然，影像分辨率达到相关比例尺成图需求。

（2）对整个测区进行全面、逐一的航向重叠及旁向重叠的质量检查，保证航向重叠度、旁向重叠度符合航测要求。

（3）像片的倾角、旋偏角需符合技术要求。

（4）像控点是加密测量的基础和定向的依据，高精度的像控点可有效控制加密点的误差传递和积累。相控布设密度、布设方案和野外测量需符合相关技术规范。

（5）空三加密平差结果在航测规范要求范围之内，满足相关技术质量指标。

（6）三维模型成果完整性好，模型纹理清晰，贴图准确、过渡自然，三维模型精度平面中误差和高程中误差需要达到精度指标要求，三维模型成果需要达到三维地理信息模型数据产品质量检查与验收标准。

（7）正射影像、数字高程模型、数字线划图、数据地表模型等成果符合相关技术规范要求，平面和高程精度达到相关比例尺误差允许范围内，数据无错划漏划。

5.2.3　机载激光雷达测量技术

机载激光雷达（airborne LiDAR）是一种利用激光雷达技术进行三维点云数据采集的设备，它通过向目标发射激光脉冲，记录回波时间和强度来计算距离，并采集目标表面的精确三维坐标信息。

机载激光雷达通常被安装在飞机、直升机、无人机等载体上，通过飞行路径的规划和控制，能够快速、高精度地对地面、建筑物、森林、山脉等场景进行三维数据采集。机载激光雷达的主要组成部分包括激光器、扫描器、接收器、惯性测量单元、全球定位系统等。

机载激光雷达的优点在于能够快速、高效地获取大规模、高精度的三维点云数据，具有较高的数据密度和数据准确度，可以避免因地形、植被等因素造成的遮挡和振动等问题，成为地质灾害发育现状及潜在的地质灾害隐患调查和解译最有效的方法之一，为地质灾害风险评价提供有力的技术支撑。

1. 机载激光雷达技术特点

相对于传统的摄影测量，机载 LiDAR 突出的特点在于能够部分穿透薄的云雾和植被获取地表真实地形和植被、房屋等非地面点的三维坐标，具有全天候、精度高、点云密度大、采集速度快、成本低等优点。

机载 LiDAR 集成 POS 系统，使用差分 GPS 和惯性导航系统（inertial navigation system，INS）集成进行定位，只需少量地面基站即可完成定位，节省了大量外业工作量，对于无人区等困难区域的数据采集非常有利。同时，LiDAR 数据处理速度快，系统能够直接得到三维点云数据，经过去噪得到数字表面模型（digital surface model，DSM）数据，再经过滤波得到 DEM 数据，而且数据的精度较高，尤其是高程精度优于平面精度。此外，基于三维点云的建模与空间分析等也能快速实现（赖旭东，2010）。

2. 机载激光雷达平台

1）机载激光雷达系统

机载激光雷达（LiDAR）系统在 20 世纪 90 年代由加拿大卡尔加里大学集成实现，并在 2004 年出现第一台商业化机载激光雷达系统。之后欧美等发达国家先后研制出多种激光雷达测量系统，比较成熟的商业系统如加拿大 Optech 公司的 Gemini、ALTM，荷兰 Fugro 公司的 FLI-MAP，瑞士 Leica 公司的 ALS50 II、ALS60 等。中国在 LiDAR 技术上的起步较晚，对机载 LiDAR 系统的研究始于 70 年代，其间经历了理论探索、试验、完成原理样机等阶段，技术基础比较薄弱，近年来随着硬件技术和应用市场的发展，很多国内厂商也开始自主集成 LiDAR 系统出售，如海达数云公司生产的 ARS-1000、珞珈伊云生产的 FT-1500、航天天绘科技有限公司生产的微型机载激光雷达系统等，已经应用到了生产实践中。

机载 LiDAR 硬件系统仍在快速发展，其主要表现在：脉冲频率、扫描频率和点云密度在不断提高，多脉冲技术已经开始引入系统中，越来越多的 LiDAR 系统集成了光学影像系统，波形数字化也正在得到普遍应用。机载 LiDAR 硬件系统三维空间位置测量精度达到相当高的水平，其水平测量精度和垂直测量精度已经能够达到优于 10cm 的水平，满足高精度测图的要求。目前，在固定翼飞机平台上的激光雷达还是以国外产品为主，其在飞行高度、发射频率和扫描频率等方面仍具有一定的优势，国内厂商主要瞄准了多旋翼无人机等轻小型飞行平台上搭载的 LiDAR 设备市场。

目前常见机载 LiDAR 设备有以下七种。

（1）Riegl VQ-780i：该机载激光雷达可以实现高精度的三维地图和模型，最大测距可达 3200m，可在不同场景下具有较高的测量精度。

（2）Optech Orion：该机载激光雷达具有高扫描速度和高精度等特点，在地形测绘、城市规划和水文学等应用中具有良好的表现。

（3）Leica ALS80：该机载激光雷达适用于大面积测绘，重量轻、安装方便，可实现高分辨率三维地图和模型。

（4）Trimble Harrier 68i：该机载激光雷达采用紧凑、轻量级设计，可在不同场景下快速完成测量，适用于矿山勘探、农业管理和水文学等领域。

（5）Velodyne Puck Lite：该机载激光雷达重量轻、体积小，适用于无人机等小型飞行器，并且可以实现高精度的三维地图和模型。

（6）ARS-1000：国产激光雷达，海达数云公司生产，最高测量距离为 900 多米，体积小、重量轻，适用于小型无人机搭载。

（7）FT-1500：国产激光雷达，集成珞珈伊云自主研发的高性能激光扫描仪、高精度 POS 系统和数据存储系统，极大降低了系统重量，具有测程远、精度高、集成度大等特点，可搭载于多型号无人机飞行器。

2）点云密度

机载 LiDAR 点云密度用于描述单位面积上激光雷达点的平均数量，定义为以高程方向为法向方向、单位面积上激光雷达点的平均数量，它反映了激光雷达脚点空间分布的特点及密集程度。点云密度涉及了激光雷达技术的硬件系统制造与集成、数据采集、数据处理及应用的全链条，是激光雷达技术的关键指标之一。

点云密度是机载激光雷达点云数据质量的重要评价指标之一。如表 5.1 所示，在测绘行业规范中规定，只有达到了相应点云密度才能生产对应比例尺的产品。点云密度越大，平均点间隔越小，则能探测到更微小地物的细节信息也越多。因此，不同行业用户对点云密度的要求是不同的。例如，电力巡线中，点云密度达到优于50点/m²，甚至150点/m²的密度，才能满足树障分析或精细航线规划的要求。林业资源调查领域，点云密度大于4点/m²可满足提取不同林分类型的高度、密度和结构方面的信息；点云密度能达到至少20点/m²，才能满足高大树木单木分割的需求。不同密度的点云能衍生的增值产品数量和种类也不尽相同。例如，1点/m²密度的点云可以满足部分行业的数字高程模型生产的需求；优于50点/m²密度的点云可以同时满足测绘行业数字高程模型生产、数字城市所需的建筑物三维重建、电力所需的树障分析报告生成的需求。

表 5.1　不同比例尺的数字高程模型对机载 LiDAR 点云密度的要求

比例尺	点云密度/(点/m²)
1∶500	≥16
1∶1000	≥4
1∶2000	≥1
1∶5000	≥1
1∶10000	≥0.25

3. 机载激光雷达数据处理软件

LiDAR 软件研发工作比硬件发展要落后。美国摄影测量与遥感学会（American Society for Photogrammetry and Remote Sensing，ASPRS）发布通用的 LAS 格式后，不依赖于硬件厂商的通用 LiDAR 数据处理软件才得以发展。目前市场上的 LiDAR 数据处理软件大致有如下四种类型（赖旭东，2017）。

（1）专业 LiDAR 数据处理平台。由专门的数据处理软件公司研制，提供 LiDAR 数据处理的全部功能，通用性和稳定性比较好。目前市场上主流 LiDAR 数据处理软件是芬兰 TerraSolid 公司生产的 TerraSolid 系列软件，占有绝对领先的市场份额。由于其基于 Microstation 平台开发，在支持大数据量以及整体价格上令人难以接受。国内也有类似公司提供相应的软件，如武汉大学研发的 LiDAR-Pro 及广西桂能信息工程有限公司推出的国内第一套 LiDAR 数据的商用分类软件 LSC（LiDAR studio classification）。

（2）通用平台的 LiDAR 数据处理模块。很多通用遥感数据处理平台提供了 LiDAR 数据处理模块，如 Esri 公司的 ArcGIS 平台软件提供 LP360 模块；Ntergraph、Autodesk 等公司也有相应的 LiDAR 数据处理模块。这些模块都依赖于其支撑平台，独立性较差。尤其是很多模块需要将点云数据转换为其平台使用的数据格式才能方便使用，但转换后会丢失很多点云数据的优势和特点。

（3）硬件厂商配备的处理模块。一些硬件制造商也有自己的 LiDAR 数据处理模块，这些模块功能较弱，大多集中在浏览场景、检查密度等一般性功能。在面对更专业的应用时，厂商会推荐用户使用通用或专业的数据处理软件。也有一些国内厂商在生产硬件的同时，研发了功能较为全面和强大的 LiDAR 数据处理软件，如数字绿土公司研制的 LiDAR360 点云处理软件，具有较好的点云可视化和点云去噪功能；广州南方测绘公司研发的 South LiDAR 点云处理软件、华测公司研发的 CoProcess 等，这些国产的点云处理软件目前已经成为点云处理的主流软件。

（4）科研单位的数据处理软件。很多科研单位都专注于 LiDAR 数据处理和产品生产，研发一些软件。这些软件大多从底层开发，具有 LiDAR 数据处理的基本能力，同时在不断试验和完善新的算法和功能，由于没有面向市场，其稳定性和通用性等较差。

4. 机载激光雷达数据采集

1）激光雷达数据采集平台

在峡谷地区作业，采用多旋翼无人机搭载激光雷达平台开展数据采集工作。飞行平台选取具有仿地飞行能力的飞马 D20 无人机（图 5.9），其具有高负载和优秀的飞行性能，采用模块化设计，进一步提升了可靠性，同时使用更加便捷。

图 5.9　飞马 D20 无人机

激光雷达平台选取珞珈伊云 FT-1500（图 5.10），其采用 1550nm 激光作为探测光源，基于珞珈伊云数字化全波形在线核心处理技术，能达到毫米级的测距精度，同时具备七次回波的探测能力，对目标具有较好的穿透能力，在大气环境质量不佳的情况下，也可完成高质量探测，提供丰富的层次信息。FT-1500 重量小于 3kg，是市面上最轻的千米级机载激光雷达系统，有利于搭载到多旋翼无人机中，并提高飞行器作业航程。此外，FT-1500 测量距离大于 1500m，在 500m 航高情况下测量中误差优于 3cm，有利于提升飞行安全和数据精度。

2）飞行航线设计

怒江两岸地貌多为高山、深谷、飞瀑、大江，需利用 Google Earth 环境下的三维地形开展航行线路设计。为了保证数据成果精度，航线采用仿地飞行设计，飞行速度为 13m/s，雷达参数统一设定为 200kHz，扫描线速度为 75r/s，相机拍摄间隔为 3s。

3）飞行作业

（1）在测区海拔较高、落差较大时，飞行风险增大，可先利用精灵 4 Pro 无人机用于现场踏勘和地形分析。

（2）航飞过程中，将基准站架设在起飞点位附近，现场制作控制点，并通过 CORS 网

图 5.10　珞珈伊云 FT-1500 激光雷达系统

络采集控制点坐标用于后期数据处理。

（3）航飞前检查安装挂接，确认挂接安全后，打开激光雷达系统，系统参数设置完毕后，调度人员通知架设地面基站的人员打开 GPS 接收机，GPS 接收机的开机时间均需早于机载 GPS 接收机开机时间 10min，关机时间也要晚于机载 GPS 接收机关机时间 10min以上。

4）数据检查

航摄完成后，对数据进行初步处理，并进行质量检查。质量检查包括 POS 精度质量检查和点云数据质量检查。POS 精度质量检查是查看地面基站和 POS 数据解算残差，如果残差过大有可能是 GPS 信号不太好，需要重新进行作业；点云数据质量检查主要是查看雷达数据是否存在漏洞，是否存在分层情况，分层如严重影响数据精度也需要重新进行作业。

5. 机载激光雷达数据处理

机载 LiDAR 数据处理主要分为两个阶段：预处理和后处理。预处理主要是对采集的原始数据如地面基站数据、机载 POS 数据及激光测距数据等进行解算得到三维点云数据的过程，包括位置解算、系统误差纠正和粗差剔除等阶段；而后处理主要是对点云数据进行滤波分类，得到目标点云的过程，其中 LiDAR 数据滤波是一个从 LiDAR 数据点中获取地形表面点的过程，LiDAR 数据分类是指对 LiDAR 点中的非地面点，根据其特征进行分类处理，最终分类成建筑物点、植被点等地物的过程。具体的数据处理流程如图 5.11 所示。

6. 质量控制

机载激光雷达数字高程模型生产需要按照《机载激光雷达数据处理技术规范》（CH/T 8023—2011）、《数字表面模型 机载激光雷达测量技术规程》（CH/T 3014—2014）相关要求严格执行。

1）激光雷达点云数据质量控制

将机载激光雷达点云数据按分类显示、高程显示等方法，参照同期生产的数字正射影像图（digital orthophoto map，DOM）或实时生成的 DSM 晕渲图，对点云分类结果进行检

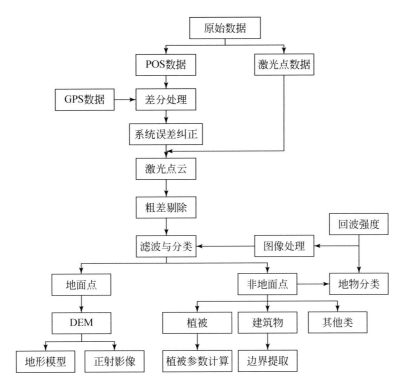

图 5.11　机载 LiDAR 数据处理流程图

查。重点检查以下两个内容。

（1）检查点云分类的准确性：点云分类是否正确；地面点云表面模型是否连续、光滑；地面点的剖面图形态是否合理；分类结果与地形图、影像套合，所分点类与影像范围是否一致。

通过将点云分类显示，按高程显示等方法，目视检查分类后点云，对有疑问处用断面图进行查询、分析。

地面点检查一般采用建立地面模型的方法进行检查。对模型上不连续、不光滑处，绘制断面图进行查看。若有对应影像，可用来辅助检查分类的可靠性。

（2）检查接边处地物是否一致。

2）特征线质量控制

重点检查以下五点内容。

（1）检查特征线位置是否与点云吻合良好，采集是否合理。

（2）检查特征线所赋的高程值是否正确。

（3）检查特征线所在图层是否正确。

（4）河流边线的高程值应从上游到下游逐渐降低，检查湖泊、水库、池塘等面状水域边线的高程值是否一致。

（5）检查接边处特征线的一致性。

3）数字高程模型数据质量控制

重点检查以下五点内容。

（1）高程模型可靠性：通过三维透视及晕渲，对模型不连续、不光滑处应重新核实地面点分类的可靠性。

（2）点云密度或格网尺寸：检查点云密度或格网尺寸是否符合要求。

（3）高程精度：检查高程精度、接边是否符合要求。其中，格网类数字高程模型还应重点关注是否有插值漏洞，以及是否存在特征线缺失引起的异常；使用实地施测的地面检查点，在数字高程模型中内插获取相应平面位置的高程，计算并统计检查点与内插点间的高程误差。

（4）数据文件：检查文件命名、数据格式等是否符合设计要求。

（5）数据完备性：检查数据覆盖范围有无不满幅、数据有无遗漏等问题，并开展相应的处理工作。

数据空白区处理：①对于河流、湖泊等面积较大的无数据水体区域，采集水涯线作为特征线参与高程模型的生成；当点云数据中无法获取水涯线高程时，应实地补测高程信息。②对于滤除非地面点后出现的零散、小面积无数据区域，制作数字高程模型时，根据数据实际情况设置较大的构网距离，保证插值结果反映完整地形，不得出现插值漏洞。

补测、实测：对不满足要求的区域（如山体、陡坎或地物遮蔽严重等特殊地形处，由于地面数据缺失，插值后缺失地形细节，影响数字高程模型精度）进行外业实测，补测高程信息。对于具备同期数码影像的，可基于立体像对补测特征点、特征线等高程信息，保证地形细节完整。

特殊地物数据处理要求：①立交桥、高架路、桥梁等架空于地面或水面之上的人工地物范围，一般只保留地面或水面上的点云数据；②路堤、土堤、拦水坝、水闸等底部与地面相接的构筑物，保留其点云数据。

7. 解译与识别

通过对区域地质与地貌条件解译分析，了解地层岩性和区域构造的发育分布规律，掌握主要城镇及典型地质灾害地质条件背景，明确区域构造的应力和岩体结构面切割组合关系，为精细识别和解译地质灾害提供地质背景条件，尤其是在灾害隐患识别过程中，需利用这些基本认识对灾害发展趋势进行判断。

利用机载 LiDAR 数据和倾斜三维影像联合解译地质灾害，根据怒江州怒江峡谷段作业区地质灾害发育特点，解译工作主要分为三个层次。

（1）利用三维影像，识别出由于人为因素或自然因素引起的山体形变，为地质灾害解译提供直接依据。

（2）利用机载 LiDAR 的植被"穿透"能力，主要识别已经发生的不良地质现象，如古滑坡堆积体、崩塌堆积体、泥石流物源。

（3）综合应用机载 LiDAR、倾斜三维影像联合解译重大地质灾害隐患，这些隐患在目前虽未失稳或发生明显形变迹象，但其具备发生灾害隐患的基本地质条件和明确的威胁对象，有进一步发展的潜在趋势。

在地质构造识别上，为了更好地识别和解译断裂构造形态，直接解译特征主要包括以下两个方面。

（1）地质体不完整被切断或者错开，表现在岩层、岩脉、褶皱、不整合面、侵入体等迹象。另外，断裂活动往往造成两侧地层牵引错动、河流转向。

（2）断裂构造形态的间接构造标志较多。例如，线性负地形出现，断层三角面、断层崖、断层垭口、串珠状盆地等间接地面形态，这些特征往往具有明显的方向性和延续性，而且与附近的地形和水系不相协调，岩层产状沿着特定方向剧烈变化，侵入体、松散沉积物等线性或带状分布，山脊线、夷平面错动、水系变化及串珠状泉水发育等。

在地质灾害解译及早期识别上，采用人工目视解译方法对研究区地质灾害进行解译。通过观察可视化 DEM 影像上地质灾害的形态、阴影、纹理、色调等，寻找地质灾害变形或运动过程中在地表上留下的各种地貌标志，包括圈椅状地貌、陡坎、裂缝、堆积等直接标志，以及破坏道路、堵塞河流而引起的道路、河流改道等间接标志，以此来进行灾害的识别解译。

8. 机载激光雷达在地灾风险识别中应用总结

（1）在地表覆盖率较高的崩塌、滑坡地质灾害单体等重点地区开展无人机机载 LiDAR 作业，建议机载雷达点云密度优于 20 点/m²，经植被过滤后获取的地面点平均密度为 4 ~ 5 点/m²，可以较好地解决地质灾害识别问题，在数据分辨率和生产成本之间得到最优平衡。在植被覆盖率不高、地表裸露较多的区域，点云密度可适当降低，但建议不低于 10 点/m²。在较大范围开展地质灾害普查调查，建议机载雷达点云密度不低于 5 点/m²。

（2）在植被覆盖率高、地形复杂地区开展地质灾害调查时，建议在无人机倾斜摄影的基础上，采用机载 LiDAR 技术，将光学影像色彩丰富、细节清晰的特点与机载 LiDAR 点云过滤植被的 DEM 相融合，结合高精度倾斜三维影像，可大大提高灾害识别的准确性，可以较好地解决传统地质调查手段难以上坡到顶、下沟到谷，无法准确地获取某些高位高隐蔽性地质灾害隐患点的边界、形变特征等详细信息，从而更加准确地解译已发生的不良地质现象、并可早期识别潜在地质灾害隐患。

（3）机载 LiDAR 能识别的地质灾害及隐患主要为曾发生过明显变形迹象，以及失稳破坏的斜坡，但是对于正在变形的灾害隐患通过单期数据则难以识别，因此将 InSAR 和 LiDAR 等技术融合使用能有效破解地质灾害隐患识别难题。

（4）机载激光雷达坡度图像、地表粗糙度图像能够为地质灾害识别与分析提供定量的地貌参数，为滑坡边界的圈定提供科学依据。研究表明，滑坡后缘、滑坡体、滑坡侧缘在坡度与地表粗糙度上均具有明显的变化特征（刘圣伟等，2012）。在基于 LiDAR 的精细化 DEM 生产过程中，要注意保留小斜坡、石块、小陡坎等微小地貌信息，点云捕获的这些微小地貌是非常重要的成灾前兆特征，在利用地面粗糙度、曲率、坡向、坡度、山体阴影等因子研究地质灾害时，直接影响地质灾害评价的准确度（李占飞等，2016；佘金星等，2019）。

5.2.4 光学遥感处理技术与可靠性分析

1957 年，第一颗人造卫星成功发射，使得基于卫星平台的航天摄影测量成为可能。1986 年法国发射 SPOT-1 卫星，第一次基于卫星平台实现相邻轨道的侧视，获取异轨立体影像对（杨明辉，2006）。1999 年，美国发射 IKONOS 卫星，空间分辨率为 1m，是世界上第一颗高分辨率商业卫星（唐新明等，2012）。后续美国和法国分别发射了空间分辨率优于 0.3m 的 WorldView 系列卫星和 Pleiades-1 卫星星座，美国军方 KH12 卫星分辨率可达 0.1m。根据 2020 ~ 2022 年国外民商用对地观测卫星的数据统计，国外发送卫星 65 次，卫星 349 颗，光学卫星 211 颗，其中美国卫星 211 颗、欧洲卫星 52 颗（龚燃，2021，2022；龚燃和姜代洋，2023）。近年来，世界上遥感卫星发射数量整体呈增长趋势。

近些年来，中国也相继发射了多个系列高分辨率卫星。中国首颗遥感卫星于 1975 年诞生于中国空间技术研究院，为胶片返回式遥感卫星。在 2010 年实施的高分辨率对地观测系统重大专项及《国家民用空间基础设施中长期发展规划（2015 ~ 2025 年)》的推动下，高分一号至高分七号与高分多模卫星综合利用可见光、多光谱、红外、高光谱、SAR 等遥感技术，使中国获得了高空间分辨率、高时间分辨率、高光谱分辨率的对地观测、立体测绘和定标能力，对地观测水平得到极大提高，遥感关键技术取得重大突破，形成了国家自主数据源，国产遥感数据使用率达 90% 以上。40 多年来，中国遥感卫星历经胶片返回式到传输型光电遥感、高分辨率遥感的跨越，突破了高分辨率大型可见光、红外、高光谱、SAR、高精度动态成像、高轨成像等关键技术，形成了陆地、气象、海洋等卫星遥感系统。

1. 光学遥感处理技术

光学卫星数字图像处理的核心概念十分简单。将一幅或多幅图像输入计算机，然后把该幅或多幅原始图像的像元值作为计算机输入，利用方程或方程组进行计算机编程运算。光学卫星数字图像处理主要包括正射校正、数据融合、几何校正、色调匹配、图像镶嵌和各种增强处理等流程，卫星遥感图像处理与制图的主要工作流程见图 5.12。

高精度光学遥感地质灾害识别首先是利用高精度光学遥感影像开展地质灾害的孕灾地质背景的精细化解译，识别地质灾害所处斜坡区地形、地貌、地层岩性、易滑地层、优势结构面、断层构造、斜坡结构、水文地质等孕灾地质背景条件，提取孕灾地质背景条件重要量化指标；开展地质灾害所处斜坡区及其危害区承灾体、人类工程活动、土地利用等精细化识别，提取承灾体、人类工程活动、土地利用等数量、面积、体积、位置等量化指标；其次利用多期次高精度光学遥感的二维影像或三维可视化场景开展地质灾害精细化解译工作，地质灾害包括不限于滑坡、崩塌和泥石流、地面塌陷等。

1）孕灾地质背景条件

主要包括地质灾害所处斜坡区地形、地貌、地层岩性、易滑地层、优势结构面、断层构造、斜坡结构、水文地质等。

（1）地形、地貌遥感解译。包括对地势、坡度、坡向和地貌类型的解译，地貌遥感解

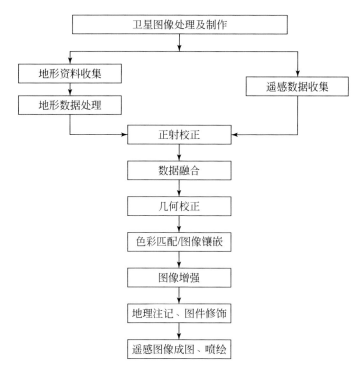

图 5.12　卫星遥感图像处理与制图流程图

译主要依据地貌形态和成因类型。在解译的基础上编录遥感地质要素解译信息表和地貌类型统计表。

（2）地层岩性、易滑地层遥感解译。根据已有的地质资料及高分辨率卫星影像，开展地质灾害所处斜坡区地层岩性、易滑地层识别。建立地层岩性、易滑地层遥感解译标志，复核已有地层边界，对地层边界出入较大的进行修正；对第四系地层进行补充解译；重点开展易滑地层识别，提取易滑地层分布位置及其边界。在此基础上编录遥感地质要素解译信息表、地层岩性遥感解译统计表和易滑地层遥感解译统计表。

（3）优势结构面、断裂构造遥感解译。根据已有的地质资料及高分辨率卫星影像，建立区内断裂构造、褶皱构造及优势结构面遥感影像标志。断裂构造遥感解译主要包括断裂类型、产状、规模、断距、次序等。根据线性影像、两侧地质体空间位置的变化及接触关系等解译标志判定断裂的存在。根据断裂形态、岩石变形特征及两盘的相对运动关系等判断其类型。根据断层三角面等产状要素的立体观察，测定或推断断裂倾向和倾角。根据断裂两盘同一个地质体的位移计算断距；根据断裂延伸距离及断距的大小判断规模；根据断裂间的切错关系分析形成次序。根据遥感解译的断裂构造基本特征，按照编号、名称、走向、倾向、倾角、性质、影像特征、延伸长度等，编录遥感地质要素解译信息表和断裂构造遥感解译统计表。根据高精度三维可视化场景，识别地质灾害所处斜坡区优势结构面，提取优势结构面要素特征。

（4）斜坡结构遥感解译。在前述的遥感解译基础上，开展基于斜坡单元的斜坡结构遥感解译，对每一个斜坡进行详细解译，划分斜坡结构。

（5）水文地质遥感解译。工作区内主要水文地质现象包括河流、水库、湖泊、冲洪积扇扇前地下水溢出带等类别。根据遥感解译水文地质的基本特征，按照编号、名称、走向、倾向、倾角、性质、影像特征、延伸长度等，编录遥感地质要素解译信息表和水文地质遥感解译统计表。

2）承灾体、人类工程活动、土地利用

承灾体：识别地质灾害危害区承灾对象的类型、位置、数量、面积等。

人类工程活动：解译工程切坡、水库库岸、露天采矿场、尾矿库、固体废物堆场等分布及其稳定性。

土地利用：解译区内森林植被类型、地表水体、耕地、荒坡地、城镇、交通等用地类型和分布线状。

根据遥感解译人类工程活动的基本特征，编录人类工程活动遥感解译记录表和人类工程活动遥感解译统计表。

3）地质灾害

利用多期次高精度光学遥感的二维影像或三维可视化场景开展地质灾害精细化解译工作，地质灾害包括但不限于滑坡、崩塌和泥石流、地面塌陷等。

（1）滑坡灾害。滑坡解译主要包括滑坡体所处位置（县、乡、村）、地理位置（经纬度坐标、公里网坐标）、滑坡体长度、宽度、滑坡区面积、规模（特大型、大型、中型、小型）、主滑方向、滑坡类别（基岩滑坡、松散层滑坡、古滑坡复合等）、变形特征（拉裂缝、滑坡洼地、鼓丘等）、滑坡区地貌类型、滑坡区斜坡地层岩性、地质构造、斜坡结构、斜坡坡向、斜坡坡度、遥感影像特征、威胁对象、危险区范围等。滑坡注释点文件属性包括：解译编号、类别、规模、图幅编号、位置（县、乡、村）、地理位置（经纬度坐标、公里网坐标）、滑坡体长度、宽度、滑坡区面积、规模（特大型、大型、中型、小型）、主滑方向、滑坡类别（基岩滑坡、松散层滑坡、古滑坡复合等）、变形特征（拉裂缝、滑坡洼地、鼓丘等）、滑坡区地貌类型、滑坡区斜坡地层岩性、地质构造、斜坡结构、斜坡坡向、斜坡坡度、遥感影像特征、威胁对象、危险区范围、解译者、解译日期等信息；滑坡线文件属性包括：解译编号、类别等；滑坡面文件属性包括：解译编号、类别、规模、图幅编号、位置（县、乡、村）、地理位置（经纬度坐标、公里网坐标）、滑坡体长度、宽度、滑坡区面积、规模（特大型、大型、中型、小型）、主滑方向、滑坡类别（基岩滑坡、松散层滑坡、古滑坡复合等）、变形特征（拉裂缝、滑坡洼地、鼓丘等）、滑坡区地貌类型、滑坡区斜坡地层岩性、地质构造、斜坡结构、斜坡坡向、斜坡坡度、遥感影像特征、威胁对象、危险区范围、解译者、解译日期等信息。在此基础上，编录滑坡遥感解译统计表和滑坡遥感解译信息表。

（2）崩塌。崩塌解译主要包括崩塌体所处位置（县、乡、村）、地理位置（经纬度坐标、公里网坐标）、崩塌堆积体长度、宽度、崩塌堆积区面积、危岩区长度、宽度、规模（特大型、大型、中型、小型）、崩塌方向、崩塌类别（基岩崩塌、松散层崩塌等）、变形特征、崩塌区地貌类型、崩塌区斜坡地层岩性、地质构造、斜坡结构、斜坡坡向、斜坡坡度、遥感影像特征、威胁对象、危险区范围等。崩塌注释点文件属性包括：解译编号、类别、规模、图幅编号、位置（县、乡、村）、地理位置（经纬度坐标、公里网坐标）、崩塌堆积体长度、宽度、崩塌堆积区面积、危岩区长度、宽度、规模（特大型、大型、中型、小型）、崩塌方向、崩塌类别（基岩崩塌、松散层崩塌等）、变形特征、崩塌区地貌类型、崩塌区斜坡地层岩性、地质构造、斜坡结构、斜坡坡向、斜坡坡度、遥感影像特征、威胁对象、危险区范围、解译者、解译日期等信息；崩塌线文件属性包括：解译编号、类别等；崩塌面文件属性包括：解译编号、类别、规模、图幅编号、位置（县、乡、村）、地理位置（经纬度坐标、公里网坐标）、崩塌堆积体长度、宽度、崩塌堆积区面积、危岩区长度、宽度、规模（特大型、大型、中型、小型）、崩塌方向、崩塌类别（基岩崩塌、松散层崩塌等）、变形特征、崩塌区地貌类型、崩塌区斜坡地层岩性、地质构造、斜坡结构、斜坡坡向、斜坡坡度、遥感影像特征、威胁对象、危险区范围、解译者、解译日期等信息。在此基础上，编录崩塌遥感解译信息表和崩塌遥感解译统计表。

（3）泥石流。泥石流解译主要包括泥石流流域的界线、沟口堆积扇、泥石流物源、威胁对象、遥感影像特征、危险区、泥石流分区（堆积区、流通区、物源区、清水区）等。泥石流点文件属性包括解译编号、类别、流域面积、流域形态、主沟长度、主沟纵比降、规模、泥石流堆积扇形态、堆积扇宽、扩散角、物源类别、物源面积、地层岩性、地质构造、威胁对象、解译者、解译日期等信息等。泥石流线文件属性包括：泥石流编号、解译编号、类别、长度。泥石流区文件属性包括泥石流编号、解译编号、类别、面积等。在此基础上，编录泥石流遥感解译统计表和泥石流遥感解译信息表。

2. 光学遥感可靠性分析

光学卫星遥感可靠性分析是开展地质灾害精细化遥感调查的基础。光学卫星在数据采集过程中受景物照度的改变、大气条件、传感器观察的几何影响和仪器响应特点等影响，造成光学卫星数据本身与现实情况存在差异；同时，在数据处理的各个环节，由于不同处理方法、控制点的选择等综合因素的影响，也会造成光学影像与现实情况存在差异。因此，开展光学遥感的可靠性分析至关重要。光学遥感可靠性分析包括光学卫星质量检查（数据精度检查、去噪，辐射校正，云、雪、雾覆盖度等）、控制点校正、几何校正、光学遥感成果图像检查等。

5.3　怒江峡谷段高精度遥感地质灾害识别与监测

怒江流域形状呈条带状，地区植被茂密，沟谷深切割，如图 5.13 所示，山顶与谷底的高程差达到了 4000 多米（冯显杰等，2022）。由于该地区地质构造和降水的影响，地质灾害形成的范围和规模较大，分布较广。面对如此复杂的地形环境，加之交通不便，传统调查手段在该地区很难实行，有的地区甚至人都无法到达，开展高位地质灾害隐患识别与监测更是难以实现。InSAR 技术作为一种新发展起来的主动微波遥感技术，具有大氛围、高精度、全天时、全天候获取地表形变的能力，且不需要地面设备（王志勇和张金芝，2013）。尤其是欧空局（European Space Agency，ESA）的 Sentinel-1 卫星具有稳定的重访周期（Torres et al.，2012），利用 InSAR 技术可实现地表形变的连续监测能力，能在怒江流域地质灾害调查与精准监测中发挥其强大的优势。

5.3.1 大范围地质灾害遥感识别

由于 InSAR 技术具有大范围、高精度获取地表形变的能力，对探测活动地质灾害极为有利，因此基于 InSAR 技术开展怒江峡谷段地质灾害识别。所选用的数据为欧空局提供的 Sentinel-1A 数据，升轨数据为 Path127 Frame1272、Path172 Frame1267、Path172 Frame1262，降轨数据为 Path33 Frame497、Path33 Frame502、Path33 Frame507。在数据处理的过程中，为了消除地形误差对结果的影响，使用 30m 分辨率的数字高程模型（DEM）（张成龙等，2021）。同时，地形数据还被用于后续的适宜性、敏感性等分析中。除此之外，Sentinel-1A 卫星的精密轨道星历（precise orbit ephemerides，POD）数据被用来辅助 Sentinel-1A 数据的预处理和基线误差改正（杨成生等，2021）。

同时，采用 SBAS-InSAR 技术对满足时间和空间基线的干涉对进行处理，其中时间基线设置为 60 天，空间基线设置为 150m，然后对所有的影像进行干涉处理，在剔除相干质量差或受误差影响大的干涉对后，基于最后 SBAS-InSAR 技术得到了地表时序形变结果。除此之外，为了抑制大气误差对结果的影响和地质灾害隐患识别，还使用了 Stacking-InSAR 技术获取地表的形变速率结果，并结合地表形变异常及地形特征开展地质灾害隐患识别。

通过对升、降轨的 InSAR 结果进行分析，结合光学影像和地形起伏特征，对于可能存在隐患的地区进行了圈定，最终升轨数据识别出 35 处隐患点，降轨数据识别出 21 处隐患点，其圈定的地质灾害隐患点分布如图 5.13 所示。

对识别的隐患点分布情况进行分析：整体上，福贡县识别出的隐患点最多，为 30 处；泸水市次之，为 16 处；贡山县识别出的隐患点最少，为 10 处。对于福贡县来说，马吉乡的隐患点最多，为 14 处，上帕镇最少，为 1 处，架科底乡未监测出明显形变。对于泸水市来说，六库街道的隐患点最多，为 6 处，称杆乡最少，为 1 处，洛本卓白族乡、老窝镇、片马镇和上江镇未监测出明显形变。对于贡山县来说，丙中洛镇和普拉底乡的隐患点最多，为 4 处，茨开镇最少，为 2 处，捧当乡和独龙江乡未监测出明显形变。

除此之外，从隐患点的易发地段方面进行了分析。结果发现，在普拉底乡–鹿马登乡地段和大兴地镇–六库镇地段，隐患点分布的频率最高，其数量分别为 28 处和 13 处，将其定义为高发地段；在丙中洛镇–茨开镇地段和子里甲乡–称杆乡地段，隐患点分布的频率较高，其数量分别为 6 处和 8 处；在上帕镇–架科底乡地段，隐患点分布的频率较少，其数量为 1 处；其余地区未识别出隐患点。

5.3.2 遥感识别结果分析

1. 遥感识别结果与编目滑坡分析

通过对比已有的滑坡资料，发现 InSAR 监测的识别结果中有 12 处与已有滑坡重合，

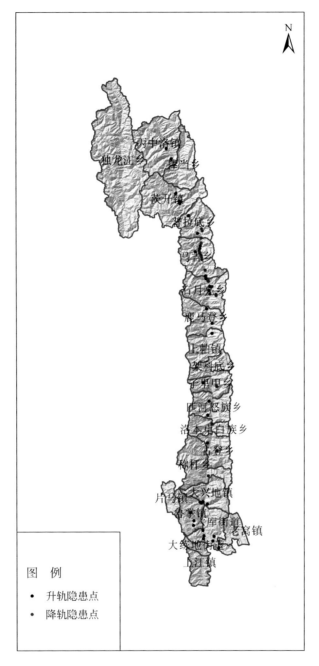

图 5.13　怒江州 InSAR 地质灾害隐患点分布图

大练地街道、六库街道间界线无最新勘查资料

对其重合点进行整理（表 5.2）。重合的 12 处滑坡中，贡山县 1 处、福贡县 3 处、泸水市 8 处；按乡镇（街道）划分，大兴地镇 4 处、马吉乡 2 处、六库街道 2 处，茨开镇、石月亮乡、鲁掌镇和古登乡各 1 处。InSAR 识别的部分滑坡隐患与光学影像识别结果对比如图 5.14 所示，这些滑坡年平均形变速率均超过 60mm/a，且距离居民区或交通要道较近，对

居民安全和财产造成了威胁，一旦失稳有造成堵江灾害的风险。

表 5.2　已有滑坡与 InSAR 识别重合列表

序号	已有滑坡点号	已有滑坡名称	乡镇（街道）	县市
1	GS523	鲁争潜在滑坡	茨开镇	贡山县
2	FGX-442	故友比滑坡	马吉乡	福贡县
3	FGX-428	迪南滑坡		
4	FGX-206	马看支滑坡	石月亮乡	
5	2H4	黑子地米滑坡	鲁掌镇	泸水市
6	8H7	俄夺罗村克石雅登组滑坡	古登乡	
7	6H29	麻栗坪滑坡	大兴地镇	
8	6H34	阿维清滑坡		
9	6H33	阿维清滑坡 1		
10	6H32	阿维清滑坡 2		
11	1H061	庄房	六库街道	
12	1H059	李家坪 2 组		

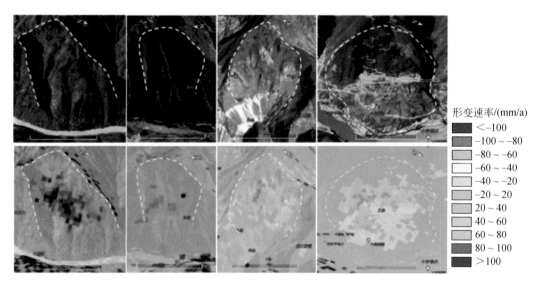

形变速率/(mm/a)
- <-100
- $-100 \sim -80$
- $-80 \sim -60$
- $-60 \sim -40$
- $-40 \sim -20$
- $-20 \sim 20$
- $20 \sim 40$
- $40 \sim 60$
- $60 \sim 80$
- $80 \sim 100$
- >100

图 5.14　InSAR 识别的部分滑坡隐患与光学影像识别结果对比图

2. 遥感识别结果与同期光学影像识别结果分析

将 InSAR 识别的滑坡隐患结果与同时期光学遥感识别的滑坡隐患点分布对比发现，InSAR 监测的识别结果与光学识别存在 7 处的重合（不包括与已编目滑坡重合）。重合的 7 处滑坡中，福贡县 6 处、泸水市 1 处；按乡镇划分，马吉乡 2 处、石月亮乡 4 处、古登乡

1 处，可见马吉乡和石月亮乡滑坡灾害相对严重。图 5.15 为 InSAR 识别的部分滑坡隐患与同时期光学影像识别结果对比图，根据光学遥感影像较好地圈定出了滑坡的发育形态与边界，而 InSAR 结果则较好地反映了形变发生的位置。

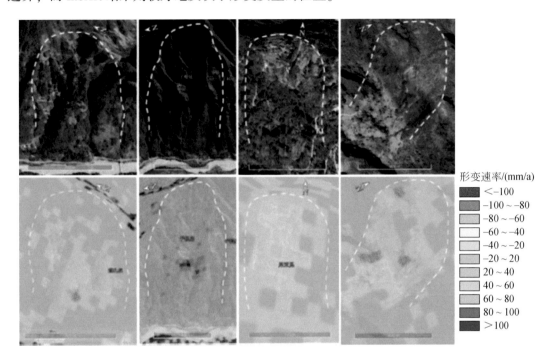

图 5.15　InSAR 识别的部分滑坡隐患与同时期光学影像识别结果对比图

3. 遥感新识别地质灾害隐患点分析

除了以上与已编目滑坡（9 处）和光学识别的结果（7 处）重合的隐患点之外，利用 InSAR 技术还监测出了其他疑似灾害点。按地质灾害隐患点的形态特征，将隐患点分为滑坡、崩塌和高位物源形变体三类灾害，包括 28 处滑坡、3 处崩塌和 6 处高位物源形变体。新识别的部分滑坡隐患点如图 5.16 所示，这些滑坡具有较明显的形变特征，且多数毗邻居民区或靠近主要道路，威胁性较大。

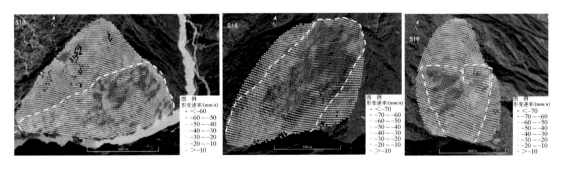

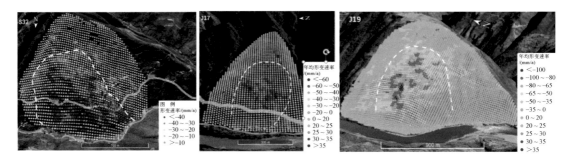

图 5.16　InSAR 新识别的部分滑坡隐患点

同时利用 InSAR 技术进行监测，光学影像予以辅助，共识别出 3 处崩塌（图 5.17）和 6 处高位物源形变体（图 5.18）。通过与 Google Earth 叠加进一步分析，崩塌和高位物源隐患点靠近居民区、道路及怒江，形变量级比较大，威胁性较高。

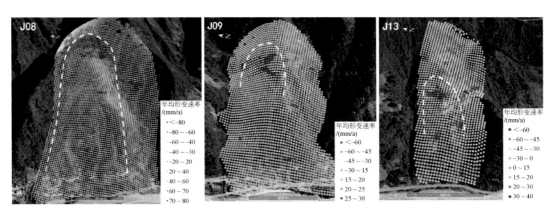

图 5.17　InSAR 新识别的崩塌隐患点

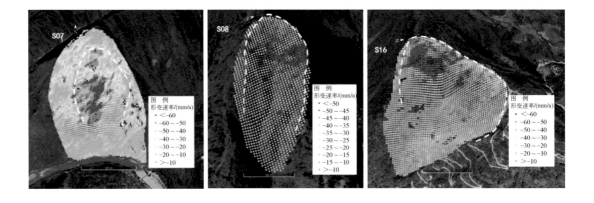

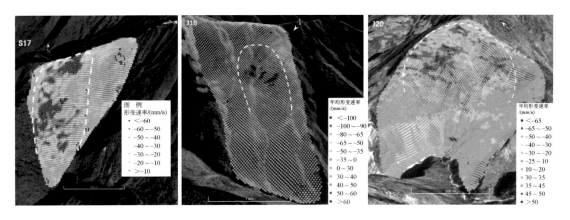

图 5.18 InSAR 新识别的高位物源形变体隐患点

根据 InSAR 识别与监测结果，对 InSAR 监测新发现的 44 处隐患点进行野外核查，结果表明：InSAR 新发现的 44 处隐患点中 35 处为滑坡隐患点、3 处为崩塌和 6 处为高位物源形变体。35 处滑坡隐患点中 25 处滑坡出现明显变形，10 处为轻微变形；16 处滑坡隐患危险等级为高，6 处危险等级为中，13 处危险等级为低。3 处崩塌中有 2 处出现明显变形，1 处轻微变形，危险等级均为高；6 处高位物源形变体有 5 处出现明显变形，1 处轻微变形，2 处危险等级为高，其余危险性均为低。

5.4 典型地质灾害高精度遥感监测及变形分析

为了开展典型滑坡的时间序列形变分析，使用了 2018 年 1 月 22 日至 2019 年 5 月 13 日期间的 7 景陆地观测技术卫星 2 号（advanced land observing satellite 2，ALOS-2）数据，采用 SBAS-InSAR 技术和 Stacking-InSAR 技术对其进行处理。由于 L 波段的 ALOS-2 数据具有较长的波长，可以有效克服研究区植被覆盖变化导致的失相干问题，因此可以较准确地获取滑坡形变体的时间序列特征。干涉对的时间基线和空间基线分布图如图 5.19 所示。

在对所有的影像进行干涉处理后，共产生 21 个干涉对，对所有的干涉对采用 32×32 的像素窗口进行自适应滤波处理，以此来消除噪声误差。然后，选取相干性高于 0.3 的区域参与相位解缠，利用最小费用流相位解缠方法求解出相位图的完整相位。通过曲面二次拟合和数字高程模型来分别去除残余轨道误差和大气误差。利用 Stacking-InSAR 技术获取研究区的形变速率结果，而 SBAS-InSAR 技术则用来获取典型滑坡的形变时间序列结果。

5.4.1 可视性及敏感性分析

InSAR 技术相较于其他技术，在滑坡的监测方面有着得天独厚的优势，具有大范围、高精度、低成本、全天候等优点，基于 InSAR 技术获取的研究区地表形变速率结果，结合滑坡形变所产生的异常形变特征和光学影像即可开展滑坡隐患点的圈定。然而，由于雷达

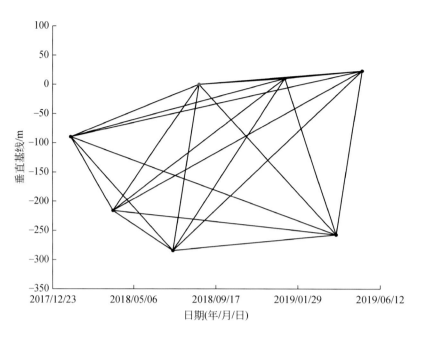

图 5.19　L 波段 ALOS-2 SAR 影像时空基线图

卫星侧视成像的特点，因地形起伏而导致 SAR 影像中存在几何畸变，造成对滑坡隐患的误判和漏判。同时，形变位移方向对 InSAR 可监测的形变大小亦会产生影响，即 InSAR 对不同位移方向的形变敏感性不同，容易造成滑坡的漏判。因此，在进行滑坡隐患点的圈定时，需对 InSAR 监测的可视性和敏感性进行分析。

图 5.20 为研究区的可视性和敏感性结果，在可视性与敏感性图中，值越大，说明发生滑坡的可监测程度越高。相反，如果滑坡隐患点位于可视性差、敏感性弱的小值区域，则可能会导致出现 InSAR 监测结果的误判。图 5.20 表明，升轨 ALOS-2 数据在怒江西岸地区具有较高的可视性和敏感性，即怒江西岸的滑坡较容易被 ALOS-2 影像识别和监测。

5.4.2　典型滑坡精细监测与分析

为了对典型滑坡进行精准监测，选取了怒江峡谷区 6 处典型滑坡体进行了重点分析。图 5.21 为所选取的 6 处重点滑坡的分布图，图中黑点显示了重点滑坡位置，其中庄房滑坡位于泸水市的六库镇，形变区为居民聚集区，对该滑坡进行重点监测与分析十分重要。茶腊扒底滑坡位于贡山县的茨开镇，形变区紧邻滑坡下方的国道，一旦发生滑坡事故，极有可能会造成交通堵塞和人员伤亡。阿发底滑坡位于泸水市古登乡，该滑坡的正下方为居民聚集区，且 InSAR 监测结果显示该滑坡存在较大的形变量级。滑坡一旦发生，则会直接威胁到下方居民的生命与财产安全。除了以上已知的三处编目滑坡，还选取 N04、N05 和 N06 三个滑坡进行滑坡形变重点监测与分析，这三个灾害点都属于高位远程滑坡（朱赛楠等，2021），距离交通要道远且人难以到达。

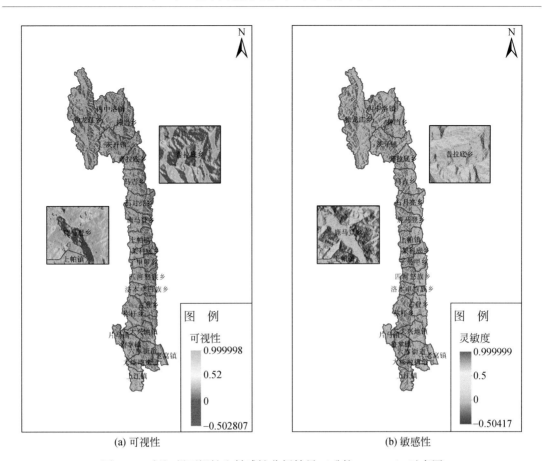

(a) 可视性　　　　　　　　　　　　　　(b) 敏感性

图 5.20　怒江州可视性和敏感性分析结果（升轨 ALOS-2）示意图

大练地街道、六库街道间界线无最新勘查资料

5.4.3　典型滑坡精细监测与分析

1. 庄房滑坡

庄房滑坡隶属于怒江流域（云南段）泸水市六库街道排路坝村庄房小组（图 5.22），地理坐标为 98°50′34.3″E，25°52′06.9″N。庄房滑坡位于泸水市城区北侧，怒江右岸，距离市区约 3.0km，交通便利。滑坡中部为保泸高速，保泸高速下方为庄房组居民集中区，地形相对平缓，坡度约 15°。庄房居民区下方为坡耕地，有通村公路经过，坡度约 20°。滑坡前缘为 S228 省道及附近城市居民区，因房屋建设开挖形成高 5～20m 临空面。庄房滑坡变形可追溯至 2010 年左右，在 2017 年保泸高速建设期间，滑坡变形尤为明显。目前主要威胁前缘城市建设、中部庄房组居民、保泸高速及村道安全，共计约 107 户 420 人，威胁总资产约 1.5 亿元。

在对庄房滑坡精细监测研究中，除了日本宇航局搭载 L 波段的 ALOS-2 数据外，还使用了欧空局 C 波段的 Sentinel-1A 升、降轨 SAR 数据，各数据参数如表 5.3 所示。

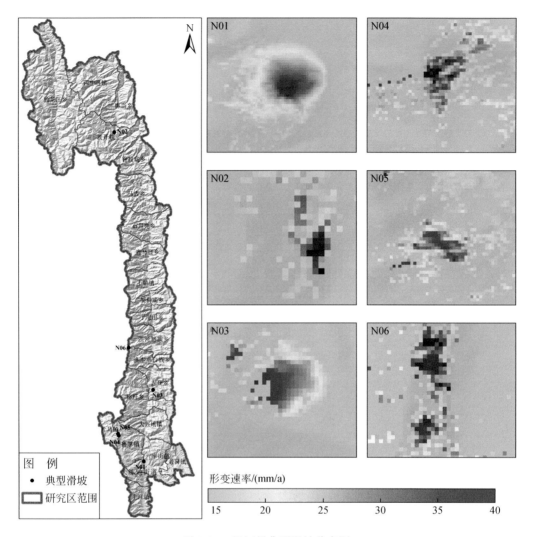

图 5.21　怒江州典型滑坡分布图

N01. 庄房滑坡；N02. 茶腊扒底滑坡；N03. 阿发底滑坡。大练地街道、六库街道间界线无最新勘查资料

表 5.3　数据参数列表

参数	ALOS-2 数据	Sentinel-1A 升轨 SAR 数据	Sentinel-1A 降轨 SAR 数据
成像模式	TOPS	TOPS	TOPS
影像数量	7 景	102 景	96 景
获取时间	2018-01-22 至 2019-05-13	2019-01-12 至 2022-08-12	2019-01-02 至 2022-08-14
距离向分辨率/m	4.29	2.33	2.33
方位向分辨率/m	3.25	13.99	13.99
航向角/(°)	-10.8	-10.1	-169.4
平均入射角/(°)	31.4	33.96	33.96

图 5.22　庄房滑坡全貌图

图 5.23 为利用坡度、坡向及 ALOS-2 数据和 Sentinel-1A 数据不同卫星飞行参数所求得的庄房滑坡区域 *R* 指数和灵敏度结果。图 5.23（a）、（b）分别为坡度图、坡向图,图 5.23（c）、（d）分别为依据 ALOS-2 数据飞行参数计算得到的 *R* 指数和灵敏度结果,图 5.23（e）、（f）分别为依据 Sentinel-1A 升轨数据飞行参数计算得到的 *R* 指数和灵敏度结果,图 5.23（g）、（h）分别为 Sentinel-1A 降轨数据飞行参数计算得到的 *R* 指数和灵敏度结果。图中坡度和坡向图显示,庄房滑坡区域坡度以 15°～45°为主,居民区坡度较为平

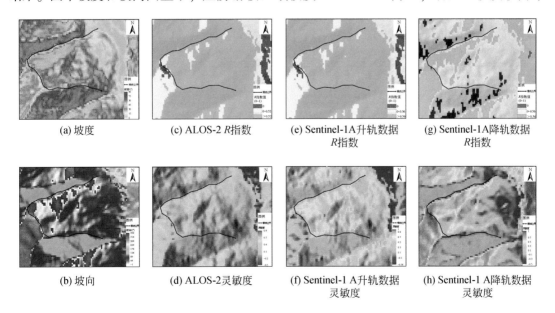

|（a）坡度|（c）ALOS-2 *R*指数|（e）Sentinel-1A升轨数据 *R*指数|（g）Sentinel-1A降轨数据 *R*指数|
|（b）坡向|（d）ALOS-2灵敏度|（f）Sentinel-1 A升轨数据 灵敏度|（h）Sentinel-1 A降轨数据 灵敏度|

图 5.23　庄房滑坡区可视性与敏感性分析结果图

缓，陡峭程度在 10°之内，居民区前缘和后缘以 30°左右的坡度为主，整个滑坡面坡向在 45°~90°，呈现坐西朝东的地势。R 指数和灵敏度的结果表明 ALOS-2 数据和 Sentinel-1A 升轨数据要好于 Sentinel-1A 降轨数据，R 指数的结果显示 ALOS-2 数据和 Sentinel-1A 升轨数据结果差不多，但是灵敏度结果要比后者好一点，整体而言，ALOS-2 数据监测的可靠性比 Sentinel-1A 升、降轨好一点。

庄房滑坡背靠山体，前缘为奔流而过的怒江。在滑坡的前缘和后缘有两条交通要道，一条位于滑坡前缘依江而建的 S228 省道，另一条位于滑坡后缘紧邻高速 G5613。两条交通要道目前尚未处在滑坡的形变区，但对两条交通要道构成了安全隐患。庄房滑坡主要形变区位于两条交通要道之间，图 5.24 中 L1、L2 和 L3 分别为穿越滑坡区的三条乡路。L1 靠近山体，位于山脚下的坡度缓冲带；L2 联通了居民区，是居民聚集区的主要交通干道，L3 靠近江边。从形变结果中可以看出，L1 和 L2 路段有明显且量级较大的形变区，形变速率达到了 40mm/a，L3 部分路段存在形变，形变速率约为 20mm/a。图 5.24 中的 L4 和 L5 分别是庄房滑坡后缘山体上的两条山路。可以看到，在 L4 路段的上部山体发生了明显的形变，且形变量级较大，形变速率达到了 40mm/a。不仅如此，在 L5 段地区，滑坡的形变速率也接近 40mm/a。除了道路之外，滑坡也给附近的居民聚集区造成了威胁。通过对比光学影像，将居民聚集区按照房屋建筑的聚集情况，大致划分为三块，左边为聚集区 A1，中间为聚集区 A2，右边为聚集区 A3。从年平均形变速率结果可以看出，居民聚集区形变量级在 A1 和 A2 处较大，量级超过了 40mm/a，在 A3 处较小，量级为 20mm/a 左右。

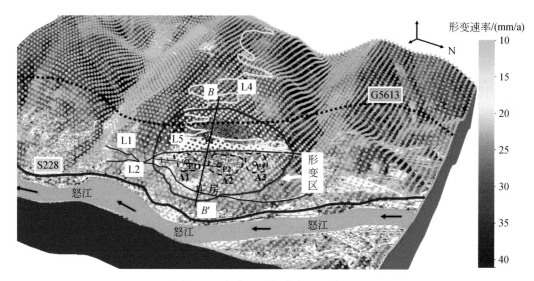

图 5.24　庄房滑坡视线向形变结果图

为了能够更好地分析和了解庄房滑坡的滑动情况，对三个聚集区 A1、A2、A3，以及 L4 和 L5 山路交汇处提取了时序点 P1、P2、P3 和 P4，形变时间序列结果如图 5.25（a）所示。结果显示，四个时序点整体上形变趋势大致相同，2018 年 4 月 1 日至 9 月 1 日，滑坡形变活动剧烈；2018 年 9 月 1 日至 2019 年 1 月 1 日形变又趋于平稳，故初步推断该滑坡变形和季节性变化有关联。2018 年 1 月至 2019 年 5 月，聚集区 A1、A2 和 A3 处的累积形变分别为 52mm、48mm 和 38mm，而 L4 和 L5 交汇处的累积形变达到了 58mm，故此滑坡在该路段交汇处变形最大。选取庄房滑坡 2018 年 1 月 12 日至 2019 年 1 月 7 日和 2018 年 1 月 12 日至 2019 年 5 月 13 日这两个时间段的累积变形进行提取，如图 5.26 所示，图中圈定区域为滑坡的变形区，结果清晰地显示了滑坡体随时间累积而变形逐渐增加的过程。

图 5.25（b）为庄房滑坡的地形剖线图，其剖线位置如图 5.24 中 BB' 所示。该剖线由滑坡后缘的山体出发，沿着滑坡方向贯穿到滑坡前缘，全长约 1.3km，剖线两个端点的高程差达到了 500m。由图可知，庄房滑坡形变主要发生在海拔 900～1050m 的区域，也就是图中所标注的剧烈区，形变速率整体达到了 30mm/a 以上，形变量级最大的区域处于海拔 925～1050m，也就是图中标注的陡坡段，其高程差为整个剧烈区高程差的 83%，而水平距离却只有整个区域的一半，陡坡段的坡度大概在 25°。剖线图的结果表明了庄房滑坡的变形速度和所处的地形坡度具有一定的关系。

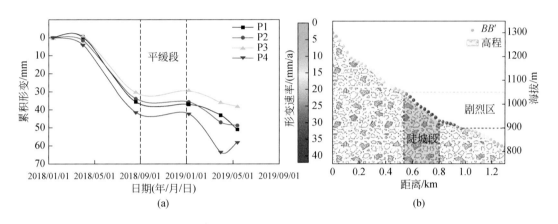

图 5.25　庄房滑坡形变时间序列和地形剖线图

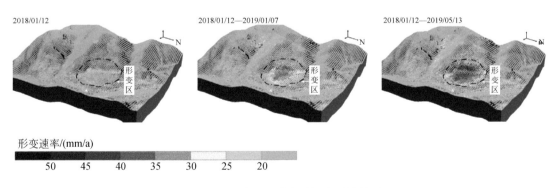

图 5.26　庄房滑坡形变时间序列结果图

由于雷达卫星侧视成像的特点（郭裕元，1997），所获取的形变为雷达视线方向。为了便于研究庄房滑坡的形变特征，根据雷达成像几何和局部地形可将视线向形变转换成沿坡方向形变。分别取 2018 年 1 月 12 日、2019 年 1 月 7 日和 2019 年 5 月 13 日这三个时间段的转换结果。滑坡变形最主要的地方有三处，分别为图 5.27（a）Ⅰ、Ⅱ和Ⅲ区域。结合图 5.24 知道，这三个区域沿坡向累积形变达到了 100mm。除了圈定的区域外，图中Ⅱ区域后缘靠近山体的地段，也存在着较大的形变，其累积形变达到了 80mm 左右。

为了对沿坡向形变做进一步的分析，将其分解到垂直和东西方向，如图 5.27 所示。通过对比东西方向三个时间段的累积形变，可以清楚地看出其形变主要发生在Ⅰ和Ⅱ居民聚集区，累积形变达到了 70mm，而Ⅲ居民聚集区的形变量相对于较小，累积形变约为 60mm。垂直向累积形变主要反映地面隆起或者沉降的情况，如图 5.27（c）Ⅰ、Ⅱ和Ⅲ区域分别位于庄房滑坡居民聚集区、庄房滑坡右侧边缘和滑坡山体陡坡与平缓地带的交接处。从数值上来看，Ⅲ区的形变最大，Ⅰ区的累积形变最小，其累积形变分别为 40mm 和 30mm，Ⅱ区的累积形变为 35mm。从整体形变上看，东西向形变大于垂直向形变，故此认为庄房滑坡主要以水平移动为主。垂直向形变在滑坡的后缘量级比较大，在前缘量级较小，故推断该滑坡为推移式滑坡（王宝亮等，2010），即庄房滑坡类型为以水平运动为主的缓慢推移式滑坡。

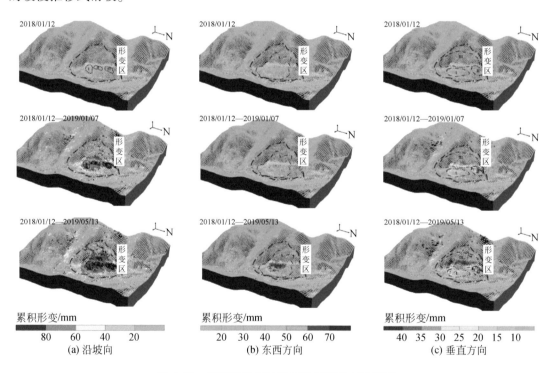

图 5.27　庄房滑坡各时段多维累积形变结果图

图 5.28 为 Sentinel-1A 数据升、降轨形变对庄房滑坡的监测结果，从图中可以看出，升轨数据的监测结果要比降轨数据质量高，升轨监测结果显示庄房滑坡平均形变速率达到了 40mm/a 以上，这与 ALOS-2 数据监测的年平均形变速率大致相同，而降轨数据平均形变速率只有 20mm/a。从范围上看，升轨数据监测的形变范围要广，山体整个坡前缘都发

生了形变，而降轨数据只显示坡前缘的部分形变。从形变量级上看，升轨和降轨数据最大形变区域一致，均发生于 P1（P1、P2、P3、P4 为图 4.17 所对应的时序点）点周围，而在 P3 点周围的形变较小。

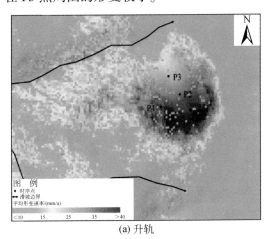 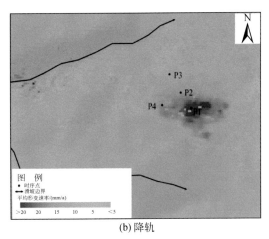

（a）升轨　　　　　　　　　　　　　　　（b）降轨

图 5.28　Sentinel-1A 数据升、降轨形变对庄房滑坡的监测结果图

　　为了更好地探究庄房滑坡的形变特征，本书结合降水数据对其进行了时间序列分析，其结果如图 5.29 所示。从累积形变上来看，2019～2022 年，升轨数据各时序点（P1、P2、P3、P4）的累积形变分别为 244mm、227mm、172mm、321mm，降轨数据各时序点的累积形变分别为 77mm、39mm、30mm、18mm。升轨数据形变时间序列整体上连接性比较好，而降轨数据出现了几次断点的情况，需要说明的是，这几次断点是由于降轨数据自身数据缺失造成的累积形变跳变。排除降轨数据形变监测的局限性，结合升、降轨结果，P4 点的累积形变最大，次之为 P1 点和 P2 点，P3 点的累积形变最小。结合降水数据来看，

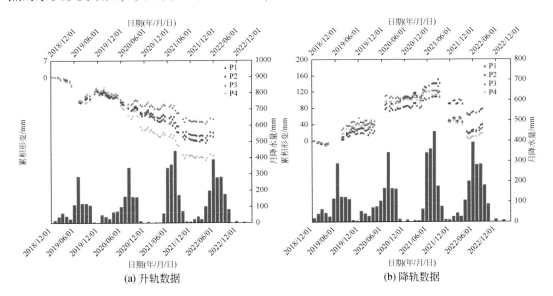

（a）升轨数据　　　　　　　　　　　　　　（b）降轨数据

图 5.29　Sentinel-1A 升、降轨数据时间序列分析结果图

在每年6月降水量最大的时期，各时序点的累积形变就会有很明显地增加，而到了每年的12月降水枯季，各时序点的累积形变整体呈现平稳趋势，综合来看，庄房滑坡的形变结果受到了降水的一定影响。

为了相互验证两种不同数据结果的可靠性，本书将ALOS-2数据和Sentinel-1A升轨数据的时间序列结果进行了对比分析，结果如图5.30所示。图5.30中左边曲线为ALOS-2数据各时序点的形变时间序列结果，右边散点为Sentinel-1A升轨数据各时序点的形变时间序列结果。由于ALOS-2数据只获取了2018~2019年的结果，所以本书只对2019年两种数据的结果进行对比分析。分析发现，在2019年1~6月这段时间里，两种数据的累积形变趋势大致相同，整体逐渐增加，故两种数据的形变监测结果具有一定的可靠性。

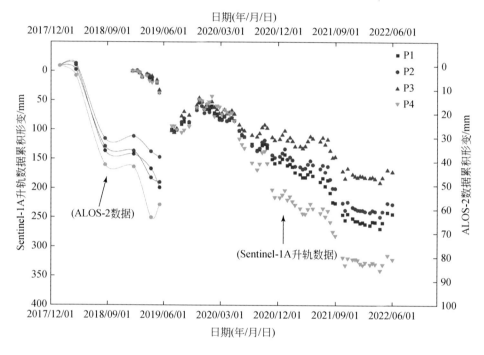

图5.30　ALOS-2数据与Sentinel-1A升轨数据时间序列对比图

利用升、降轨联合解算，本书得到了庄房滑坡的二维形变结果，如图5.31所示。从东西向形变结果来看，形变主要发生在整个滑坡体的左侧，而位于左侧的居民聚集区形变量级最大，平均形变速率达到了60mm/a。从垂直向形变结果来看，形变主要发生在滑坡体后缘左侧，如图5.31中圈定的两处，其形变速率达到了30mm/a，本书推论该滑坡为以水平运动为主的缓慢推移式滑坡。考虑到此处高铁G5613从山体内部通过，可能对垂直形变结果存在一定的影响。

2. 茶腊扒底滑坡

茶腊扒底滑坡位于贡山独龙族怒族自治县茨开镇的满孜村，地理坐标为98°40′27.9″E，27°45′15.2″N，如图5.32所示。该滑坡体前缘有怒江奔流而过，后缘坡形较陡，在形变区

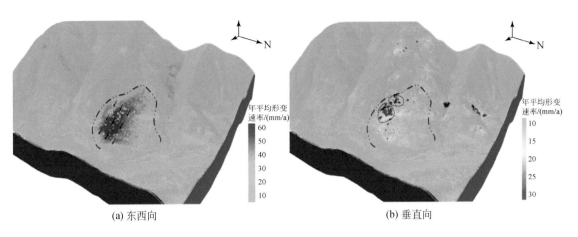

(a) 东西向　　　　　　　　　　　　　(b) 垂直向

图 5.31　庄房滑坡二维形变结果图

和怒江之间，G219 国道横穿而过，且国道靠近山体内侧的区域已经产生了形变。借助光学影像，将茶腊扒底滑坡形变区域按照坡的走向，将其划分为 Ⅰ 和 Ⅱ 两个区域。从形变面积上来看，Ⅰ 区域形变面积较 Ⅱ 区域小，Ⅰ 区和 Ⅱ 区的形变速率分别约为 35mm/a 和 50mm/a。因此，选取 Ⅱ 区域进行形变详细监测与分析，并选取图 5.32 中的 P 点进行时间序列形变分析。

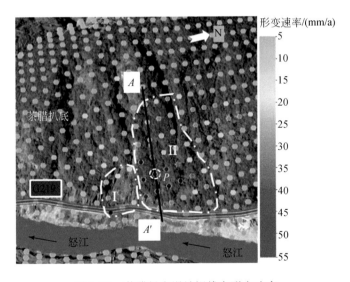

图 5.32　茶腊扒底滑坡视线向形变速率

图 5.33（a）为特征点 P 的时间序列形变结果，该滑坡在 2019 年 4 月之前，变形趋势相对平缓且累积变形较小，而到了 2019 年 5 月，累积形变达到了 85mm，即在 2019 年 4～5 月累积形变增加了 55mm，推测是雨季降水加剧了滑坡的形变进程。沿图 5.33 中 AA′ 提取了该滑坡的坡向形变，如图 5.33（b）所示。可以发现滑坡形变区主要发生在海拔 1500～1600m 的区域，高程差超过 100m，而水平距离约为 130m，形变段的平均坡度约为

38°，属于高陡滑坡。形变剖线显示滑坡前缘的形变要大于后缘，初步推断该滑坡为牵引式滑坡（袁从华等，2008）。

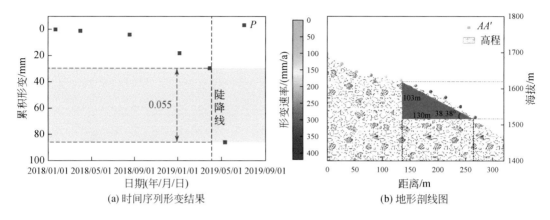

图5.33　茶腊扒底滑坡形变时间序列与地形剖线图

3. 阿发底滑坡

阿发底滑坡位于古登乡亚碧罗村的阿发底，地理坐标为98°53′58.8″E，26°16′42.7″N，如图5.34（a）所示。该滑坡所处位置海拔较高，类型上应属于高位滑坡，光学影像上显示出明显的滑动迹象。在滑坡区的正下方零星有居民居住，直接威胁到居民的生命和财产安全。图5.34（b）为 InSAR 监测获取的阿发底滑坡年平均形变速率，图中黑线圈为变形区域，P 为提取的时序点所处的位置，CC' 线段是对该滑坡提取的剖线位置，从监测结果看，该滑坡变形最大处的年平均形变速率为50mm/a。

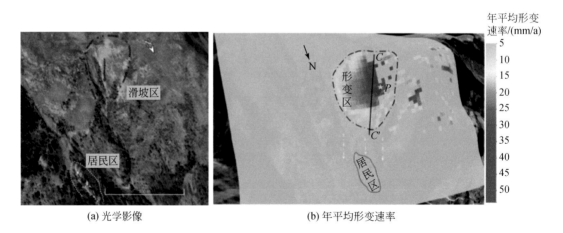

图5.34　阿发底滑坡光学影像与年平均形变速率图

图5.35（a）为阿发底滑坡特征点 P 的形变时间序列结果。结果显示，滑坡在2018年1~9月，呈均速变形；在2018年9月至2019年1月期间，滑坡处于稳定阶段，而在

2019 年 1 月之后，累积变形继续增加，并呈匀速增加趋势。截至 2019 年 5 月，滑坡的累积形变在 2018～2019 这两年时间里达到了 93mm。图 5.35（b）为沿 CC' 线提取的阿发底滑坡形变结果，显示变形处的海拔高于 2350m，图中 X 点为滑坡所处坡度的分界线，即 X 点上方的坡度小于其下方的坡度，X 点上方的平均坡度为 24.79°，X 点下方的平均坡度为 33.06°。从形变特征来看，滑坡的主要形变区位于高海拔处，量级比较大，最大形变速率超过 40mm/a，由此初步断定该滑坡为推移式滑坡。结合 X 点下方坡度大于上方坡度的特点，推断当阿发底滑坡发生滑动，滑动面跃过 X 点位置时，由于下方地形的突然变陡，可能会加剧滑坡的滑动时间和速度。这也就意味着，如果滑坡发生滑动，滑坡在底部的滑动加速度会更大，对居民造成的威胁也更大。因此，对该滑坡进行实时监测很有必要。

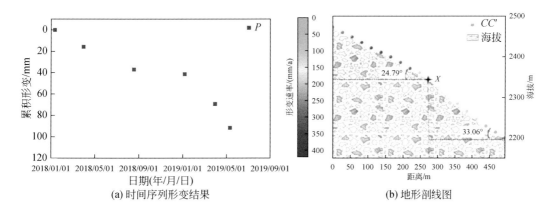

(a) 时间序列形变结果　　　　　　　(b) 地形剖线图

图 5.35　阿发底滑坡形变时间序列与地形剖线图

4. 高位远程滑坡

高位远程滑坡通常滑动距离远且海拔高，人难以到达。根据监测结果选取了 N04、N05 和 N06 三处高位远程滑坡对其进行展开分析，其地理位置见图 5.36。N04 和 N05 位置较近，距离 S228 省道的直线距离约为 1.49km；N06 滑坡距离 S228 省道的直线距离为 1.46km。从遥感图像上分析，这三处滑坡附近人烟罕至，交通道路难以寻见，三处滑坡与怒江沿岸的高程差近 4000m。

1）N04 滑坡

N04 滑坡位于泸水市鲁掌镇，地理坐标为 98°41′44.8″E，26°00′55.4″N。图 5.37（a）为 N04 滑坡的光学影像图，该滑坡体的形变区植被稀疏，滑坡下方未见有明显威胁对象。图 5.37（b）为 N04 滑坡的年平均形变速率图，图中黑线圈定区域为滑坡主要形变区，P 点为滑坡形变时间序列特征点的位置。该滑坡的平均形变速率达到了 35mm/a。图 5.38 为 N04 滑坡的累积形变时间序列结果，整体呈线性形变速率，在 2018 年形变速率略有变化，但变化不大。2018～2019 年，该滑坡累积形变达到了 70mm。

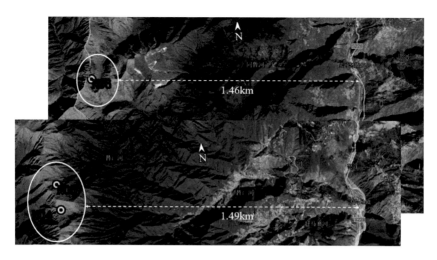

图 5.36　高位远程滑坡地理位置示意图

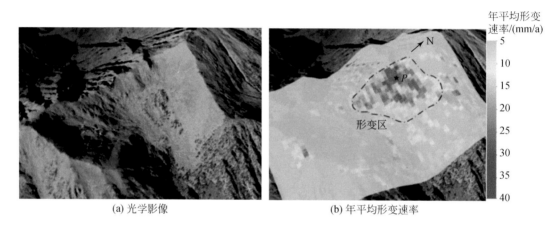

(a) 光学影像　　　　　　　　　　　(b) 年平均形变速率

图 5.37　N04 滑坡光学影像与年平均形变速率图

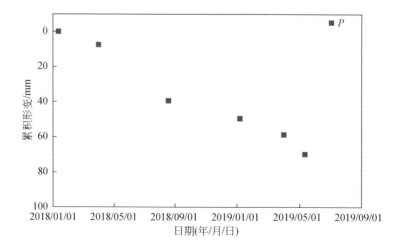

图 5.38　N04 滑坡累积形变时间序列结果图

2）N05 滑坡

N05 滑坡位于泸水市鲁掌镇，地理坐标为 98°41′35.7″E，26°01′36.1″N。图 5.39（a）为 N05 滑坡的光学影像图，该滑坡体几乎无植被覆盖，坡体下方有稀疏的植被生长，这些植被可能对抑制滑坡运动起到一定的作用。图 5.39（b）为 N05 滑坡的年平均形变速率图，图中黑圈为滑坡形变范围，P 点为形变时间序列特征点的位置。此滑坡形变面积不大，年平均形变速率为 35mm/a 左右。图 5.40 为 N05 滑坡的累积形变时间序列结果。从时间序列形变特征分析，该滑坡主要经历了两个加速阶段，第一个阶段为 2018 年 1～4 月，该阶段累积形变急剧增加，增加量约为 40mm；第二个阶段为 2019 年 4～5 月，该阶段的累积形变增加了近 30mm。2018～2019 年，该滑坡的累积形变达到了 90mm。

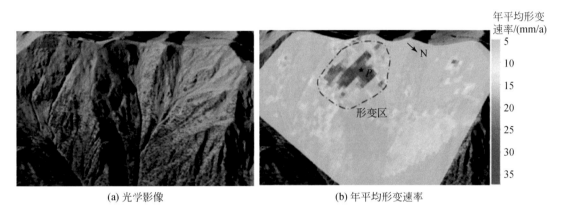

(a) 光学影像　　　　　　　　　　　　　　　　(b) 年平均形变速率

图 5.39　N05 滑坡光学影像与年平均形变速率图

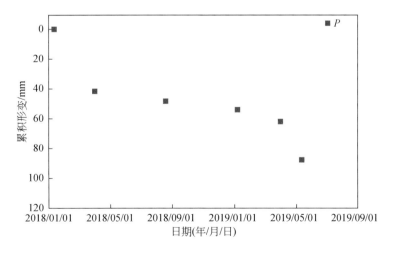

图 5.40　N05 滑坡累积形变时间序列结果图

3）N06 滑坡

N06 滑坡位于福贡县匹河怒族乡，地理坐标为 98°45′21.2″E，26°31′18.1″N。图 5.41

（a）为该滑坡的光学影像图，滑坡体少有植被覆盖，由于海拔较高的缘故，坡体周围存在着一些冰碛碎屑物。图 5.41（b）为 N06 滑坡年平均形变速率图，图中的黑线为形变区，P1、P2 和 P3 为选取的形变特征点，用于形变时间序列提取。从年平均形变速率图来看，该滑坡的年平均形变速率为 28mm/a。图 5.42 为该滑坡体三个形变特征点的累积形变时间序列结果，从图中可以看出，在 2018 年 1～4 月，P2 点处的累积形变最大，约为 6mm；而在 2018 年 4 月之后，P1 点的累积形变开始急剧变化，超过了 P2 和 P3 点的累积形变，而 P2 点和 P3 点的整体趋势比较接近。直至 2019 年 5 月，P1 点处的累积形变达到了 82mm，P2 点和 P3 点次之，累积形变分别达到了 75mm 和 60mm。

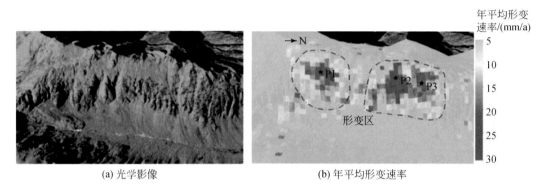

(a) 光学影像　　　　　　　(b) 年平均形变速率

图 5.41　N06 滑坡光学影像与年平均形变速率图

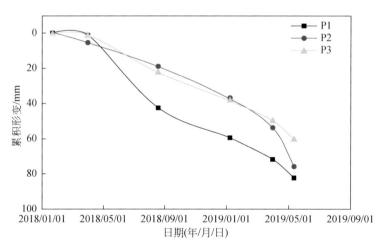

图 5.42　N06 滑坡累积形变时间序列结果

5.5　小　　结

针对怒江峡谷区地质灾害隐患点的综合识别与监测需求，综合运用 InSAR 及光学遥感开展了地质灾害隐患识别，通过对遥感技术识别出的疑似 56 处地质灾害隐患点的统计发现，在普拉底乡–鹿马登乡地段和大兴地镇–六库镇地段，隐患点分布的频率最高，识别数量分别为 28 处和 13 处；在丙中洛镇–茨开镇地段和子里甲乡–称杆乡地段，隐患点分布的频率较高，识别数量分别为 6 处和 8 处；在上帕镇–架科底乡地段，隐患点分布的频率较少，其数量为 1 处；其余地区未识别出隐患点。从行政分布上来看，福贡县识别出的隐患点最多，为 30 处，泸水市次之，为 16 处，贡山县识别出的隐患点为 10 处。对于福贡县来说，马吉乡 InSAR 识别出的隐患点最多，为 14 处，上帕镇最少，为 1 处，架科底乡未监测出明显形变。对于泸水市来说，六库镇的隐患点最多，为 6 处，称杆乡最少，为 1 处，洛本卓白族乡、老窝镇、片马镇和上江镇未监测出明显形变。对于贡山县来说，丙中洛镇和普拉底乡 InSAR 识别出的疑似隐患点最多，为 4 处，茨开镇最少，为 2 处，捧当乡和独龙江乡未监测出明显形变。

通过对高精度遥感技术识别出的地质灾害与滑坡编目资料对比，InSAR 识别得到的 56 处隐患点中，9 处为已编目滑坡，7 处与光学遥感识别的结果重合。野外核查结果表明，InSAR 新发现的 44 处隐患点中，35 处为滑坡隐患、3 处为崩塌和 6 处为高位物源形变体。35 处滑坡隐患点中，25 处滑坡出现明显变形、10 处为轻微变形；16 处滑坡隐患危险等级为高、6 处危险等级为中等、13 处危险等级为低。3 处崩塌中，2 处出现明显变形、1 处轻微变形，危险等级均为高；6 处高位物源形变体中，5 处出现明显变形、1 处轻微变形，2 处危险等级为高，其余危险性均为低。由于部分新增疑似滑坡隐患点靠近居民区、公路及怒江，威胁性较高，需进一步核实与监测。

在利用高精度遥感技术对怒江峡谷区典型滑坡的精细监测中，选取了三处已编目的典型滑坡，即庄房滑坡、茶腊扒底滑坡和阿发底滑坡进行了重点分析。研究表明，庄房滑坡形变量级最大的区域处于海拔 925～1050m，其高程差为整个剧烈区高程差的 83%，陡坡段的坡度大概在 25°，剖线图的结果表明了庄房滑坡的形变速度和所处的地形坡度具有一定的关系。多维形变特征分解显示，庄房滑坡主要是以水平移动为主的缓慢推移式滑坡。茶腊扒底滑坡形变主要发生在海拔 1500～1600m 的区域，最大形变速率约为 50mm/a，形变段的平均坡度约为 38.38°，属于高陡滑坡。形变剖线显示滑坡前缘的形变要大于后缘，初步推断该滑坡为牵引式滑坡。阿发底滑坡主要形变区位于高海拔处，变形处的海拔高于 2350m，最大变形处形变速率达到了 50mm/a，且滑坡所处位置存在明显的坡度变化，坡度由滑坡上部的 24.79°转为滑坡下部的 33.06°，初步断定该滑坡为推移式滑坡。

怒江峡谷区地质灾害具有点多面广、隐蔽性强、高速远程、危害极大、人不能至、难以观测等特点。开展识别与监测预警是该区域防灾减灾的重要工作，星载 InSAR 技术以其高精度大范围获取地表微小形变的能力，实现对活动地质灾害隐患的识别与监测，光学遥感技术则可以通过地质灾害孕育在遥感影像所表现出的纹理、色彩等差异及地形条件开展大范围的滑动滑坡、古滑坡的识别。同时以无人机和倾斜摄影测量为代表的低空遥感技术则可以更加机动灵活地获取地质灾害的细节信息。因此，综合多源遥感监测数据对高山峡谷区开展地质灾害识别与监测，具有较大的优势和可行性。对成灾状况、当前变形状况和潜在致灾形势的评判，是当前面向重大地质灾害的早期有效识别的关键所在。本章在怒江峡谷区地质灾害隐患点的综合识别与监测中的探索工作，为开展高海拔区域的地质灾害调查提供了参考。

第6章 流域型地质灾害成因机理研究

6.1 概　　述

由于特殊的地理环境、复杂的地质背景以及独特的气候特征，云南三江流域以其美丽的自然景观和人居环境，以及严重的山地灾害而闻名于世（唐川和朱静，1999；苏鹏程和韦方强，2014）。怒江流域为我国西南纵向岭谷的核心地带，属典型的高山峡谷地貌，干流比降大、水力资源丰富，是我国"十二五"规划的国家水电能源基地建设的关键河段。

在显著地貌梯度分异的纵向岭谷和西南季风气候的交互作用下，怒江流域水文过程独特：河谷深切、坡体陡峻、构造活动强烈、岩体结构破碎；降水频繁、水系发育、风化作用强烈，具有各类地质灾害的活动成灾史、固体物质来源、地形地貌和水动力等条件，各类地质灾害频发（黄润秋和许强，2008；汪发武，2019）。在云南六大流域之中，怒江流域地质灾害最为严重（唐川，2005），其中，又以高山峡谷段为最。近年来，怒江高山峡谷段多次暴发滑坡、崩塌、泥石流灾害，造成重大人员伤亡和财产损失，如2010年8月18日，贡山县普拉底乡东月谷河暴发特大泥石流灾害，共造成39人死亡、53人失踪，直接经济损失达1.4亿元（苏鹏程等，2012；张杰等，2015）；2011年6月24日，贡山县丙中洛镇毕比利河暴发滑坡、泥石流，大量的房屋被毁，直接经济损失近4500万元；2014年7月9日，福贡县匹河怒族乡沙瓦河发生泥石流灾害，造成9人死亡、8人失踪、1人受伤，直接经济损失约210万元（张光政等，2016；卢瀚，2020；简小婷，2022）。

现阶段，怒江流域高山峡谷段滑坡、崩塌、泥石流成灾机理尚不十分明确，加大了对同类灾害预测防治的难度，降低了其可靠性，严重制约了山区防灾减灾工作的开展，并影响了后续公路修建和大量移民安置等工作（魏云杰等，2022）。因此，急需开展怒江高山峡谷段特殊孕灾环境条件下滑坡、崩塌、泥石流的成灾机制的研究，明晰研究区流域型滑坡、崩塌、泥石流的成灾过程，有助于行之有效的防灾策略和避灾方案的提出，同时还可为重大工程建设与山区城镇防灾减灾工作提供科学的参考。对保障山区的经济及生命财产安全，提高防灾减灾能力、促进区域发展和维护区域民族团结发挥积极作用。

基于大量的野外考察、多源遥感影像解译，本章通过归纳怒江流域典型滑坡、崩塌、泥石流灾害的发育特征及其活动规律，进行各类典型地质灾害的数值模拟计算分析，研究降水等复杂条件对怒江流域型灾害的影响方式及其影响程度，归纳流域型地质灾害的成灾模式，最终揭示流域型地质灾害的成因机理。研究内容包括：①流域型滑坡灾害成因机理研究；②流域型崩塌灾害成因机理研究；③流域型泥石流灾害成因机理研究。

6.2 流域型滑坡灾害成因机理研究

本节以泸水市六库街道庄房滑坡为例，对流域型滑坡易滑地质结构进行分析。

6.2.1 滑坡工程地质及变形特征

1. 滑坡地质结构

庄房滑坡位于云南省怒江州泸水市城区北侧，距离市区约3.0km，滑坡地处怒江右岸 [图6.1（a）]，平面形态呈"舌形"，滑坡纵长约1247m、横宽约720m，面积约69.9万m²，滑坡体厚度为5~40m，平均厚度为20m，滑坡体总体积约为1398万m³。滑坡整体坡度为约25°，滑坡后缘坡度较陡，平均坡度为40°，部分地区坡度可达50°，滑坡中部居民区坡度较缓，平均坡度为15°，滑坡整体坡向为北东向，主滑方向为55°。S288省道和保泸高速G5613从滑坡区坡脚通过。滑坡为一古滑坡堆积体局部复活形成，属于怒江流域典型堆积层滑坡，滑坡强变形发生于2017年强降水期间，表现为表层松散堆积层蠕滑，呈牵引式破坏。

庄房滑坡区属于高中山宽谷地貌，河谷形态呈"U"字形。构造单位属于冈底斯-念青唐古拉褶皱系福贡-镇康褶皱带。区域内新构造运动强烈，褶皱、断裂发育。受喜马拉雅运动影响，地壳抬升强烈，加速了河流的下切，造成河谷两岸地形高陡，且右岸地形高于左岸。同时，怒江深大断裂呈N5°W近南北向贯穿本区，断裂带附近岩石在多期构造运动作用下，节理裂隙发育，岩体破碎，并对已有松散堆积物结构造成破坏，使其力学强度

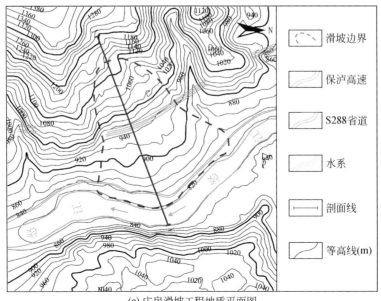

(a) 庄房滑坡工程地质平面图

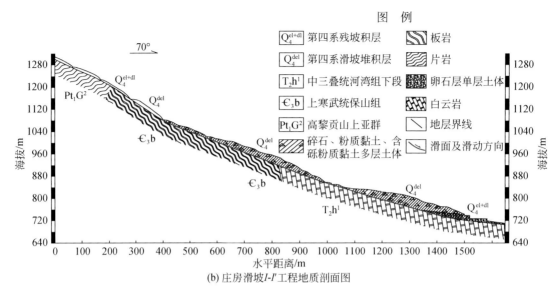

(b) 庄房滑坡I-I'工程地质剖面图

图 6.1　庄房滑坡工程地质平剖面图

降低，产生大量松散堆积物，成为滑坡体的主要组成部分。

通过工程地质调查及钻探揭露，滑坡区表层主要为第四系滑坡堆积层碎石土，粉质黏土、含砾粉质黏土，其结构松散、均匀性差、透水性相对较强、富水性相对较差。下部为中三叠统河湾组下段（T_2h^1）中厚层状白云岩、上寒武统保山组（$\in_3b$）中厚层状板岩，均为中等风化，该层均匀性较好、透水性较弱。雨季时地表水能快速下渗到滑坡堆积层与基岩界面，在接触面产生径流、侵蚀，降低接触面岩土体结构强度，使得滑坡堆积层沿土岩界面产生滑移破坏。

庄房滑坡滑动面为第四系滑坡堆积层碎石土，粉质黏土、含砾粉质黏土与下伏基岩分界面，滑动面呈折线形，总体倾向北东，倾角约25°；横向上呈弧状；滑面深 5 ~ 40m，平均深20m；滑体组成物质主要为第四系滑坡堆积层，滑床物质主要为中等风化白云岩及板岩。

滑坡区雨季时期多在每年 6 ~ 10 月，受西南海洋季风控制和东南季风影响，气候炎热无寒冬，雨量充沛，年均降水量约 1200mm，最大降水量达 1742.1mm，最大日降水量可达 105.3mm。

滑坡后缘和中部位置，地表径流作用强烈，前缘整体坡形受农田改造影响大，表现为前缘坡体的塌缩，以及坡体中部房屋的变形。滑坡后缘沿山公路发育有拉张裂缝，宽3cm，延伸长度达 10m。在滑坡中部位置，挡土墙发生剪切错断，错断宽 70cm，错距为50cm。同时，在庄房小学周围，多处房屋出现开裂，据村民反映，房屋裂缝在 2021 年 6 ~ 10 月雨季加深，最严重处房屋裂缝宽 8cm，房屋目前已无人居住。滑坡威胁对象主要为居民点和公路，威胁人数达 200 人，威胁财产达 500 万元。

2. 滑坡成因分析

该滑坡由一古滑坡堆积体局部复活形成，强变形发生于 2017 年强降水期间，表现为表层松散堆积层滑动。通过前期现场调查，庄房滑坡的形成主要受降水诱发，形成过程如下。

（1）受怒江断裂控制，岩体节理、裂隙发育，岩体破碎，由于河流冲刷，前缘临空，坡体在重力的作用下，容易产生蠕滑变形。

（2）厚度较大的第四系堆积层为滑坡的形成提供了物质基础。第四系坡积物厚大于10m，以碎石黏土为主，这种地层结构易发生滑坡。

（3）降水是主要诱发因素。区域内降水量大，年平均降水量约1200mm且集中在每年6～10月，同时场区内耕地农田的灌溉用水较多。在雨水和灌溉作用下，土体的抗剪强度降低，滑体的自重提高，有利于滑坡面贯通。

（4）滑坡前缘为缓坡平台，区域内局部为地基开挖形成的小型人工切坡，高3～5m，为滑坡体局部变形提供临空条件。

综上，滑坡后缘未见明显的深大裂缝发育，前缘挡墙亦未见明显的鼓胀变形，主要变形区集中于庄房居民区，当前的主要变形模式为在局部因工程建设加载或开挖形成高陡临空面，导致局部块体滑移破坏。庄房滑坡周界清晰，前缘存在高陡临空面，滑坡体主要分布于第四系滑坡堆积层，其结构松散、工程力学性质差，随着时间的推移，在连续强降水、地震等不利条件下，可能发生整体滑移破坏。

6.2.2　滑坡稳定性数值模拟分析

1. 地质概化模型与设计工况

根据野外调研资料、山地工程和室内试验成果，选择庄房滑坡 I–I′剖面建立地质力学模型，采用 GeoStudio 软件 SLOPE 模块对滑坡的稳定性进行数值模拟分析。

庄房滑坡岩土体数值模拟物理力学参数如图6.1（b）所示，坡体岩性可以概括分为三种，分别为①第四系滑坡堆积层多层土体，灰褐、黄褐、黄色，以碎石土、粉质黏土、含砾粉质黏土为主，稍湿，硬塑状，局部可塑，碎块石含量为60%～70%，块径为20～100cm；②第四系残坡积层碎石土层，灰褐、黄褐、黄色，以碎石土、粉质黏土、含砾粉质黏土为主，稍湿，硬塑状，局部可塑，碎块石含量为40%～50%，块径为20～800cm，其成分多为强风化大理岩、千枚岩等；③下伏基岩为板岩、片岩和白云岩，坡度与滑坡地形坡度基本一致，呈40°。

根据庄房滑坡计算剖面图建立的 GeoStudio 数值模拟模型如图6.2所示，模型宽1642m、高670m。模型相关参数根据室内土工试验获得，如表6.1所示。

表 6.1　庄房滑坡岩土体数值模拟物理力学参数

地层	重度(γ)/(kN·m³)		内摩擦角(φ)/(°)		黏聚力(c)/kPa	
	天然	饱和	天然	饱和	天然	饱和
碎石土	21	22.5	35.0	33.0	10	8
坡积土	19.0	20.0	20.0	18.0	15	14
基岩	25	25.5	41	40	750	749

模型底部边界条件设置为限制其 XY 方向的移动，模型左侧和右侧限制其 X 方向的运动，即对滑坡两侧和底部施加位移约束条件，根据实际情况分析，斜坡底部设定边界为完全约束，即同时约束水平位移和竖直位移，模型两侧约束水平位移。在对坡体进行应力应变分析之前，需要对建立的模型进行网格划分，并对滑坡表层碎石土材料进行网格划分细化，最终模型网格有 30169 个节点、31828 单元。

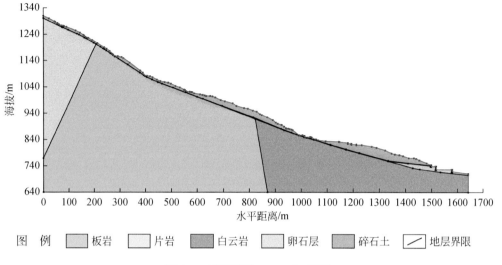

图 6.2　庄房滑坡 GeoStudio 模型

本书采用位移计算云图、总应力计算云图、应变分布云图、最大应变云图和稳定性系数综合判断庄房滑坡在天然工况和极端暴雨饱和工况两种条件下坡体变形、应力、应变及稳定性情况。其中数值模拟稳定性计算结果参照《地质灾害防治工程勘察规范》（DB50/143—2003）中的参数（表 6.2）来判定滑坡的稳定性状态。

表 6.2　滑坡稳定状态划分表

稳定性系数（F_s）	$F_s<1.00$	$1.00 \leqslant F_s<1.05$	$1.05 \leqslant F_s<F_{st}$	$F_s \geqslant F_{st}$
滑坡稳定状态	不稳定	欠稳定	基本稳定	稳定

注：F_{st} 为滑坡稳定性系数。

2. 滑坡稳定性分析

1）天然工况下计算结果

A. 位移

利用 GeoStudio 数值模拟软件计算了庄房滑坡在天然工况下的变形特征，图 6.3（a）为坡体 X 向（水平方向）位移分布云图，可以看出坡体水平向的较大位移主要集中在坡体中部，最大位移值可达 1.42m，其次坡体下部和上部也产生局部水平位移。图 6.3（b）为坡体 Y 向（垂直方向）位移分布云图，垂向位移最大处位于坡体中部，最大位移值为

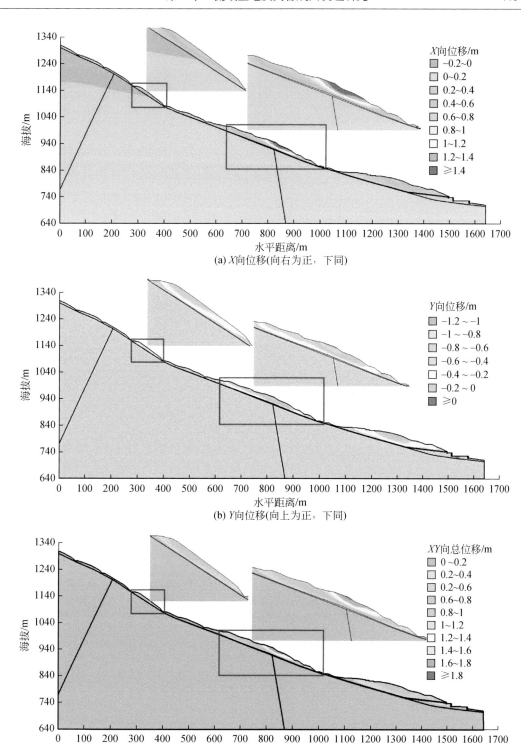

图 6.3　庄房滑坡位移分布云图

1.23m，其次坡体下部和上部也有较大垂向位移，位移值在1m以内。图6.3（c）为坡体 *XY* 向总位移分布云图，可以看出坡体总位移主要集中在如下三个区域：①变形最大的为坡体中部碎石土地层中，处于保泸高速的上侧，最大总位移可达1.86m；②在坡体下部怒江岸边附近也产生较大位移；③在坡体上部海拔1080m处村道上侧碎石土地层也产生变形，位移量相对于坡体中部变形较小，而基岩地层未发生位移。

B. 总应力

图6.4为庄房滑坡天然工况下的总应力分布云图，可以看出随着地层深度的增加，*X* 向总应力和 *Y* 向总应力均增大，*X* 向总应力最高可达3500kPa以上，*Y* 向总应力最高可达10MPa以上。同一海拔随着水平距离的增加（越靠近坡脚）*X* 向总应力和 *Y* 向总应力均减小。

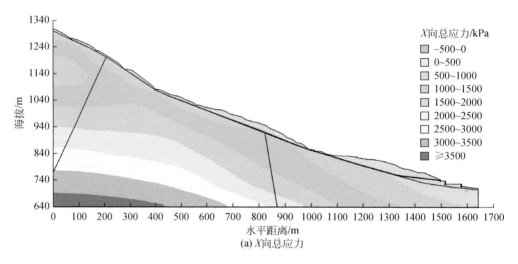

(a) *X* 向总应力

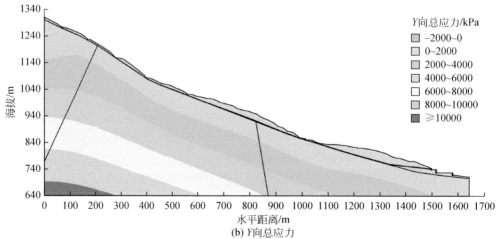

(b) *Y* 向总应力

图6.4 天然工况下庄房滑坡总应力分布云图

C. 应变

根据 GeoStudio 软件计算出来的庄房滑坡应变云图如图 6.5 所示。图 6.5（a）为庄房滑坡 X 向应变云图，可以看出基岩无变形，变形主要集中在坡体表层碎石土地层中，坡体上部海拔 1100m 处 X 向变形最大，应变值可达 0.1%；图 6.5（b）为庄房滑坡 Y 向应变云图，应变主要集中在碎石土地层底部与基岩地层之上交界处，其较大应变云图呈条带状分布；图 6.5（c）为庄房滑坡 XY 向剪应变云图，剪应变主要集中在坡体中部，其次是坡体上部和下部，变形部位也在基岩面之上，剪应变最大值可达 0.16%，剪应变最大处位于坡体海拔 840m 处保泸高速公路边坡之上。

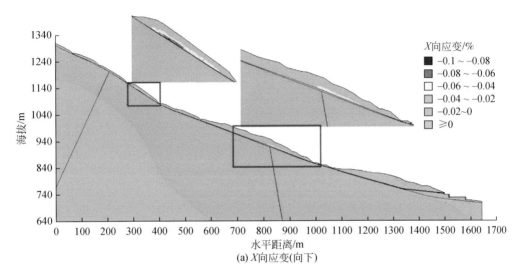

(a) X 向应变(向下)

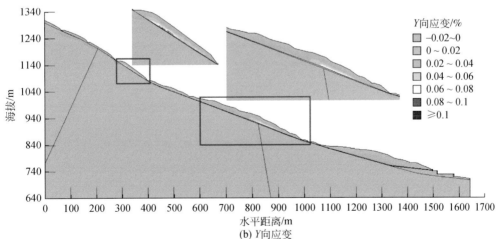

(b) Y 向应变

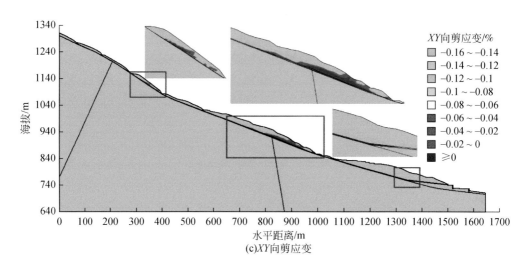

图 6.5　天然工况下庄房滑坡应变分布云图

D. 最大应变

图 6.6 和图 6.7 为根据 GeoStudio 软件计算出的庄房滑坡最大应变和最小应变云图，可以看出最大应变和最小应变主要集中在图 6.6 和图 6.7 的坡体上部、中部和下部三个区域，三个区域对应的海拔分别为 1080m、860m 和 740m，变形集中于坡体碎石土地层之中，最大应变值最高可达 0.13%，最小应变值最高可达 0.12%。而图 6.8 为庄房滑坡最大剪应变云图，最大剪应变可达 0.2%，位于坡体中部碎石土和基岩交界面附近，可见此区域剪应变较大，在暴雨等情况下可能出现较大的剪切变形。

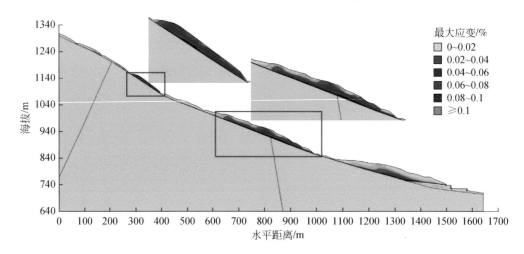

图 6.6　天然工况下庄房滑坡最大应变云图

E. 滑坡稳定性

利用 GeoStudio 软件 SLOPE 模块采用 Morgenstein-Price 法计算了庄房滑坡天然工况下

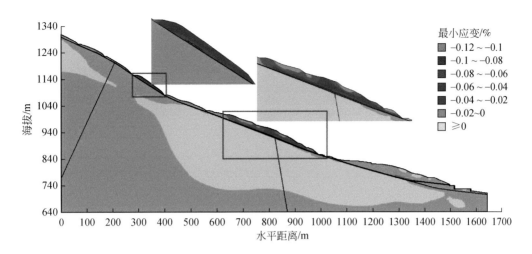

图 6.7 天然工况下庄房滑坡最小应变云图

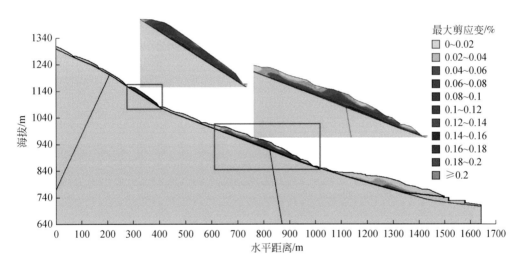

图 6.8 天然工况下庄房滑坡最大剪应变云图

的稳定性系数，如图 6.9 所示，根据野外调研和山地工程判断出庄房滑坡有三个剪出口，由下至上分别为剪出口 1、剪出口 2 和剪出口 3，三个剪出口天然工况下的坡体稳定性系数分别为 1.234、1.204 和 1.239，可见庄房滑坡天然工况下较为稳定。

2）饱和工况下计算结果

A. 位移

图 6.10 为利用 GeoStudio 数值模拟软件计算的庄房滑坡在极端降水后饱和工况下的位移分布云图，图 6.10（a）所示为坡体 X 向（水平方向）位移云图，可以看出坡体水平向的位移主要集中在坡体中部，最大水平位移可达 36m，是天然状态下的 25.4 倍，其次坡体下部和上部也产生较大水平位移。图 6.10（b）为坡体 Y 向（垂直方向）位移分布云图，

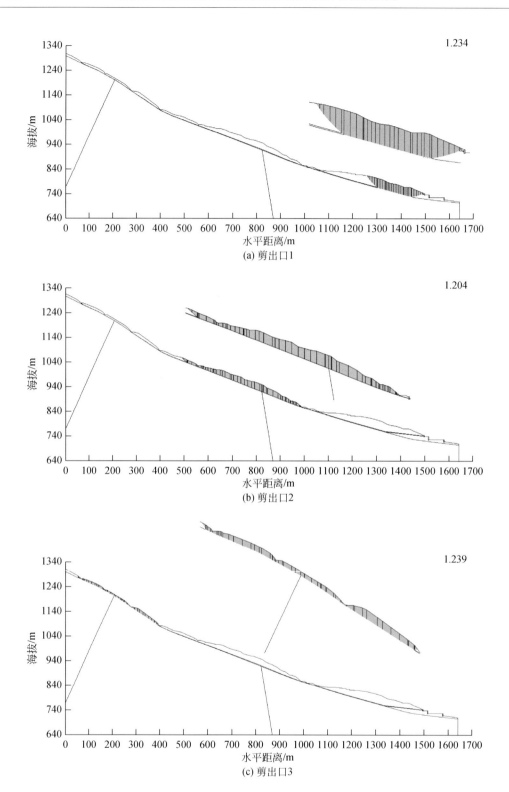

(a) 剪出口1

(b) 剪出口2

(c) 剪出口3

图6.9　庄房滑坡天然工况下稳定性系数

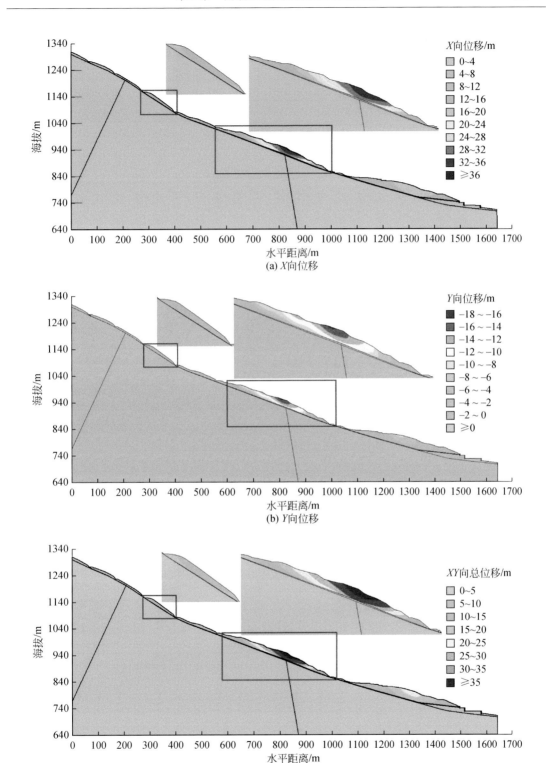

图 6.10　饱和工况下庄房滑坡位移分布云图

可见最大垂向位移位于坡体中部,最大位移值为18m,是天然状态下的14.6倍。图6.10 (c)为坡体 XY 向总位移分布云图,可以看出坡体总位移主要集中在三个区域:总位移最大的在坡体中部碎石土地层中,处于保泸高速公路边坡的上侧,最大总位移可达38.5m,是天然状态下的20.7倍;在坡体下部的怒江岸坡也产生较大位移;在坡体上部海拔1080m处村道上侧碎石土地层也产生变形,总位移量相对于坡体中部变形较小。

综上,庄房滑坡在饱和工况下的位移远远大于在天然状态下的位移。可见,极端降水后饱和工况下庄房滑坡发生了较大的滑动,会威胁居民住房、保泸高速、S228 省道、怒江河道及多处村道的安全。

B. 总应力

图6.11 为庄房滑坡饱和工况下的应力分布云图,可以看出在基岩之上的碎石土层随

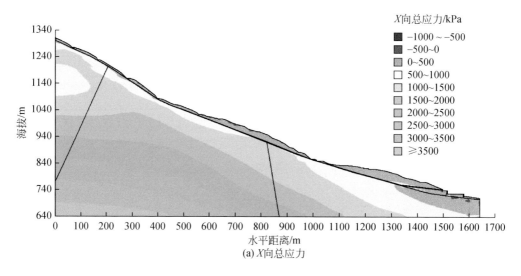

(a) X 向总应力

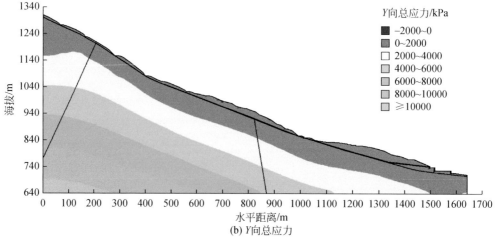

(b) Y 向总应力

图6.11　饱和工况下庄房滑坡应力分布云图

着地层深度的增加 X 向总应力和 Y 向总应力均增大，X 向总应力最高可达 3500kPa 以上，Y 向总应力最高可达 10MPa 以上。同一海拔随着水平距离的增加（越靠近坡脚）X 向总应力和 Y 向总应力均减小。

C. 应变

根据 GeoStudio 软件计算出来的庄房滑坡应变云图如 6.12 所示。图 6.12（a）为庄房滑坡 X 向应变云图，可以看出饱和工况下基岩无变形，变形主要集中在坡体表层碎石土地层中，变形最大处位于碎石土与基岩接触面的软弱带上，应变值较大，可达 4.0%。图 6.12（b）为庄房滑坡 Y 向应变云图，应变也主要集中在碎石土与基岩接触面的软弱带上，沿着坡面呈条带状分布。图 6.12（c）为庄房滑坡 XY 向剪应变云图，最大剪应变主要集中在坡体中部，变形部位在基岩界面之上的碎石土层，最大剪应变最大值可达 9.1%，最大剪应变位于坡体海拔 940m 处保泸高速公路边坡之上的坡体内。可见庄房滑坡坡体在饱和工况下，会发生大的滑动变形，威胁保泸高速等坡体地表建筑物的安全。

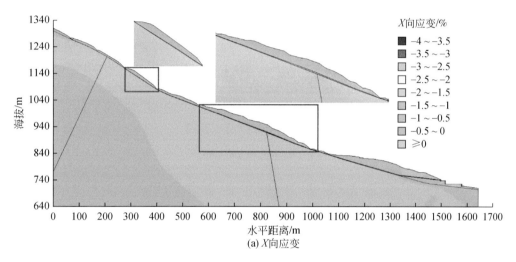

(a) X 向应变

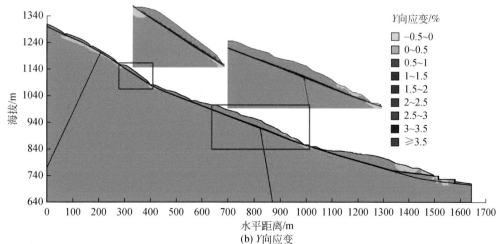

(b) Y 向应变

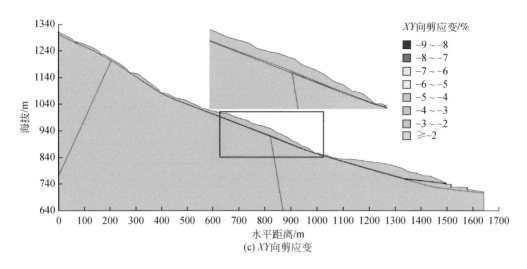

(c) XY向剪应变

图 6.12　饱和工况下庄房滑坡应变分布云图

D. 最大应变

根据 GeoStudio 软件计算出的庄房滑坡饱和工况下的最大应变和最小应变云图如图 6.13 和图 6.14 所示，可以看出最大应变和最小应变主要集中在坡体的上部、中部和下部堆积层碎石土厚度较厚位置。最大应变最大值可达 5.67%，最小应变最大值可达 5.58%。图 6.15 为庄房滑坡饱和工况下最大剪应变云图，最大剪应变可达 8.88%。相比于上述天然状态下坡体最大应变云图，庄房滑坡在饱和工况下的最大应变远远大于天然状态下的最大应变，可见庄房滑坡在极端暴雨情况下极易发生大的变形滑动。

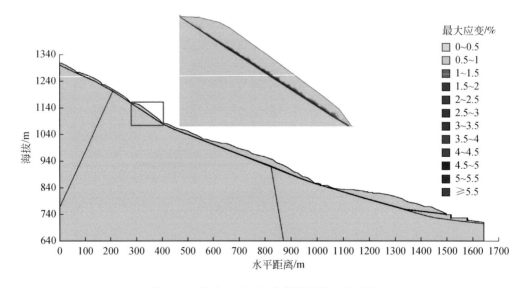

图 6.13　饱和工况下庄房滑坡最大应变云图

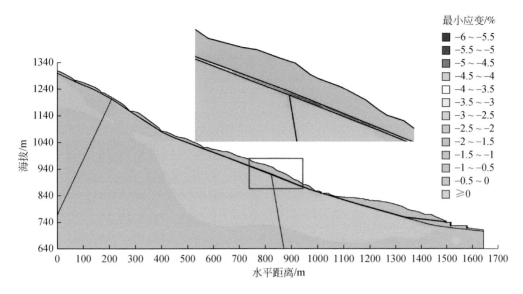

图 6.14　饱和工况下庄房滑坡最小应变云图

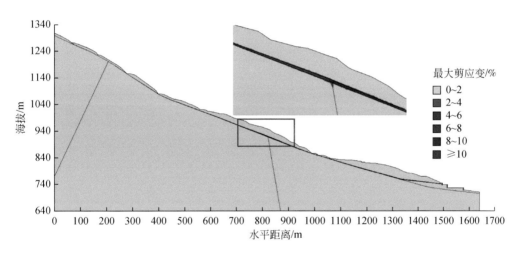

图 6.15　饱和工况下庄房滑坡最大剪应变云图

E. 滑坡稳定性

利用 GeoStudio 软件 SLOPE 模块采用 Morgenstein-Price 法计算了庄房滑坡饱和工况下的稳定性系数，如图 6.16 所示，根据野外调研和山地工程判断出庄房滑坡有三个剪出口，由下至上分别为剪出口 1、剪出口 2 和剪出口 3，三个剪出口饱和工况下的坡体稳定性系数分别为 1.053、1.027 和 0.923，相比于天然状态下稳定性系数（1.234、1.204 和 1.239），其处于不稳定和欠稳定状态，可见，极端降水后饱和工况下庄房滑坡可能会发生失稳。

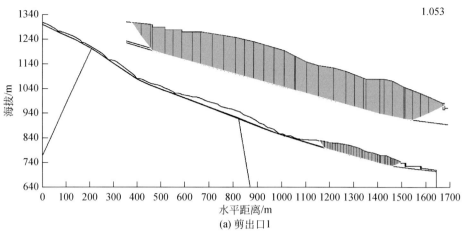

(a) 剪出口1

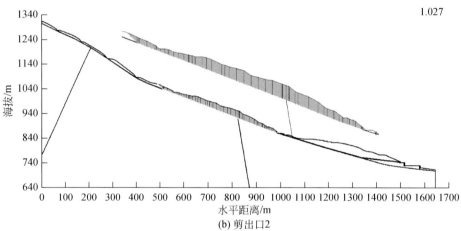

(b) 剪出口2

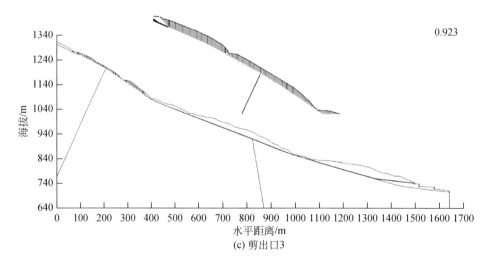

(c) 剪出口3

图 6.16　庄房滑坡饱和工况下稳定性系数

综上，通过数值模拟计算分析发现：庄房滑坡体主要为第四系堆积层，其结构松散，工程力学性质差，随着时间的推移，在极端暴雨或连续强降水等不利条件下，可能发生整体滑移破坏。庄房滑坡目前的变形破坏模式为修路开挖后堆积层在降水作用下自前缘向后部的牵引式蠕滑变形，并在强降水作用下滑坡体可能进一步发展形成贯通滑动面，威胁坡体内居民住房、保泸高速、S228 省道、怒江河道及多处村道的安全。

6.2.3　流域型滑坡形成机理分析

堆积层滑坡为怒江流域主要滑坡地质灾害类型，滑体物质由坡积、残积碎石土、含碎石黏性土、黏性土等松散堆积物组成，滑床为基岩，滑面多为土–岩接触面，其特点是分布面积广、受降水影响强等。本书通过对怒江流域典型堆积层滑坡——庄房滑坡，开展滑坡野外调研、单体滑坡勘察解剖、室内岩土体试验和数值模拟计算分析等工作，并结合区域地质环境条件、滑坡灾害发育强度及规律等，在分析典型滑坡灾害特征基础上总结了怒江流域典型堆积层滑坡地质灾害形成机理如下。

怒江流域堆积层滑坡上部堆积层结构松散、渗透性较好，而下部基岩一般渗透性较差，坡体的原始地形地质如图 6.17（a）所示。堆积层特殊的岩–土体组合结构，使得在堆积层和基岩层接触面附近易形成隔水层，同时雨水在隔水层易发生集聚，长期的弱化作用降低土–岩接触面附近的岩土体物理力学性质，导致上覆堆积层在自重作用和水压力的综合作用下发生局部蠕滑［图 6.17（b）］，并从滑坡前缘挤压剪出，为堆积层滑坡的滑动变形创造了条件。随着降水的持续，堆积层土体含水率快速增加，滑体重度进一步增加，下滑分力相应增加，同时随着大量地下水在堆积层下部基岩顶面汇集并形成附加渗透压力，加快了滑动带的形成与贯通［图 6.17（c）］。当滑带的总下滑力大于抗滑力时滑体产生变形，最终使上覆堆积层沿软弱面产生整体滑动，发生滑坡［图 6.17（d）］。该类滑坡多发育于降水时期，土体含水量增加或饱和后，易产生破坏，滑体变形较强烈，变形过程一般经历蠕动变形［图 6.17（b）］—加速变形［图 6.17（c）］—滑动破坏［图 6.17（d）］三个阶段，破坏模式主要包括蠕滑–推移式和牵引–拉裂式，滑动速度根据坡度的不同而不同，破坏运动形式以平推位移为主，主要通过推挤等作用对威胁对象产生破坏效应，对人员和财产造成威胁。

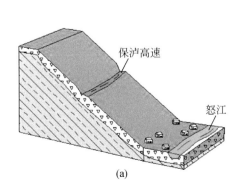

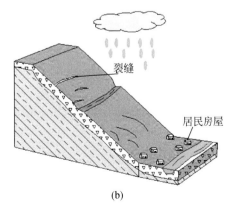

(a)　　　　　　　　　　　　　　　　　(b)

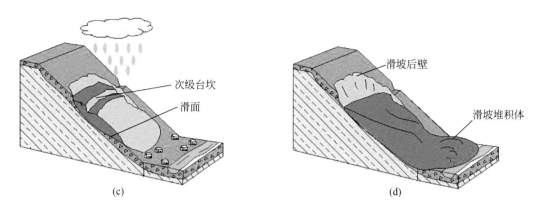

图 6.17　典型流域型堆积层滑坡形成机理示意图

6.3　流域型崩塌灾害成因机理研究

本节将以怒江流域典型崩塌灾害的野外调研、单体结构面调查统计分析、室内数值模拟计算分析等工作为基础，对怒江流域型崩塌灾害的破坏模式及成因机理进行分析，揭示了怒江流域崩塌地质灾害的形成机理。

6.3.1　崩塌灾害变形特征

为了厘清崩塌发育特征，对怒江流域的崩塌灾害进行了广泛的调查，发现调查区段受河谷深切，两岸坡体陡峻，沟谷纵横，日照强度大，雨水充沛，昼夜温度差异明显（夜间寒凉、白昼干热），风化作用强烈，使得区内岩土体发生崩塌破坏的概率较高。此外怒江河谷受到第四纪新构造断裂活动的影响，在中更新世后期河流的垂直侵蚀与侧蚀作用强烈，崩塌地质灾害发育，随着高强度的人类工程活动的进行，不可避免地会对坡体上的岩土体产生不同规模的扰动，削弱了岩土体的抗剪强度，导致斜坡应力发生变化，最终会引发坡体失稳形成崩塌灾害。

每年的 5～10 月是调查区的雨季，在这一时段内集中了全年约 83% 的降水量，从野外现场调访灾点附近住户和道路施工单位得知，区内的崩塌地质灾害主要集中在雨季发生，其具有以下三个特征。

（1）突发性。斜坡的变形是一个漫长的过程，但是崩塌灾害的形成一般都非常的迅速，突发性特点显著，此外受到降水活动或人类工程活动影响，具有"即时扰动，即刻成灾"，几乎没有时间避让，危险程度较严重。

（2）易发性。调查区内的崩塌灾害主要分布于地形起伏大的陡坡地段，岩体受到强烈的风化作用，节理裂隙发育，岩体完整性差，岸坡表层土体松散，同时区内降水集中且雨量较大，对斜坡岩土体稳定性造成更严重的破坏，加之调查区人类工程活动强烈，峡谷段崩塌灾害较易发生。

（3）规模小而离散。怒江贡山—泸水段多为小型岩质崩塌和土质覆盖层崩塌，一部分是由于道路交通工程建设对强风化基岩坡体开挖造成失稳形成的；另一部分是由于降水、河水等岩土体与水相互引起的崩塌，规模不大但随机性离散分布。

总体而言调查区崩塌灾害主要分为两种类型：一种是河谷岸坡崩塌，引起道路中断（图6.18）；另一种是隧道口、公路段高位危岩体崩塌，引起行车安全隐患（图6.19）。

图6.18　匹河检查站对岸河谷岸坡崩塌　　　图6.19　积哇隧道口高位危岩体崩塌

1. 典型崩塌灾害类型

1）河谷岸坡崩塌

河岸崩塌是由河岸土体以及近岸水流两者相互作用而引发的，其影响因素主要有河道水动力条件、河岸土体组成、河岸边坡形态和河岸生态条件等。经分析认为水流动力作用是河岸崩塌最主要的原因，主要表现在：①主流的顶冲作用，在主流的顶冲作用下，直接对土体颗粒进行强有力的反复冲击作用，使原本非均质各向异性的不同散状颗粒聚集体的河岸土体达到疲劳，从而导致岸坡土体颗粒被冲击滚落，土体中的黏性物质脱离土体颗粒继而产生裂隙，随着裂隙扩张导致聚集体散架而分崩离析，最终导致崩岸现象的发生；②弯道环流动力作用，当河道弯曲、河岸曲折、河中水流不平顺，水流就会在平面上形成曲转，在横断面上形成环流，在三维空间上形成复杂的曲面环流，甚至形成紊流，这种曲面环流不断地对河岸土体颗粒进行卷吸刷洗，随着岸坡土体下部固体颗粒被带走而导致土体失稳崩塌；③水位的突变使岸坡土体不适应，枯水期水位的突然陡降使原本平衡饱和的岸坡土体稳定的水压力减小，造成原本水下的饱和软性土体或淤泥构成的软土基础难以抵抗上部土体荷载或上部土体产生的侧向土压力所产生的剪切力，从而导致整个岸坡土体崩塌。

本次调查中匹河检查站对岸崩塌最为典型。该崩塌位于福贡县匹河怒族乡民族中学下游1km处的怒江右岸，地理坐标为98°54′2.27″E，26°30′21.49″N。崩塌发生在怒江右岸，崩塌体上方崩落带呈宽约90m、长约50m。崩塌所处斜坡上部陡中部缓，坡度约50°，下部道近直立（图6.20）。崩塌体所处的地层岩性为泥质灰岩，斜坡岩体节理裂隙发育（图6.21），岩体破碎，表层覆盖层松散。受卸荷作用影响，在重力和降水触发下产生崩塌。崩塌物质为碎石土，造成道路路基塌陷，交通中断，对通行车辆及行人安全造成威胁。

图6.20　匹河检查站对岸崩塌　　　　　图6.21　节理裂隙发育

2）高位危岩体崩塌

高位危岩体在各种外部和内部影响因素下以初始速度失稳启动后，崩塌体运动状态模式有坠落、倾倒及滑落，且易受形状与坡面地貌影响，主要有飞行、碰撞弹跳、滚动、滑动等，大多数情况下的运动不是单一的运动状态，而是上述运动状态的复合形式。崩塌体范围也是山区道路、隧道洞口段选址与布置所必须考虑的条件，当路基或隧道洞口必须或已经位于落石的影响范围之内时，则需要根据落石灾害风险评估结果与落石的运动特征参数进行防治决策，合理地设置防护措施，避免对行人与车辆安全造成威胁。

A. 福贡县垭谷崩塌

垭谷崩塌发生于2022年5月18日，崩塌点位于福贡县子里甲乡垭谷村美丽公路拉杂桥下游约1km处，地理坐标为98°54′27.88″E，26°37′33.31″N。崩塌体上方崩落带呈圈椅状，长约190m、宽约60m，崩塌方向约270°。崩塌所处斜坡上部陡中部缓，坡度约50°，下部道路切坡；崩塌发生在美丽公路沿岸，未造成人员伤亡，但崩塌岩土体造成公路路面被堵，沿江护栏被损毁，为清理崩塌物质，该段公路实施交通管制约10天。

崩塌体所处的地层岩性为泥质灰岩，由于断裂构造的影响，斜坡岩体节理裂隙发育，岩体破碎，表层覆盖层松散。岩体受卸荷作用影响，在重力和降水触发下产生崩塌（图6.22）。崩塌物质为碎石土，散落堆积于坡脚道路，造成公路中断，威胁通行车辆安全。

B. 积哇隧道口崩塌

积哇隧道口崩塌位于贡山县捧当乡积哇隧道口处，地理坐标为98°41′5.86″E，27°50′42.09″N。崩塌所处山体斜坡岩层近直立。崩塌体所处的岩性为泥质灰岩，垂直节理发育，岩体破碎，无覆盖层。岩体受卸荷作用影响，在重力和降水触发下产生崩塌（图6.23）。

图 6.22 福贡县垭谷村崩塌

崩塌物质为碎裂岩体，散落堆积于坡脚道路内侧，暂未引起交通中断。但由于崩塌点处于隧道出口位置，明暗交界，视野较差，且仍有不稳岩块，对过往通行车辆产生潜在威胁。

图 6.23 积哇隧道口崩塌

崩塌区岩体较陡，且位于公路隧道出口段位置，现场调查发现，本次崩塌已经造成主动防护网设施损坏失效（图 6.24），需采取应急措施及时清除上方危岩体。可选用高强度柔性防护网覆盖坡面，同时增加棚洞工程防止落石击中过往车辆，在道路崩塌段两边设立警示标志，提醒过往车辆和行人注意崩塌落石和滚石。

2. 崩塌灾害影响因素

在大量的野外调查中发现，流域内崩塌的发生，以各类结构面发育为基础，以自然和

图 6.24　积哇隧道口崩塌主动防护网失效

人为因素造成的陡坡、陡崖地形为条件（图 6.25）。自然因素主要是构造活动（图 6.26）导致的岩体破碎、降水浸润（图 6.27）等，人为因素主要是各类工程建设的切坡等。坡体被开挖后，岩质边坡面节理纵横发育，把坡体切割成较小块体（图 6.28），这些节理破坏了岩体的整体强度，降水极易通过这些节理来渗入并软化岩体，加速坡体破坏，最终形成崩塌灾害。同时节理控制着破坏模式，当危岩体主要受区内的 2~3 组结构面切割时，视斜坡结构不同，沿陡倾结构面一般可发生倾倒破坏或楔形体破坏崩塌，沿缓倾结构面可发生平面滑动破坏崩塌。

图 6.25　人为开挖诱发因素

图 6.26　构造活动诱发因素

　　区内还应特别引起重视的一种特殊崩塌，即由孤石、特别是由岩质孤石形成的崩塌，这种孤石型崩塌在县域陡坡陡崖地带有较多分布，极易受地震、降水等因素激发而滚落，其规模一般不超过数十立方米，但危害性巨大。

图 6.27 地表、地下水诱发因素

图 6.28 密集节理诱发因素

6.3.2 崩塌灾害成灾模式

1. 典型崩塌灾害模式

通过野外调查，在结合区域地质环境条件和崩塌灾害发育特征等基础上，将怒江流域崩塌地质灾害模式分为倾倒崩塌破坏模式、平面崩塌滑移破坏模式和楔形体崩塌破坏模式三种模式。

1）倾倒崩塌破坏模式

这种破坏形式是因为在边坡内部存在一倾角很陡的结构面，将边坡岩体切割成许多相互平行的块体，而临近坡面的陡立块体缓慢地向坡外弯曲倒塌（图 6.29），倾倒崩塌破坏的特点往往是岩块一般不发生水平或垂直位移，而是以某一点或块体的某一棱线为转动轴心，绕其外侧临空面转动，发生转动性倾倒，这种崩塌模式的产生有多种途径：①在重力作用下，长期冲刷掏蚀直立岩体的坡脚，由于偏压，直立岩体产生倾倒蠕变，最后导致倾倒式崩塌；②当附加特殊的水平力（地震力、静水压力、动水压力、冻胀力等）时，岩体可倾倒破坏；③当坡脚由软岩层组成时，雨水软化坡脚产生偏压，引起这类崩塌；④直立岩体在长期重力作用下，产生弯折也能导致这种崩塌。因此，倾倒是以角变位为其主要变形破坏的形式。在一定条件下，倾倒也可能和滑动同时出现。

倾倒崩塌破坏模式又可以更加细致地分为脱离式倾倒和错动式倾倒。

（1）脱离式倾倒。岩块的倾倒力矩在该破坏模式中起到决定性作用。因此发生该破坏模式边坡的稳定性只取决于岩块的重力荷载大小及其空间的几何位置。大多数发生脱离式倾倒破坏的边坡，都是从边坡前排开始并向后逐渐发展扩大，最终形成折线形坡面。

（2）错动式倾倒。发生该破坏的主要原因是，在岩体倾倒时各岩块之间无法分开，此时的岩块就会产生在整个边坡范围内量值基本一致的剪切位移。发生这种错动式破坏的边坡，在其坡脚部位通常都存在一定的阻碍但仍会产生一定的位移。

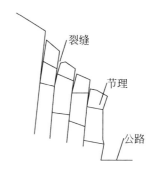

图 6.29　倾倒崩塌破坏模式示意图

2）平面崩塌滑移破坏模式

边坡发生平面崩塌滑移破坏时，坡体上的部分岩体会沿着边坡中的软弱面发生活动。当平面崩塌滑移破坏发生时，岩体的运动轨迹为沿着某一结构面的平移运动（图 6.30）。平面崩塌滑移破坏模式发生的原因是各岩层之间结构面的抗剪强度不足以抵抗重力场作用下产生的剪切应力，最终导致了边坡破坏的发生。此类破坏后沿常见有陡倾后缘裂隙面，崩塌能否产生关键在于开始时的滑移，岩体重心一经滑出陡坡，突然崩塌就会产生。

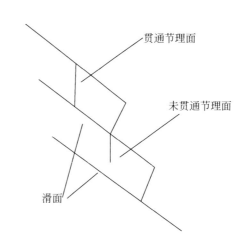

图 6.30　平面崩塌滑移破坏模式示意图

3）楔形体崩塌破坏模式

楔形体崩塌破坏模式是由两组或两组以上的软弱结构面与临空面及坡顶面构成的不稳定楔形岩体，当破坏发生时上述楔形岩体沿软弱结构面的组合交线下滑（图 6.31）。边坡发生破坏后，边坡上会出现"V"字形的槽，因此楔形体破坏又被称为"V"字形破坏。

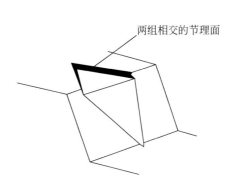

图6.31　楔形体崩塌破坏模式示意图

楔形体崩塌破坏作为最常见的一种边坡破坏模式，通常是一次性发生的。若破坏后的坡体有两个较为平整的节理面露出，并且该两组节理面一直贯通坡顶时，则表明破坏过程已经全部完成；若破坏后边坡并无上述产状和现象发生则说明边坡的破坏过程尚未完成，应做好灾害的预防工作。

通过三种破坏模式的对比分析，可以判断岩质边坡破坏影响范围，划分边坡工程灾害治理范围并确定开裂破坏的位置。

2. 基于结构面统计的崩塌灾害成灾模式分析

在结构面野外统计调查的基础上，采用赤平极射投影分析法进行崩塌灾害的成灾模式分析（图6.32）。

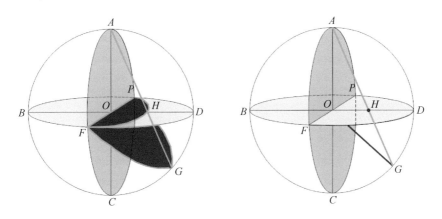

图6.32　线、面的赤平极射投影原理

赤平极射投影分析法可以准确分析节理、断层、坡面等空间状态，建立二维平面模型，在结构面野外统计调查的基础上，从三个典型调研点：咪咕一组村口边坡（图6.33；195条结构面）、贡独公路路口边坡（图6.34；68条结构面）和积哇隧道口边坡（图

6.35；55 条结构面）绘制极点图（图 6.36），并采用赤平投影节理裂隙统计软件 Dips 分析岩质边坡崩塌破坏模式类型及概率，分析结果如下。

图 6.33　咪咕一组村口边坡

图 6.34　贡独公路路口边坡

图 6.35　积哇隧道口边坡

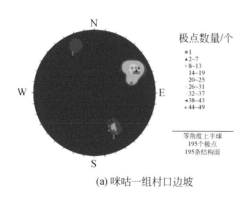

(a) 咪咕一组村口边坡

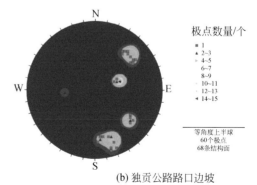

(b) 独贡公路路口边坡

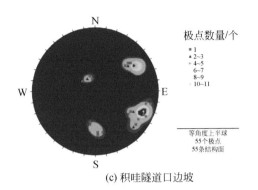

(c) 积哇隧道口边坡

图 6.36　结构面调查极点图

1）倾倒崩塌破坏模式分析

赤平投影分析软件 Dips 中规定：

$$\theta_1 = \theta_2 - \varphi \qquad (6.1)$$

式中，θ_1 为边坡倾倒界限倾角；θ_2 为边坡倾角；φ 为岩石结构面内摩擦角。

$$\phi_1 = \phi_2 + 90° \qquad (6.2)$$

式中，ϕ_1 为倾伏向；ϕ_2 为边坡倾向。

规定发生倾倒破坏的结构面区域为倾角大于倾倒界限，且在倾倒圆锥界限内的交集区域，在此区域内的结构面散点将可能发生倾倒破坏。

A. 咪咕一组村口边坡平移倾倒破坏分析

咪咕一组村口边坡的岩组为板岩，1 号边坡台阶倾向为 155°，倾角为 70°。根据节理裂隙调查成果，绘制节理离散点（图 6.37），由前期边坡勘察试验成果可知，结构面摩擦角取 37°，可得倾倒破坏分析如图 6.37 所示，可以发现有 5.81% 的极点落入倾倒破坏分区。

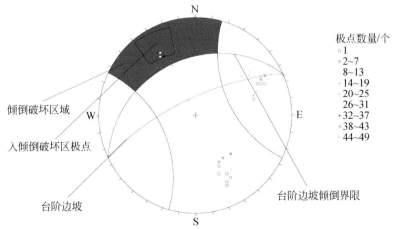

图 6.37　咪咕一组村口 1 号边坡倾倒破坏分析图

咪咕一组村口边坡的岩组为板岩，2号边坡台阶倾向为205°，倾角为70°。根据节理裂隙调查成果，绘制节理离散点（图6.38），由前期边坡勘察试验成果，结构面摩擦角取37°，可得倾倒破坏分析见图6.38所示，可以发现有5.81%的极点落入倾倒破坏分区。

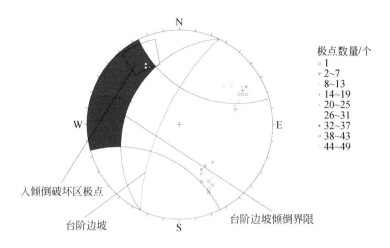

图6.38　咪咕一组村口2号边坡倾倒破坏分析图

B. 贡独公路路口边坡倾倒破坏分析

组成贡独公路路口边坡的岩组为板岩，边坡倾向为40°，倾角为60°，根据节理裂隙调查成果，绘制节理离散点（图6.39）。由前期边坡勘察试验成果，结构面摩擦角取25°，可得倾倒破坏分析见图6.39，可以发现大约有18.51%的极点落入倾倒破坏分区，且倾倒破坏可能发生在倾角45°、倾向75°附近的节理裂隙上。

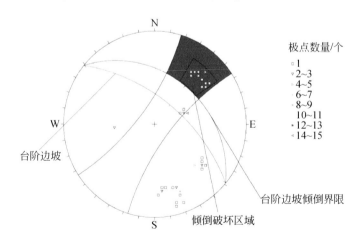

图6.39　贡独公路路口边坡倾倒破坏分析图

C. 积哇隧道口边坡倾倒破坏分析

组成积哇隧道口边坡的岩组为泥质灰岩，边坡倾向为182°，倾角为14°，根据节理裂隙调查成果，绘制节理离散点（图 6.40）。由前期边坡勘察试验成果，结构面摩擦角取 14°，可得倾倒破坏分析见图 6.40，可以发现大约有 16.67% 的极点落入倾倒破坏分区，且倾倒破坏可能发生在倾角 70°、倾向 180°附近的节理组上。

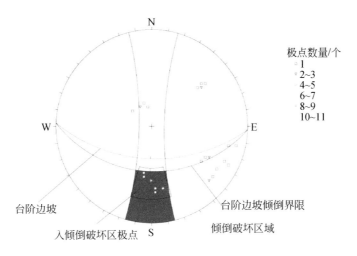

图 6.40　积哇隧道口边坡倾倒破坏分析图

2）平面崩塌滑移破坏模式分析

平面崩塌滑移破坏的基本条件是潜在滑移结构面的倾角小于坡角但大于岩体结构面的内摩擦角。因此，赤平投影分析软件 Dips，采用摩擦角圆锥表示大于或小于摩擦角的界限，边坡开隙包络圈表示潜在滑移结构面的倾角小于坡角，且走向与边坡走向大角度相交的结构面。落在摩擦角圆锥和边坡开隙包络圈交集部分星月状的图形范围内的结构面赤平投影点，即为潜在滑移破坏结构面。

A. 咪咕一组村口边坡平面崩塌滑移破坏分析

咪咕一组村口 1 号边坡平面崩塌滑移破坏分析如图 6.41 所示，可见有 1 组极点落入滑移区，占总统计数量 16.86% 的结构面极点落入平面滑移破坏区，崩塌滑移破坏可能性较大，该优势结构面极点产状为倾向 148°、倾角 67°。

咪咕一组村口 2 号边坡平面崩塌滑移破坏分析如图 6.42 所示，可见有 1 组极点落入滑移区，占总统计数量 16.86% 的结构面极点落入平面滑移破坏分区，崩塌滑移破坏可能性较大，该优势结构面极点产状为倾向 148°、倾角 67°。

B. 贡独公路路口边坡平面崩塌滑移破坏分析

贡独公路路口边坡平面崩塌滑移破坏分析如图 6.43 所示，可见有 1 组极点落入滑移区，占总统计数量 6.98% 的结构面极点落入平面滑移破坏分区，崩塌滑移破坏可能性较小，该优势结构面极点产状为倾向 265°、倾角 48°。

C. 积哇隧道口边坡平面崩塌滑移破坏分析

积哇隧道口边坡平面崩塌滑移破坏分析如图 6.44 所示，可见有 1 组极点落入滑移区，占总统计数量 10.9% 的结构面极点落入平面滑移破坏分区，崩塌滑移破坏可能性较大，该优势结构面极点产状为倾角 25°、倾向 330°。

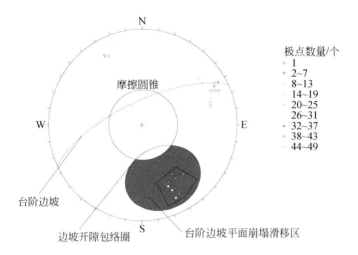

图 6.41　咪咕一组村口 1 号边坡平面崩塌滑移破坏分析图

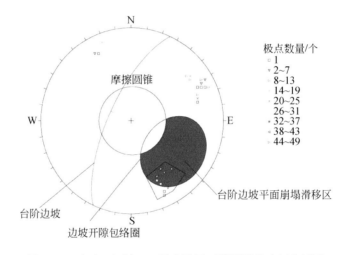

图 6.42　咪咕一组村口 2 号边坡平面崩塌滑移破坏分析图

3）楔形体崩塌破坏模式分析

岩体发育的优势结构面如果能组合构成楔形体，当结构面短小、不连续时，易发生破坏，若结构面延伸有一定的距离和深度，则极易发生沿结构面的楔形体崩塌破坏。

在 Dips 软件中添加优势结构面产状、边坡面产状和平面摩擦锥。平面摩擦锥和边坡面产状线所封闭区域内的优势结构面的交点，即为楔形体滑动点，按照下式：

$$\theta_3 = \theta_4 - \varphi \qquad\qquad (6.3)$$

式中，θ_3 为面摩擦锥的圆锥角度；θ_4 为倾伏角；φ 为岩石结构面摩擦角。

A. 咪咕一组村口边坡楔形体崩塌破坏分析

对咪咕一组村口 1 号边坡和 2 号边坡的调查成果进行统计分析，其中优势结构面产状

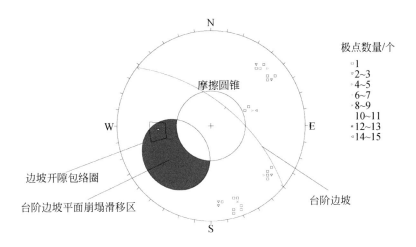

图 6.43　贡独公路路口边坡平面崩塌滑移破坏分析图

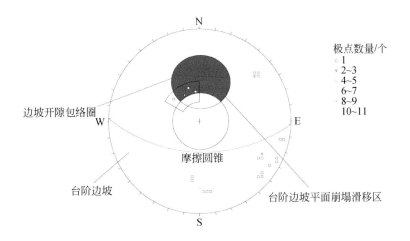

图 6.44　积哇隧道口边坡平面崩塌滑移破坏分析图

结果如表 6.3 所示。

表 6.3　咪咕一组村口边坡优势结构面统计分析成果表

位置	边坡坡面产状/(°)			优势结构面	产状/(°)	
	倾向	走向	倾角		倾向	倾角
1 号边坡	155	65	70	①	79	50
				②	138	75
				③	348	81
2 号边坡	115	25	70	①	79	50
				②	138	75
				③	348	81

图 6.45 为咪咕一组村口 1 号边坡楔形体破坏分析图,由图可以看出有 1 组优势结构面组合(表 6.3 中结构面①、②组合)落入楔形体滑动区,说明岩石块体具有沿①、②结构面的组合面(产状为 150°∠76°)发生楔形体崩塌破坏的可能性。

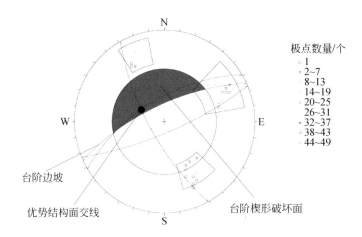

图 6.45　咪咕一组村口 1 号边坡楔形体破坏分析图

图 6.46 为咪咕一组村口 2 号边坡楔形体破坏分析图,由图可以看出有 1 组优势结构面组合(表 6.3 中结构面①、②组合)落入楔形体滑动区,说明岩石块体具有沿①、②结构面的组合面(产状为 150°∠76°)发生楔形体崩塌破坏的可能性。

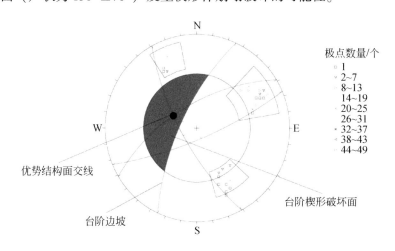

图 6.46　咪咕一组村口 2 号边坡楔形体破坏分析图

B. 贡独公路路口边坡楔形体崩塌破坏分析

对贡独公路路口边坡的调查成果进行统计分析,其中优势结构面产状结果如表 6.4 所示。

表 6.4　贡独公路路口边坡优势结构面统计分析成果表

位置	优势结构面	产状/（°）		台阶边坡坡面产状/（°）		
		倾向	倾角	倾向	走向	倾角
贡独公路路口	①	265	48	210	130	60
	②	134	65			
	③	160	75			
	④	69	43			
	⑤	44	74			

图 6.47 为贡独公路路口边坡楔形体破坏分析图，由图可以看出有 2 组优势结构面组合（表 6.4 中结构面①、②组合和①、③组合）落入楔形体滑动区，说明岩石块体具有沿①、②结构面的组合面（产状为 30°∠42°）和①、③结构面的组合面（产状为 55°∠63°）发生楔形体崩塌破坏的可能性。

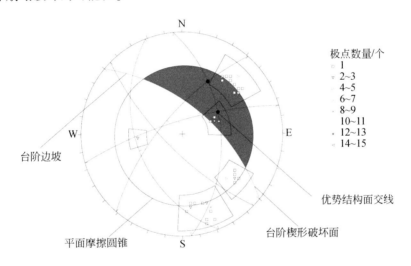

图 6.47　贡独公路路口边坡楔形体破坏分析图

C. 积哇隧道口边坡楔形体滑动破坏分析

对积哇隧道口边坡的调查成果进行统计分析，其中优势结构面产状结果如表 6.5 所示。

图 6.48 为积哇隧道口边坡楔形体破坏分析图，由图可以看出有 2 组优势结构面组合（表 6.5 中结构面①、②组合和①、③组合）落入楔形体滑动区，说明岩石块体具有沿①、②结构面的组合面（产状为 150°∠32°）和①、③结构面的组合面（产状为 205°∠73°）发生楔形体崩塌破坏的可能性。

表 6.5　积哇隧道口边坡优势结构面统计分析成果表

位置	优势结构面	产状/(°)		台阶边坡坡面产状/(°)		
		倾向	倾角	倾向	走向	倾角
积哇隧道 口边坡	①	330	25	12	92	53
	②	60	85			
	③	113	88			
	④	179	69			

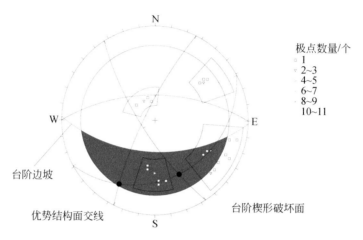

图 6.48　积哇隧道口边坡楔形体破坏分析图

6.3.3　崩塌灾害数值模拟分析

1. 地质概化模型

选择 Swedge 软件进行崩塌灾害的数值模拟分析,该软件可以进行结构面与坡面形成的有效组合块体的崩塌数值模拟稳定性分析。其参数输入包括:几何类(节理面、坡面及拉裂面产状)、力学类(坡体重度、结构面强度)、外力类(降水、地震、地下水及支护力)。Swedge 软件具有以下特点:程序所能分析的对象是块体的滑动破坏(平动)特征;可以定义任意组节理面信息(与 Dips 间有接口),程序求解这些节理所能形成的有效块体的稳定性(安全)系数,并从中确定最小值;程序可考虑的模拟对象:节理面间水压力、外荷载-地震力-均布支护压力、主动或者被动锚杆支护结构、喷混凝土或者均布压力支护;程序能够给出稳定性系数、楔形体重量及任何统计输入参数的柱状和累积曲线;任意两变量(如块体尺寸、节理强度和安全系关系)之间的相互关系曲线程序提供灵活的交互界面,可直观查看楔形体三维运动视图。

Swedge 软件中规定稳定性系数为楔形体抵抗失稳的安全程度指标,楔形体稳定性系数(F)等于保持楔形体稳定的抵抗力矩(M)$_稳$ 与造成楔形体失稳的滑动力矩(M)$_滑$ 之

比，即

$$F = \frac{W\cos\alpha * \tan\varphi + Ac}{W\sin\alpha} \tag{6.4}$$

式中，W 为危岩体缓倾结构面以上岩体的重力；α 为缓倾结构面倾角，$\alpha = 15°$；φ 为内摩擦角，$\varphi = 14°$；F 为危岩体沿结构面的稳定性系数；A 为危岩体缓倾结构面面积；c 为黏聚力。

该稳定性系数等于 1，楔形体处于稳定的临界状态。

本书选择三个典型调研点：咪咕一组村口边坡、贡独公路路口边坡和积哇隧道口边坡，在基于赤平投影节理裂隙统计软件 Dips，分析三个边坡楔形体崩塌滑动破坏概率的基础上，选取典型优势结构面组合形成的楔形体进行暴雨及地震工况下的稳定性数值模拟分析。

2. 边坡楔形体破坏模式数值模拟分析

1）咪咕一组村口边坡楔形体破坏数值模拟分析

图 6.49 为咪咕一组村口边坡楔形体破坏现场图，其典型优势结构面组合形成的楔形体为优势结构面 1（产状为 75°∠60°）和优势结构面 2（产状为 67°∠148°）所交切组合形成的楔形体滑移结构面，产状为 28°∠120°，该楔形体在暴雨及地震工况下的稳定性数值模拟计算结果如下。

图 6.49　咪咕一组村口边坡楔形体破坏现场图

A. 暴雨工况下数值模拟计算结果

图 6.50 为暴雨工况下咪咕一组村口边坡典型楔形体破坏数值模拟计算结果，可以看出，暴雨时在优势结构面控制下，楔形体稳定性系数为 0.6576，将发生楔形体破坏，威胁下方公路及过往车辆和行人的安全。

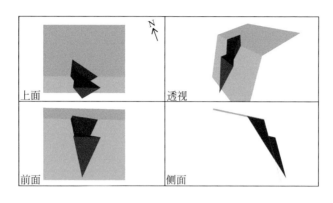

分析类型：确定性
稳定性系数=0.657624
楔形体高度(斜坡)=33m
楔形体宽度(上表面)=14.3251m
楔形体体积=1686.37m³
楔形体积重量=4384.57t
楔形体面积(结构面1)=481.352m²
楔形体面积(结构面2)=232.441m²
楔形体面积(斜坡)=396.193m²
楔形体面积(上表面)=164.644m²
法向力(结构面1)=2146.15t
法向力(结构面2)=1542.65t
驱动力=3673.83t
阻力=2416t

图 6.50　暴雨工况下咪咕一组村口边坡典型楔形体破坏数值模拟计算结果

B. 地震工况下数值模拟

图 6.51 为地震工况下咪咕一组村口边坡典型楔形体破坏数值模拟计算结果，可以看出，地震发生后在优势结构面控制下，楔形体稳定性系数为 0.5867，将发生楔形体破坏，威胁下方公路以及过往车辆和行人的安全。

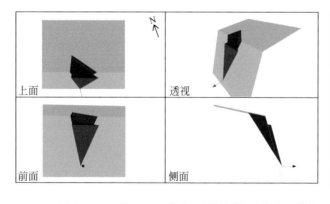

分析类型：确定性
稳定性系数=0.5867
楔形体高度(斜坡)=33m
楔形体宽度(上表面)=14.3251m
楔形体体积=1686.37m³
楔形体积重量=4384.57t
楔形体面积(结构面1)=481.352m²
楔形体面积(结构面2)=232 .441m²
楔形体面积(斜坡)=396.193m²
楔形体面积(上表面)=164.644m²
法向力(结构面1)=1157.78t
法向力(结构面2)=832.207t
驱动力=4391.79t
阻力=2576.5t

图 6.51　地震工况下咪咕一组村口边坡典型楔形体破坏数值模拟计算结果

2）贡独公路路口边坡楔形体破坏数值模拟分析

图 6.52 为贡独公路路口边坡楔形体破坏现场图，其典型优势结构面组合形成的楔形体为优势结构面 1（产状为 48°∠265°）和优势结构面 2（产状为 65°∠134°）所交切组合形成的楔形体滑移结构面，产状为 33°∠158°，该楔形体在暴雨及地震工况下的稳定性数值模拟计算结果如下。

图 6.52 贡独公路路口边坡楔形体破坏现场图

A. 暴雨工况下数值模拟计算结果

图 6.53 为暴雨工况下贡独公路路口边坡典型楔形体破坏数值模拟计算结果，可以看出，暴雨时在优势结构面控制下，楔形体稳定性系数为 0.6078，将发生楔形体破坏，威胁下方公路以及过往车辆和行人的安全。

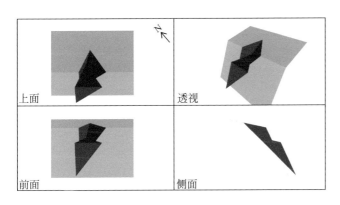

分析类型：确定性
稳定性系数=0.6078
楔形体高度(斜坡)=33m
楔形体宽度(上表面)=23.0339m
楔形体体积=3121.2m³
楔形体积重量=8115.11t
楔形体面积(结构面1)=637.333m²
楔形体面积(结构面2)=400.36m²
楔形体面积(斜坡)=509.009m²
楔形体面积(上表面)=322m²
法向力(结构面1)=5457.41t
法向力(结构面2)=2169.12t
驱动力=5627.17t
阻力=3420.15t

图 6.53 暴雨工况下贡独公路路口边坡典型楔形体破坏数值模拟计算结果

B. 地震工况下数值模拟计算结果

图 6.54 为地震工况下贡独公路路口边坡典型楔形体破坏数值模拟计算结果，可以看出，地震发生后在优势结构面控制下，楔形体稳定性系数为 0.6352，将发生破坏，威胁下方公路以及过往车辆和行人的安全。

3）积哇隧道口边坡楔形体破坏数值模拟分析

图 6.55 为积哇隧道口边坡楔形体破坏现场图，其典型优势结构面组合形成的楔形体为优势结构面 1 （产状为 25°∠330°） 和优势结构面 2 （产状为 85°∠60°） 所交切组合形

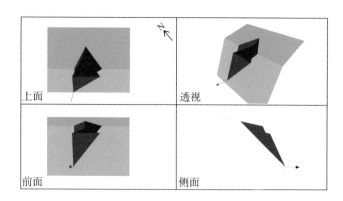

分析类型：确定性
稳定性系数=0.6352
楔形体高度(斜坡)=33m
楔形体宽度(上表面)=23.0339m
楔形体体积=3121.2m³
楔形体积重量=8115.11t
楔形体面积(结构面1)=637.333m²
楔形体面积(结构面2)=400.36m²
楔形体面积(斜坡)=509.009m²
楔形体面积(上表面)=322m²
法向力(结构面1)=4407t
法向力(结构面2)=1751.62t
驱动力=6796.61t
阻力=4316.94t

图6.54　地震工况下贡独公路路口边坡典型楔形体破坏数值模拟计算结果

成的楔形体滑移结构面，产状为58°∠200°，该楔形体在暴雨及地震工况下的稳定性数值模拟计算结果如下。

图6.55　积哇隧道口边坡楔形体破坏现场图

A. 暴雨工况下数值模拟计算结果

图6.56为暴雨工况下积哇隧道口边坡典型楔形体破坏数值模拟计算结果，可以看出，暴雨时在优势结构面控制下，楔形体稳定性系数为0.8429，将发生破坏，威胁下方公路以及过往车辆和行人的安全。

B. 地震工况下数值模拟计算结果

图6.57为地震工况下积哇隧道口边坡典型楔形体破坏数值模拟计算结果，可以看出，地震发生后在优势结构面控制下，楔形体稳定性系数为0.6400，将发生破坏，威胁下方公路以及过往车辆和行人的安全。

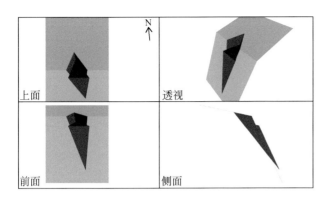

分析类型：确定性
稳定性系数=0.8429
楔形体高度(斜坡)=33m
楔形体宽度(上表面)=13.8339m
楔形体体积=1064.89m³
楔形体积重量=2768.71t
楔形体面积(结构面1)=268.188m²
楔形体面积(结构面2)=279.422m²
楔形体面积(斜坡)=289.157m²
楔形体面积(上表面)=109.86m²
法向力(结构面1)=1503.3t
法向力(结构面2)=1108.3t
驱动力=2129.59t
阻力=1795t

图 6.56　暴雨工况下积哇隧道口边坡典型楔形体破坏数值模拟计算结果

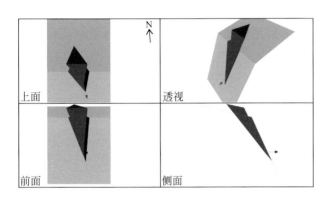

分析类型：确定性
稳定性系数=0.6400
楔形体高度(斜坡)=33.m
楔形体宽度(上表面)=13.8339m
楔形体体积=1064.89m³
楔形体积重量=2768.71t
楔形体面积(结构面1)=268.188m²
楔形体面积(结构面2)=279.422m²
楔形体面积(斜坡)=289.157m²
楔形体面积(上表面)=109.86m²
法向力(结构面1)=960.492t
法向力(结构面2)=708.114t
驱动力=2660.39t
阻力=1702.54t

图 6.57　地震工况下积哇隧道口边坡典型楔形体破坏数值模拟计算结果

6.3.4　流域型崩塌灾害形成机理分析

边坡上的潜在崩塌体不是原来就有的，它是在长期地质构造、斜坡重力、风化等作用下，在地貌不断地演变过程中形成的，其在水或地震力的作用下，沿层理面或裂隙面发生崩塌。通过野外调研和资料收集分析，怒江流域崩塌灾害的发生过程可分为如下三个阶段。

1. 形成阶段

内因作用：边坡岩体中的软弱结构面的组合是潜在危岩体形成的基础，边坡岩体在漫长的地质时期中，经受了历次地质构造作用、重力作用、风化作用和地貌演变作用，岩体中都或多或少的存在着各种结构面，如构造结构面、沉积结构面和风化结构面等。在重力、风化营力、震动力等不断作用下，可能不断发展，结构面张开，则潜在危岩体就会逐渐形成。

外力作用：主要包括阳光、气温、雨水等，在这些营力的作用下，岩体中的结构面将不断张开，由闭合向微张—张开—宽张发展，在雨水、冰劈、气温等长期作用下易贯通，在重力和风化等营力作用下，潜在危岩体才形成。

地貌作用：当原来山坡遭到河流冲刷或由于人工开挖，使原来的地貌发生变化时，则原来平衡的地应力状态遭到破坏，通常会引起地应力释放，导致与河岸或与开挖边坡平行的卸荷裂隙的产生，这种卸荷裂隙继续发展和倾向河流的或倾向线路的结构面贯通，就会形成潜在崩塌体。

总的来说，潜在崩塌体形成阶段是较长的。判别潜在崩塌体是否存在的条件是，看它的边界条件是否清楚，切割它的结构面是否贯通，以及各结构面的张开程度等。

2. 蠕动位移阶段

潜在崩塌体形成后，并不意味着马上就要发生急剧的崩塌现象，一般需要经过较长的蠕动位移阶段。例如，当结构面中充水、有树木生长则可能使岩体产生向下缓慢的位移，在多次缓慢的位移中，裂隙加大，在雨水或地下水的长期作用下，潜在崩塌体就会向下滑动，继而产生突然的崩塌。这种蠕动位移除具有上述的长期性之外，还具有断续性和累进性。在各种因素作用下间断发生，其位移量是累进增加的。例如，坡顶上的大致与线路平行的拉张裂缝不断变宽、加长；坡面上相应部位不断外鼓或下错；有时有岩石掉落，有时能听到岩体位移的响声。

3. 突然崩落阶段

当潜在危岩体的重心移出边坡之后，突然而急剧的崩塌就会产生，突然崩落的全过程短的仅几秒钟。在破坏过程中，岩体翻倒、跳跃、滚动、坠落、互相撞击最后堆于坡脚。大型危岩体由于崩塌速度大，则会激起巨大的冲击气浪。突然崩落阶段速度快，能量大，破坏力惊人，常伴有强烈的震动和巨大的响声，激起巨大的泥土灰尘，往往会破坏公路或引起堵江现象发生。

根据 6.3.2 节中对怒江流域典型崩塌灾害的成灾模式分析，怒江流域倾倒崩塌破坏、平面崩塌滑移破坏和楔形体崩塌破坏三种模式的形成过程见表 6.6～表 6.8。

表 6.6　倾倒崩塌破坏模式形成过程示意表

形成阶段	位移阶段	突然崩落阶段

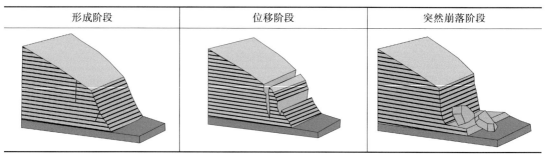

表 6.7　平面崩塌滑移破坏模式形成过程示意表

形成阶段	位移阶段	突然崩落阶段

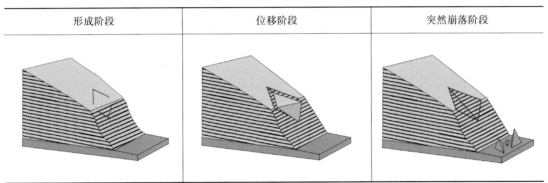

表 6.8　楔形体崩塌破坏模式形成过程示意表

形成阶段	位移阶段	突然崩落阶段

综上，本节通过对怒江流域典型崩塌灾害开展了野外调研、单体结构面调查分析统计解剖、室内数值模拟计算分析等工作，并结合区域地质环境条件、崩塌灾害发育强度及规律等，在分析典型崩塌灾害特征和影响因素的基础上总结了怒江流域崩塌地质灾害形成的机理如下。

怒江流域崩塌地质灾害形成机理破坏过程可以概括为形成阶段 [图 6.58（a）、（b）] →蠕动位移阶段 [图 6.58（c）] →突然崩落阶段 [图 6.58（d）]：受构造运动及风化作用影响，研究区内斜坡岩体露头的节理裂隙不断发育，它将成层的岩石切割成大小不等的块体，使岩体完整性遭到破坏；加之，坡体开挖修路等人类工程活动使得坡体产生高陡的临空面 [图 6.58（b）]，其水平向的应力减小，坡体顶部产生了拉张裂隙 [图 6.58（c）]；在修路或建房切坡等人类工程活动，以及构造、降水、风化等自然因素的联合作用下，坡体顶部及内部的裂隙不断产生并扩展演化，形成危岩体；当坡体裂隙发育、扩展到一定程度时，上部破碎岩块体的原有应力平衡被打破，在重力作用下失稳坠落最终形成崩塌灾害 [图 6.58（d）]。

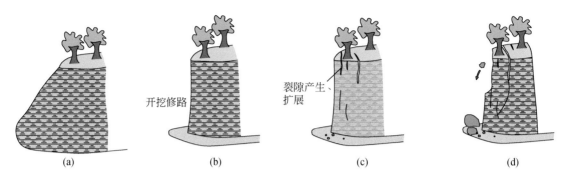

图 6.58　怒江流域崩塌地质灾害形成机理破坏过程示意图

6.4　流域型泥石流灾害成因机理研究

怒江州共发育泥石流灾害 362 处，根据水源条件分类主要有暴雨型泥石流、溃决型泥石流及冰雪融水型泥石流三大类。

（1）暴雨型泥石流是指在强降水作用下暴发泥石流灾害，其中又以强降水引发的崩滑型泥石流分布最为广泛，即由强降水触发流域范围内的崩塌、滑坡等灾害，并进一步形成泥石流。此类型泥石流流域内坡度为 25°～45°，因松散堆积物内摩擦角与山坡坡度相当，易保留较厚的风化壳，利于崩塌、滑坡的形成，为泥石流的形成提供松散物质，亦为泥石流启动提供充足势能。在强降水的作用下，岩土体含水量显著提高，并达到饱和，雨水渗透进入裂隙节理面、滑动面，内摩擦角减小，随着岩土体的重力增加，崩塌堆积物、滑坡体分别沿着坡面、滑动面向下滑动，进入主沟道内，在沟道径流与强降水的相互作用下，岩土体液化并迅速转化为泥石流。研究区内泥石流沟沟道横剖面呈 "V" 形，且 25°～45°的山地占各流域面积比的平均值达 68.8%，其特殊的地形地貌易于崩塌、滑坡等不良地质现象的发育，在该区的强降水影响下，易触发崩塌、滑坡灾害，崩滑体进入主沟道内，在强水动力作用下，形成泥石流灾害。此类型的泥石流在怒江高山峡谷区内分布最为广泛，如东月谷泥石流等均为崩滑触发型泥石流，属 100 年一遇，规模大、破坏力强，极为罕见。

（2）溃决型泥石流是指在降水作用的影响下，流域内一处或多处发生崩塌、滑坡等灾害，崩塌滑坡物进入沟道内，且携带有大量的巨石、漂木，使得沟道内有一处或多处被堵塞；或者泥石流体在沿着主沟道流动过程中，遇到狭窄且弯曲度较大处，造成沟道堵塞，沟内水流被堵塞，水位不断上升并形成堰塞湖。当堰塞湖溃决后，溃决的洪水与崩塌滑坡物及沟道内的原有堆积物相互作用形成泥石流，对下游造成的威胁和破坏进一步扩大。与崩滑型泥石流相比，溃决是造成重大灾害损失的主要原因。研究区岩体节理裂隙发育，岩体破碎，重力地质作用突出，崩塌灾害常有发生，巨石滚落于沟道之中，极易造成沟道的堵塞。该类型的泥石流一旦发生，灾害效应呈指数放大，极易形成大型或特大型泥石流灾害，危害巨大、防治难度大。在研究区重大泥石流灾害的调查中发现：东月谷泥石流主沟道内，分布有大量的巨石，直径大于 5m，易造成主沟道的堵塞，该泥石流灾害发生后的沟口处，亦堆积有大量的巨石。

（3）冰雪融水型泥石流是指泥石流的形成主要由流域内高海拔源区的现代冰川的季节性融水所触发，该类泥石流暴发不主要由降水引发。因气温浮动较大，有明显持续性的升高，导致流域上游的冰川融水显著增加，使得沟道内的径流量增大，加之该区极为陡峻的地形，雪线下部的冰碛物极易在冰雪融水坡面流的带动下进入沟道内，在冰川融水的作用下，冰碛物的孔隙水压力迅速升高，使得土体的抗剪强度降低并液化形成泥石流。该类型的泥石流水动力条件主要来源于泥石流源区的冰雪融水。此类型泥石流多分布于怒江高山峡谷区福贡及以上区域，泥石流源区海拔极高，处于 3500～4500m 的范围内，有一定的季节性冰川分布，此类型的泥石流在流域内的支沟最为发育。

此外，根据物源情况也可将泥石流分为坡面型泥石流、沟谷型泥石流以及两者复合型泥石流。在实际的泥石流启动、形成过程中，不仅仅由单一类型触发，而是多类型泥石流相互作用的结果。

本节以东月谷泥石流为例，对流域型泥石流基本特征、成灾模式、运动过程进行分析。

6.4.1　泥石流发育特征及成灾模式

1. 东月谷泥石流基本特征

东月谷泥石流流域总面积为 46.7km²，流域上中下游以不规则"V"形峡谷地貌为主，下游沟道相对宽度较大，一般为 30～100m，坡度较为平缓，中上游沟谷宽度逐渐变窄，宽度一般为 5～30m，坡度较陡，具有明显的陡涨陡落的山谷特征（图 6.59）。东月谷泥石流沟位于怒江左岸，系其一级支流，从北东向南西径流沟谷两岸以陡坡地貌为主，河谷两岸地形险峻，坡度为 30°～70°，局部地段近乎直立，主沟长度约 14.7km，呈狭长形，平均沟床宽度约为 40m，平均河床比降为 150‰，与怒江汇合处标高约 1380m（图 6.60）。东月谷沟流域范围内较为发育的支沟共有 11 条，主要集中于沟谷中上游，8 条支沟位于左岸，其中最为发育的有 4 条，沟道狭长曲折，陡缓相间；右岸仅有 3 条，且沟谷形态发育，沟道狭长，坡度较陡，宽窄交替变化，影响着泥石流的运移路径（图 6.61）。在东月谷流域范围（46.7km²）的汇水面积中，除上游海拔 3800～4500m 的 8km² 范围终年积雪外，其余大部分区域植被发育从山麓到山顶分布着草甸、草丛、灌木、乔木（大型乔木）等植被类型。

东月谷泥石流沟形成区地层表层风化较强烈，岩体较破碎，岩土层结构松散，沟道中泥石流松散物源量丰富。在沟谷上游，由于侵蚀、剥蚀作用强烈，边坡坡度为 40°～65°，局部坡体较陡立，坡体表面覆盖层较薄，沟道两岸有几处滑坡发育。

1）泥石流形成区特征

东月谷泥石流形成区主要由主沟及两条支沟组成，主沟的最高点海拔为 4530m，沟口与怒江呈近乎直角汇合，汇合点处海拔为 1390m。主沟直线距离长达 14.7km，曲线距离

图 6.59 东月谷泥石流沟口现场调查及无人机照片

图 6.60 东月谷泥石流地貌及分区特征

为 16.5km，平均纵比降为 213.6‰，较大比降为泥石流活动提供了强大的动能优势。两支沟的沟谷形态亦呈典型的"V"字形，陡坎与两岸冲沟较为发育，此外，沟道两岸斜坡上植被极为发育，低矮灌木及大型乔木居多，但受到恶劣气候（暴雨）影响，植被受到了较大程度的破坏，坡面浅表层侵蚀也较为严重。总体来看，形成区面积广大，沟床坡度陡，为泥石流的暴发提供了物源条件和动力条件（图 6.62、图 6.63）。

根据实地调查及结合影像资料，上游活动性支沟内的崩塌、滑坡堆积体和主沟道沟床堆积物为东月谷泥石流提供了物源基础。受控于陡峭的地形以及侵蚀强度的变化，支沟内松散碎屑堆积物有从下游到上游厚度逐渐减小、变薄的趋势。根据下游松散土体的厚度来推算，两条支沟可提供的潜在松散碎屑物方量分别为 30 万 m³ 和 136 万 m³，总方量为 166 万 m³。2 条支沟冰川前缘丰富的松散碎屑物暗示，冰前区有利于泥石流启动，如此多的松

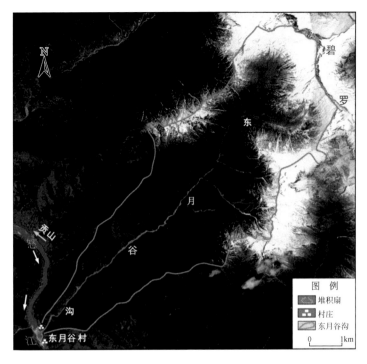

图 6.61 东月谷泥石流地理位置及流域范围

图 6.62 泥石流形成区地貌特征

图 6.63 泥石流形成区地表松散风化层

散物质在充足的水源激发下极易沿着陡峭的冲沟壁失稳滑动，为泥石流的启动提供前提物源基础。

2）泥石流流通区特征

东月谷沟谷流通区为主沟沟口到支沟与主沟交汇处区域，其海拔为 1410～2546m，其沟道顺直，纵长约 6.52km，相对高差为 1136m，纵坡降为 133‰。区域两岸坡度大，变化范围大，为 40°～70°，有的地段近乎直立。沟道两岸堆积物以第四系残坡积碎石堆积物为主，厚度为 1 ~ 3m。因受水流侵蚀作用剧烈，沟谷切割强烈，该区段下切深度为 2 ~ 3m，局部沟谷可达 5m。目前沟道两岸松散堆积物主要以下层原沟道两岸堆积物及上层泥石流堆积物为主，厚度一般为 1 ~ 3m，主要为片岩、千枚岩和花岗岩碎石。东月谷沟泥石流流通区运移距离长，泥石流运移到沟道较宽、坡降较小地段时，流速会适当变慢，在沟道两侧出现游积现象，特别是在沟道弯转较大的地段，会出现弯道超高现象，泥石流堆积量也会加大（图 6.64）。

图 6.64　泥石流流通区地貌特征

3）泥石流堆积区特征

该区域为东月谷泥石流堆积区（图 6.65），海拔为 1390 ~ 1404m，相对高差为 14m，纵坡降仅为 13‰，堆积扇最宽约 471m，长度约 302m，面积约 80000m²，堆积扇形状并不是常见的扇形，而是瓢形，且覆盖面较广。泥石流堆积物大小混杂，具有较高的胶结能力，大至等效直径约 9m 的巨石，小至微米级为单位的胶粒，大小粒径差距可达八个数量级，浆体黏稠度较低，无分选性。据东月谷村民描述，堆积扇刚形成时堆积体呈浅黑色，人只能在其上爬行；水分蒸发之后呈浅黄、灰白色，如混凝土一般，透水性很差。地形较为平缓开阔，有利于泥石流堆积（图 6.66）。

图 6.65　泥石流堆积区沟口 1

图 6.66　泥石流堆积区沟口 2

4）物源特征

A. 滑坡堆积物

滑坡堆积物是东月谷泥石流主要的物源之一，在形成区沟道左岸发育有滑坡，受人工开挖、降水及风化作用影响，滑坡体岩体破碎，岩性为泥板岩，遇水软化严重（图 6.67、图 6.68）。

图 6.67　坡体浅层崩滑　　　　　　　　　图 6.68　坡体破碎泥板岩

B. 崩塌堆积物

山体受到构造和降水的影响，形成了多处不稳定危岩体，在后期外界条件的改变下失稳形成崩塌堆积物（图 6.69、图 6.70），崩塌堆积物主要分布在东月谷流通区右岸，岩性以灰岩为主。崩塌堆积物岩块的运移距离的不同，其破碎程度也存在差异，在靠近斜坡的下方为大尺寸岩块堆积，最大粒径可达 20cm，向坡体下方，其粒径逐渐变小，松散堆积

图 6.69　崩塌碎石堆积　　　　　　　　　图 6.70　崩塌堆积体

体稳定的堆积于斜坡的凹槽部位。虽然暂时处于稳定状态，但由于整体松散，斜坡坡度较陡，易再次失稳形成碎屑流。

C. 坡积物

坡积物主要分布在沟道内的斜坡地带上，为黏性土、砂土，夹碎石层，杂乱无明显结构，碎块石粒径较小（图 6.71、图 6.72）。土体较为松散，局部可见小型滑塌灾害。由于其主要分布在沟道内，洪水对斜坡坡脚的冲刷和侵蚀作用会造成斜坡失稳而形成新的泥石流物源补给。

图 6.71　沟道坡积物 1　　　　　　　图 6.72　沟道坡积物 2

D. 残坡积物

残坡积物分布在流域内的斜坡地带，稍密，灰黄色。由于该地区原始植被覆盖率较高、地下水位较浅、降水量较为充沛，因此，在缓坡地带会形成较厚的残坡积物。岩性以黏性土、砂土夹碎石层为主，工程地质性能较差，易失稳下滑形成浅表层滑坡灾害。

据现场调查，东月谷泥石流松散固体物储量约为 1360.6 万 m^3（表 6.9）。

表 6.9　东月谷泥石流松散固体物储量计算表

松散固体物	滑坡	崩塌	坡积物	残坡积物	合计
面积/万 m^2	19.5	21.4	159	630	829.9
体积/万 m^3	58.5	85.6	397.5	819	1360.6

5）水源特征

A. 地表水及地下水

调查区水文地质条件较为复杂。根据水的赋存介质，将其划分为松散堆积层孔隙水和基岩裂隙水。松散堆积层孔隙水主要接受大气降水补给，由于地表松散堆积层孔隙比较大、渗透性较好，易向下补给基岩和顺斜坡向沟道内侧向补给，在调查中发现沟道中已形成汇流，流速为 1.7m/s（图 6.73）。

基岩裂隙水受构造、结构面的控制，调查发现该类型水埋藏较浅，在部分沟谷处的基

图 6.73　沟道中地表水流

岩陡坎处以面状流或者泉的形式出露。地下水会给岩体造成较大的不良渗透力，增加斜坡失稳的概率。

B. 降水

东月谷属常年性河流，年内流量变幅甚大，年平均降水量为 938.1mm，降水日数在 100~160 天；除冬春季节有少量冰雪融水补给外，主要靠大气降水补给，虽然年降水量不大，但雨量较集中，连续降水时间最长达 40 天，多发暴雨，短历时强降水易激发泥石流。

由于东月谷流通区沟谷纵坡比较大，灾害一般在降水季节发生，岩土体含水量较高，沟谷中汇聚了大量的流速较快的浊流，在水流的动力冲刷和浮托作用下，沟道内的松散碎屑流的流动动能进一步放大，并对沿途沟底和沟岸的松散堆积物进行铲刮（图 6.74、图 6.75），这些松散体逐渐参与并成为泥石流的物源补给，泥石流一般沿沟道运动到开阔平坦部位堆积。

图 6.74　沟道侧蚀松散堆积体　　　　　　　图 6.75　沿途刮铲松散堆积体

2. 东月谷泥石流成灾模式

通过现场调查与分析可知，怒江流域沟谷两侧前期的崩塌、滑坡和坡积物往往在坡体中部停留、堆积，由于斜坡中部的坡度仍旧较陡，加之土岩不良地质界面的控制，在降水等不利作用下会发生松散堆积层–基岩接触面滑坡，为泥石流提供了大量的物源。在集中强降水条件下，沟道出现揭底冲刷，支沟内大量物源随水流汇集进入主沟，并顺沟而下冲击下游形成泥石流灾害。经过调查与分析发现怒江流域主要成灾模式有：重力侵蚀补给型、坡面侵蚀冲蚀补给型、沟床侵蚀补给型。

（1）重力侵蚀补给型：重力侵蚀补给型物源主要为滑坡、崩塌等。分为高位滑坡补给型、高位崩塌补给型、低位普通滑坡补给型和低位普通崩塌补给型。该类泥石流主要发育在沟道松散物源丰富，沟道两侧滑坡、崩塌发育的区域。前期降水使得谷坡土体力学强度降低，当出现短时强降水时，土体含水量进一步加大，呈饱和–过饱和状态，土体摩擦角、黏聚力急剧减小，同时土体自重压力增大，失去平衡，沿薄弱面发生崩滑。崩滑物进入沟道后，在重力及雨水作用下加速运动，冲击沿途残坡积物，并将其带动向下滑行，形成冲击力巨大的泥石流。

（2）坡面侵蚀冲蚀补给型：坡面侵蚀冲蚀补给型为表层风化残坡积堆积物补给型。该类泥石流物源主要为残、坡积强风化–全风化的板岩等松散堆积物。泥石流沟道两侧斜坡体多存在大量的残坡积风化层，结构较为松散，降水导致坡体表部松散堆积体饱水侵蚀坍滑，以坡面泥石流方式补给，在降水过程中松散堆积物随雨水冲刷汇集沟底，诱发泥石流。野外调查结果显示，怒江流域泥石流造成的揭底现象明显，在上游地区，径流逐渐汇集，但尚未达到足够的能量以起动沟床物质，这些物质仍然大量留存于沟道中，随着沿途支沟及谷坡径流的不断汇集，能量增大，径流逐渐起动沟道堆积物，开始形成泥石流，揭底现象也逐渐明显。中上游沟段的沟道堆积物几乎全部起动，底部基岩面完全暴露出来。

（3）沟床侵蚀补给型：沟床侵蚀补给型主要为沟床物源堆积物补给型，该类泥石流主要发育在流域面积较大的沟内，经过长时期风化堆积，沟道内物源丰富；泥石流汇水区面积大，且主沟道平均纵坡降达300‰以上，为水动力提供了强大的势能条件。在强降水条件下，雨水沿着主沟道向流通区冲刷，将沟道物质冲蚀铲出，形成泥石流；该类泥石流主要为沟床物源堆积物揭底冲刷，多发生在地形坡度大、高差大地段，是山区的一种特殊洪流，其特点是暴发突然、来势凶猛、历史时间短、破坏力强。

6.4.2 泥石流动力过程数值模拟分析

为了研究东月谷泥石流的运动形成机理，基于野外地质调查和室内岩土体试验，采用CFD 流体软件 Flow-3D，以 RNG K-ε 湍流模型对泥石流在东月谷三维沟道中的运动过程进行模拟，获得泥石流运动形态、流速分布和泥深变化等，泥石流灾害三维数值模拟分析的流程如图 6.76 所示。

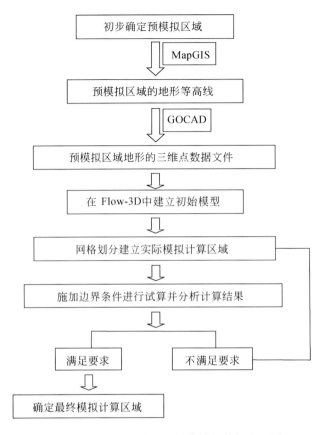

图 6.76　泥石流灾害三维数值模拟分析流程图

1. 地质概化模型与参数选取

本书采用高效流体模拟软件 Flow-3D，从中可以选择多种物理模型，其应用于多个领域，可模拟出液体的流动问题。Flow-3D 在遵循物质守恒、动量守恒及能量守恒的基础上，以有限体积法对计算领域进行求解，该软件的优点在于在没有添加额外网格生成或后处理的情况下，使用者可以在完全整合的图像式界面上完成结果输出。

地质模型采用 DEM 数据及 Rhinoceros 软件建立三维 STL 模型。数值模拟模型尺寸按10∶1 建立几何模型，图 6.77 为东月谷泥石流沟三维地质模型。

经过 Flow-3D 软件的 FAVOR 和 VOF 数值方法计算得到的三维模型如图 6.78 所示，图中 X 轴的正向为正东方向，Y 轴的正向为正北方向，Z 轴的正向为竖直向上。

在实际情况下，泥石流在流动过程中密度因流量的改变而发生变化，同时泥石流的性质也会发生变化。不同性质的泥石流需要采用合适的数学模型，如宾汉（Bingham）模型、膨胀体模型、牛顿流体模型等，研究中选用宾汉模型公式：

$$\tau = \tau_B + \eta \frac{\mathrm{d}u}{\mathrm{d}y} \tag{6.5}$$

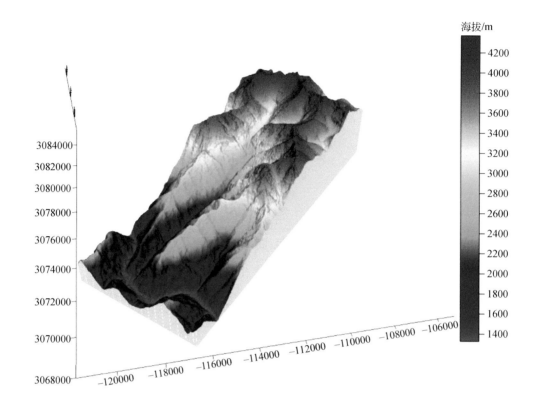

图 6.77 东月谷泥石流沟三维地质模型

式中，τ 为剪应力；τ_{B} 为极限剪应力；η 为刚度系数；$\dfrac{\mathrm{d}u}{\mathrm{d}y}$ 为流速梯度。

泥石流屈服应力与容重关系式，见式（6.6）。根据实验得出容重（ρ_c）大于 $13\mathrm{kN/m^3}$ 时，刚度系数与屈服应力的关系见式（6.7）。

$$\tau_y = 0.0181\exp(0.004634\rho_c) \qquad (6.6)$$
$$\eta = 0.0048\tau_y \qquad (6.7)$$

根据以上公式可知，随着泥石流容重的增加泥石流的黏滞系数也在增加。不同容重泥石流流体参数计算见表 6.10。

表 6.10 宾汉模型泥石流数值模拟参数

容重/（kN/m³）	屈服应力/Pa	黏滞系数/（Pa·s）
21	304.770	1.463
18	75.900	0.364
15	18.900	0.091
12	4.706	0.023

边界条件及网格划分：计算区域两侧、底部和下部均为固壁边界（wall），上部为大

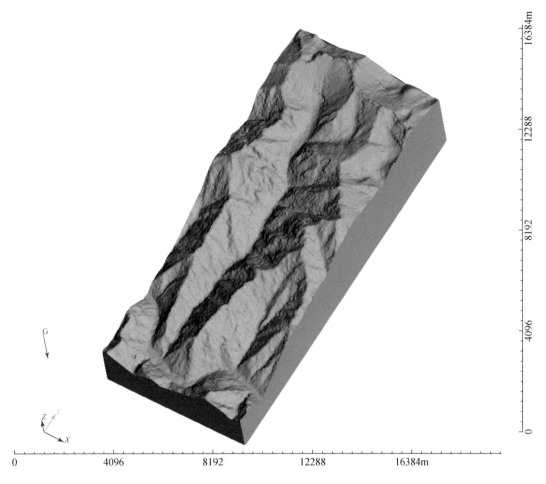

图 6.78　基于 FAVOR 和 VOF 数值方法计算得到的三维模型

气压，设置为压力边界（pressure），见图 6.79。该计算软件采用规则正方体网格，网格划分如图 6.80 所示，共 44 万个网格。

初始条件：设置初始流体，使其在初速度为 0 的情况下沿着沟道运动。初始流体域根据沟道形状建立初始流体模型 $v = 0\text{m/s}$。

2. 泥石流运动过程分析

本次典型泥石流数值模拟工况设为 10 年一遇暴雨工况下泥石流暴发时的运动状态。根据本次泥石流沟现场调查，泥石流物源主要为沟道内堆积的松散堆积体，本工况泥石流容重取 15kN/m^3，通过数值模拟得出不同时刻泥石流的运动形态，如图 6.81 所示。

（1）泥石流平均泥深沿着沟道变化情况，如图 6.82 所示。

由图 6.82 可知，泥石流沿沟道运动过程中，龙头部分和尾部泥深较小，中部泥深较大，最大泥深在 1.63m 左右。

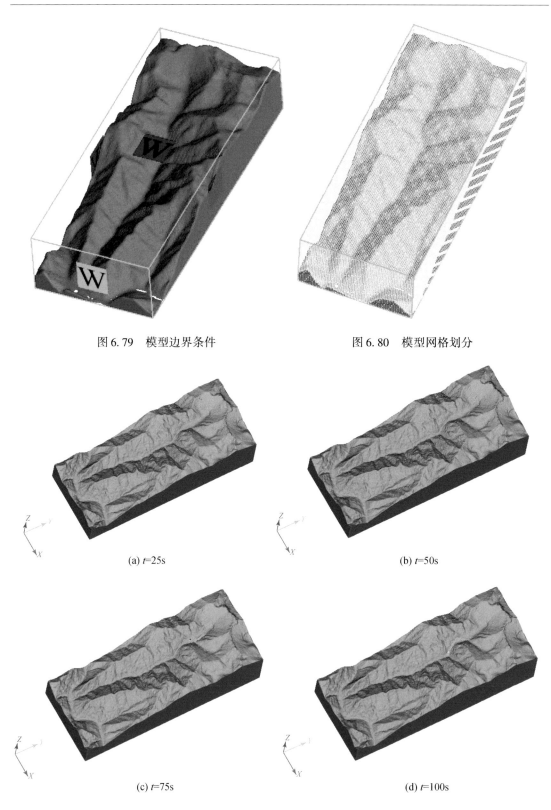

图 6.79　模型边界条件　　　　　　　图 6.80　模型网格划分

(a) t=25s

(b) t=50s

(c) t=75s

(d) t=100s

图 6.81　泥石流运动形态

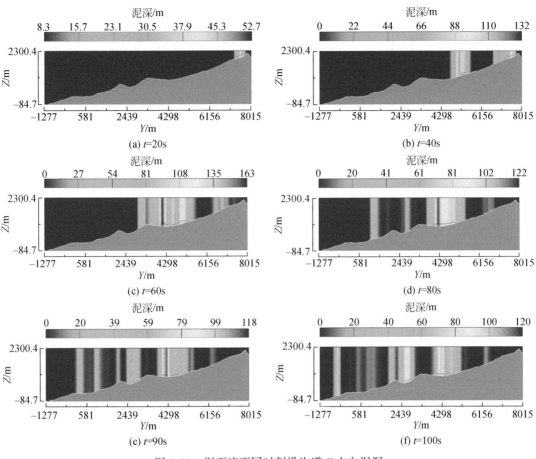

图 6.82　泥石流不同时刻沿沟道 X 方向泥深

（2）泥石流平均流速沿着沟道变化情况，如图 6.83 所示。

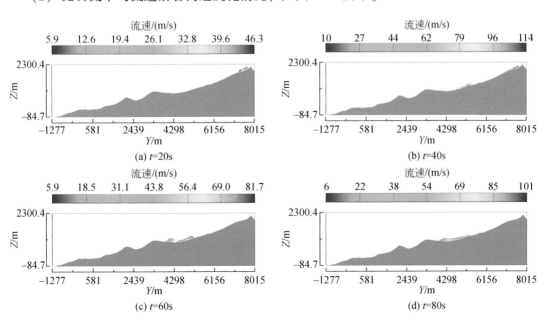

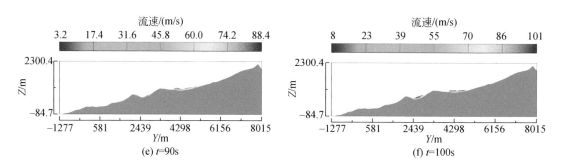

图 6.83　泥石流不同时刻沿沟道 X 方向流速

　　从图 6.83 中可以看出，泥石流沿沟道运动方向，泥石流流速最大值位于流体中部，不同时刻下流速最大值范围为 4.6~10m/s。

　　从泥石流运动形态表面流速云图及深度平均流速变化曲线可以看出，泥石流沿沟道运动方向，泥石流流速随流动距离逐渐增大，到达堆积区以后逐渐减小后停淤。

　　利用 Flow-3D 模型对东月谷沟泥石流进行动力学模拟，结果显示 10 年一遇暴雨情况下东月谷泥石流流速最大达到 10m/s，其将在极端暴雨情况下可能危害到下游居民的生命财产安全。

6.4.3　流域型泥石流灾害形成机理

1. 地形地貌分析

　　怒江流域东以碧罗雪山为分水岭与澜沧江流域相邻，西和西南以高黎贡山为分水岭与伊洛瓦底江水系为邻，地势北高南低，由北向南倾斜，呈南北狭长形。区内属于怒江峡谷段，整体属于横断山区，怒江峡谷深切，平均谷深大于 2500m，两岸群山南北逶迤、绵亘起伏、雪峰环抱、雄奇壮观，发育许多冰蚀湖泊。山脉海拔多在 4000m 以上，其中仅怒江州境内，海拔 4000m 以上高峰就有 20 余座，两岸山脉夹江对峙，山坡陡峻，多在 35°~45°，最陡可达 60°~70°。地貌类型可分为侵蚀构造深切高山区、侵蚀构造中山峡谷区。因此，怒江流域内地势险峻、坡度大、高低悬殊、沟床比降极大，为泥石流的发生、发展提供了充足的地形条件，使得泥石流灾害发生时，速度快、势能大、破坏力度强。

2. 降水因素

　　在降水方面，北部山地区在地形阻挡下，降水量呈现随海拔的增加而增大的趋势，且高黎贡山迎风坡大于背风坡、高黎贡山背风坡大于碧罗雪山迎风坡，西部大于东部、北部大于南部。受季风影响，形成干湿分明、雨水丰富、分配不均、异常年突出的特点。六库以下为河谷区，地势较低，主要受西南海洋季风控制和东南季风影响，气候炎热无寒冬，多雨。怒江中下游属于典型的季风气候，温暖湿润多雨，主要受西南季风控制，同时又受东南季风影响，暖湿气流不断输入本流域，水汽充沛、降水集中。怒江流域雨量空间分布不均匀，据怒江州气象局 2006~2021 年的统计资料，泸水市年平均降水量为622.4~1253.9mm。雨对泥石流的激发主要分为两种情况：一种是一次历时短的大范围的强暴雨过程；另一种是前期持续的降水积累过程和泥石流事件发生当天有雨。例如，东月谷泥石流暴发前期，8 月 7~8 日、8 月 10 日、8 月 13~14 日均有降水，其中以 14 日降水量最大，为 10.70mm。几日累积降水量达 28.37mm。而在泥石流发生（8 月 18 日）前三天均没降水，这也与东月谷当地老乡反映的事发前降水情况［18 日前几天，普拉底乡乃至贡山县城（海拔 1460m 左右）均未下雨］相符。但以上情况反映的只是低海拔怒江河谷区（东月谷沟下游）的降水情况，由于怒江流域典型的高山峡谷地貌，气候随海拔变化会出现明显的垂直差异。同样对于像东月谷这样的小流域范围，气候也会因为空间上的垂直变化而呈现显著差异，即海拔越高，雨量越大，甚至出现上游有雨，而下游无雨的情况。实地的调研采访验证了这一推测，据东月谷当地上山采药的村民回忆，在 18 日前几天，乃至 8 月 17 日傍晚天快黑的时候，沟内都是雾蒙蒙的，像下雨了一样。因此，结合降水情况和实地的调研资料，根据灾后的泥石流规模可反推出，该流域内出现了较强的降水过程，并触发了此次泥石流灾害的暴发。

3. 松散物源分析

基于怒江流域泥石流灾害前的遥感影像解译分析：该流域范围内植被覆盖度高，地表较为破碎，出现有较为明显的地表裸露，呈斑块状，特别是在此流域公路沿线地表植被破坏，出现了大面积的地表裸露，与人类工程活动有关。因该流域范围内以软弱岩组为主，易受降水作用的侵蚀，为泥石流灾害发生提供松散物源，加之该地区内出现有较大面积的地表裸露，极易遭受降水及地表径流的侵蚀搬运。综上分析可知，该流域内地表被破坏，裸露面积较大，在降水和地表径流的作用下，被侵蚀搬运进入沟道内，在地势陡峻、沟床比降极大的沟道内快速流动，对下游的破坏和冲击维度大。野外实地调查发现可知：流域内泥石流主沟道中普遍堆积大量大小不一的石块，且主沟两侧结构松散、固结程度差，遇流水冲刷后极易受到侵蚀。

因此，怒江流域泥石流灾害是在多因素条件下耦合形成的，其水动力条件主要在降水偏少的区域背景下，受前期的小至中雨的持续性降水影响，由局地短历时强降水激发泥石流灾害的发生。在重力驱动力上，怒江流域泥石流沟具有大高差、远距离、大坡降、狭窄谷的地形条件，泥石流势能充足、流速快，对沟床的侵蚀力强。使得沟道内及两侧的原有堆积物混入泥石流体中，泥石流规模不断加大，仅为造成严重的灾害。而本区域内泥石流灾害的物源启动主要有坡面物源侵蚀及崩塌堆积体侵蚀两种形式，结合怒江流域典型泥石流灾害特征调查、成灾模式剖析和数值模拟计算分析成果，怒江流域典型泥石流灾害形成机理为：①坡面物源侵蚀，在前期降水作用下，沟道内松散物质结构及强度被弱化；在后期短时强降水作用下，沟道来不及排水，径流水深不断增加，对沟道堆积物产生冲刷拖拽侵蚀力，堆积体表层松散物质随含沙水流一层一层搬移，最后出现"坡面侵蚀"现象（图6.84），形成泥石流，泥石流流经中下游沟道内的老泥石流堆积体时，冲切这些物质进一步补给泥石流；②崩滑堆积体启动，前期降水使得谷坡土体力学强度降低，当出现短时强降水时，土体含水量进一步加大，呈饱和-过饱和状态，土体内摩擦角、黏聚力急剧减小，同时土体自重压力增大，失去平衡，沿薄弱面发生崩滑，崩滑物进入沟道后，在重力及雨水作用下加速运动，冲击沿途残坡积物，并将其带动向下滑行，最终形成冲击力巨大的泥石流。

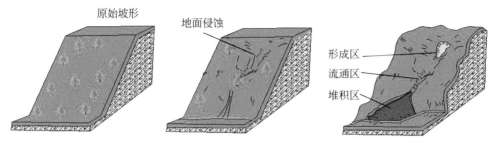

图 6.84　泥石流形成机理

6.5　小　　结

本章通过对怒江流域典型堆积层滑坡庄房滑坡、东月谷泥石流及多个大型崩塌灾害开展野外调研、单体灾害发育特征解剖、数值模拟计算分析等工作，得到了如下三点结论。

（1）怒江流域型堆积层滑坡地质灾害形成过程一般经历蠕动变形—加速变形—滑动破坏三个阶段，破坏模式主要包括蠕滑–推移式破坏和牵引–拉裂式破坏。

（2）怒江流域型崩塌地质灾害模式可分为倾倒崩塌破坏、平面崩塌滑移和楔形体崩塌破坏三种模式。崩塌地质灾害的形成机理分为三个阶段：①形成阶段，岩体受构造、风化、河流侵蚀等作用会形成软弱结构面，而具有软弱结构面的岩体在外力长期作用下将逐渐形成潜在危岩体；②蠕滑位移阶段，潜在崩塌体在形成后，并不会发生急剧的崩塌现象，一般会经过较长的蠕动位移，具有长期性、断续性和累进性；③突然崩落阶段，当潜在危岩体的重心移出边坡之后，则会发生急剧的崩落现象。

（3）怒江流域泥石流主要分为重力侵蚀补给型、坡面侵蚀冲蚀补给型和沟床侵蚀补给型三种类型。典型泥石流灾害形成机理为：①坡面物源侵蚀，在前期降水作用下，沟道内松散物质结构及强度被弱化；在后期短时强降水作用下，沟道来不及排水，径流水深不断增加，对沟道堆积物产生冲刷拖拽侵蚀力，堆积体表层松散物质随含沙水流一层一层搬移，最后出现"坡面侵蚀"现象，形成泥石流，泥石流流经中下游沟道内的老泥石流堆积体时，冲切这些物质进一步补给泥石流；②崩滑堆积体启动，前期降水使得谷坡土体力学强度降低，当出现短时强降水时，土体含水量进一步加大，呈饱和–过饱和状态，土体内摩擦角、黏聚力急剧减小，同时土体自重压力增大，失去平衡，沿薄弱面发生崩滑，崩滑物进入沟道后，在重力及雨水作用下加速运动，冲击沿途残坡积物，并将其带动向下滑行，最终形成冲击力巨大的泥石流。

第7章 高位滑坡–泥石流灾害链成灾机理研究

7.1 概　　述

滑坡型泥石流是指在很短的时间内，由滑坡体的位能快速转化为动能的一次性滑动–流动堆积，整个块体连续运动过程中有两个阶段，即滑坡先滑动，而后转化泥石流流动（李树德和曾思伟，1988）。滑坡型泥石流具有以下两个特点：①滑坡型泥石流的转化过程中，滑坡体的位能是滑坡型泥石流转化过程中主要动力来源，所以滑坡型泥石流属于土力类泥石流；②滑坡失稳以后转化成为泥石流是一个连续的过程，中间没有间断或者间断时间非常短（Iverson et al.，2001；冯自立等，2005）。在我国，滑坡型泥石流造成严重生命财产损失的事故时有发生，如1974年四川南江县的白梅垭滑坡型泥石流，坡体在连日的降水下失稳，继而转化成为泥石流，泥石流堆积体约900万 m³，造成159人死亡、8人受伤，损坏房屋和农田无数（李天池等，1984）；1999年四川普格县因暴雨引发的标水岩滑坡型泥石流，造成2人死亡（谢洪等，2000）；2004年6月四川省宜宾市两龙乡滑坡型泥石流，造成13人死亡、7人受伤（樊晓一等，2005）；2013年7月四川省都江堰市中兴镇五里坡滑坡泥石流，泥石流堆积体淤满河道，抬高河床，滑坡泥石流物质沿沟道向两侧冲积、淤埋，直接淤埋面积约0.3km²，导致三溪村五里坡11户居民房屋被毁，52名村民与农家乐游客遇难，109人失踪，造成了重大的人员伤亡与财产损失（王佳运等，2014）。

近年来，在青藏高原边缘强震区常发生一种特大的高位滑坡地质灾害，它从高陡斜坡上部位置剪出并形成凌空加速坠落，具有撞击粉碎效应和动力侵蚀效应，导致滑体解体碎化，从而转化为高速远程碎屑流滑动或泥石流流动，并铲刮下部岩土体，使体积明显增加（殷跃平等，2016，2017）。高位滑坡（又称崩塌性滑坡），是剪出口高于坡脚的滑坡。它沿滑动方向一旦滑离滑坡发生区后，运动形式出现很大的改变：首先，滑体经分级解体滑过剪出口处就依次向前倾倒，并伴随有剪切、碰撞；继而，滑动块体在滑动过程中进一步碎屑化形成碎屑流动或碎屑滑动；若条件适当，则转化成泥石流（陈自生，1992）。从早期识别来看，高位滑坡高差大，剪出口位置高，具有超视距隐蔽性，用常规调查排查方法难以提前发现；从动力学来看，高位滑坡具有高速运动、远程成灾的特点，滑坡发生后巨大冲击作用会带来动力侵蚀效应和堆载效应，从而转化为高速远程的碎屑流或泥石流；从成灾模式来看，高位滑坡具有复杂链式灾害特点，灾害发生后多形成碎屑流、堰塞坝、涌浪等链生灾害（许强等，2009，2010，2018b；殷跃平等，2010，2016；刘文等，2021）。

云南省是我国遭受滑坡、泥石流灾害最严重的省份之一，近20年来，滑坡、泥石流几乎平均每年造成约200人死亡，2亿元以上的财产损失。2002年8月12日，盐津县大暴雨诱发的滑坡、泥石流灾害造成26人死亡、3人失踪；2002年8月14日，新平县暴雨滑坡、泥石流造成 40 人死亡、23 人失踪、33 人受伤。云南高山峡谷区存在较多高位滑坡–泥石流灾害链，具有如下共同特点：一是滑坡都地处高位且植被覆盖严重，具有高度的隐蔽性；二是灾害发生地都遭受过强震的影响，山体震裂松动明显，受过"内伤"，相关区域山体震裂松动迹象明显，裂缝发育；三是高位山谷地形、斜坡结构易滑、暴雨常发等因素为泥石流灾害的形成提供了势能条件与物质来源。高位滑坡的上述特点致使仅靠以专业人员地面调查为主的传统地质灾害排查方式较难提前发现灾害隐患并加以主动防范，这也是目前国际防灾减灾领域所面临的一个难题。我国应该充分总结这些高位滑坡–泥石流灾害的经验教训，并注意开展此类灾害链的防灾减灾和研究工作。

　　本章以云南省怒江州贡山县吉速底高位滑坡–泥石流为例，研究高位滑坡–泥石流灾害链的成灾机理，为类似地质灾害防治提供理论依据和实例参考。

7.2　高位滑坡–泥石流灾害链发育特征及成灾模式

7.2.1　高位滑坡–泥石流灾害链发育特征

　　以贡山县吉速底高位滑坡–泥石流灾害链为研究对象，对其发育特征进行分析。吉速底高位滑坡–泥石流灾害链，沟口堆积区位于贡山县城北西约 340° 方向，水平距离 1960m 处，地理坐标为 98°39′33.78″E、27°45′52.89″N，流域隶属茨开镇吉速底村委会辖区。该灾害链发源于普拉河峡谷左岸，威胁河谷下游怒江，沟口危险区为吉速底村民住宅区和农耕区，同时也是贡独公路的经由地（图 7.1），是以暴雨为主要诱发因素，碎屑堆积物为主要物源的典型"高位滑坡–泥石流灾害链"。

图 7.1　吉速底高位滑坡–泥石流灾害链沟口及物源区航拍影像图

1. 孕灾地质环境

吉速底高位滑坡–泥石流灾害链的泥石流发源于普拉河峡谷右岸，所处区域地貌格局属构造–侵蚀形成的极大起伏高山。沟口海拔为1480m，河流源头区最高海拔为2000m，最大相对高差达520m；沟谷横断面呈"V"形，主沟两岸坡高一般小于50m，谷坡形态复杂，坡度一般大于30°。

区内雨期长，大雨、暴雨较为频繁，降水量充沛，年均降水量达1723.8mm，日最大降水量为116.4mm，时最大降水量为29.9mm。吉速底沟属境内季节性溪沟，枯水期水源均来自基岩裂隙水的排泄，流量较稳定且一般小于2L/s；雨季水源受降水汇集的地面水影响，流量变幅较大且一般大于5L/s。

吉速底沟域内，地表松散堆积物覆盖较广，谷坡区以第四系残坡积层（Q_4^{el+dl}）为主，厚度一般大于1.5m；谷底区以冲洪积物（Q_4^{al+pl}）为主，厚度一般大于1.5m，部分地段发育崩滑堆积物（$Q_4^{col+del}$），厚度一般大于3.0m；此外，谷坡、谷底区部分地带尚有大量切坡筑路弃渣。基岩在流域东部（下游）为石炭系第二段C^b，岩性以钙质片岩为主，局部夹大理岩等；流域上游为燕山期中粗粒黑云二长花岗岩（$\eta\gamma_5^2$），岩性以钙质片岩为主，局部夹大理岩等；各类岩体普遍发育三组以上结构面，部分地段叠加极发育的风化卸荷裂隙，完整程度差。沿沟两岸滑坡频繁发生，多为松散堆积物滑坡，为泥石流的发生提供了很好的物源条件，并在沟口中上游出现有挡土墙破裂现象，以上现象主要受降水及河流侵蚀影响（图7.2、图7.3）；谷底松散堆积物及谷坡筑路弃渣易被流水再次搬运，谷坡陡崖区基岩则易发生规模较小的崩滑。

图 7.2　挡土墙局部破裂　　　　　　　　　图 7.3　吉速底沟右侧局部滑坡

吉速底沟流域内，沟口灾害链扩散堆积区为吉速底村民居住区和农耕区，为高位滑坡–泥石流灾害链的主要危害区；在中下游的谷坡、谷肩区亦有零星垦殖活动及村民居住，植被总体良好但分布不均，总体覆盖率大于65%，为阔叶林、针叶林。

综上情况，吉速底沟流域的地质环境条件复杂，具有容易发生高位滑坡–泥石流灾害链的地形、物源及水动力条件，目前总体处于以沟蚀作用为主导，面蚀和重力侵蚀作用局部发育的地质发展阶段。

2. 灾害发育特征

吉速底沟属普拉河右岸一级冲沟。流域形态呈狭长带状，纵长约 0.9km，横宽一般 50 ~ 100m，面积约 0.20km²；主沟长约 800m，纵坡坡为 650‰，总体流向为北东约 60°；主沟两岸谷坡无明显支沟。

吉速底高位滑坡–泥石流灾害链的泥石流分为三区：①堆积区，为沟口至主河道（普拉河）约 115m 范围的沟口区域，扇形地经多次堆积而成，形态完整，扇长约 100m，扇宽约 80m，扩散角约 70°，厚度一般大于 3.5m，物质成分以块石混合土为主，其发展趋势为淤高；扇体无明显挤压主河道现象；扇形地主体部分为当地居民住户区和农耕区，同时是贡独公路由经地；②流通区，位于河道下游，长约 100m，约占主沟长的 12%，谷道狭窄弯曲，河流作用强烈；③形成区，位于河道中游和上游，谷道亦狭窄弯曲，沟蚀（底蚀、侧蚀）及局部面蚀作用较强，局部滑坡较发育；谷底、谷坡发育第四系松散堆积物，局部为大量切坡筑路弃渣。

吉速底高位滑坡–泥石流灾害链中的泥石流类型，按流域形态划分，属沟谷型泥石流；按水动力来源划分，属暴雨型泥石流；按物质组成划分，属泥石流；按固体物源提供方式划分，属滑坡–沟床侵蚀型泥石流；按发育阶段划分，属发展期（旺盛期）泥石流；按暴发频率划分，一般 50 年以上才发生一次，属低频泥石流；按最大一次冲出方量划分，属小型泥石流。

3. 灾害形成条件

（1）活动成灾史：从扇形地特征判定，吉速底高位滑坡–泥石流灾害链在地质历史上曾经发生过多次滑坡、泥石流，规模中小型为主。

（2）固体物质来源：流域内沟蚀作用较强，局部高位滑坡较发育；同时，因属低频泥石流沟，有利于沟道中松散固体物质的长期孕育积累。因此，固体物源主要来自上游的高位滑坡和沟底暂时性堆积物。

（3）地形地貌条件：流域谷坡陡，主沟纵坡大，有利于强降水形成的地面水快速汇集，并形成强大的侵蚀、搬运能力。

（4）水动力条件：区内雨期长，降水量充沛，大雨、暴雨较为频繁。吉速底沟属季节性沟溪，旱季水源均来自基岩裂隙水的排泄，水量极小或无水流；雨季水源受降水汇集的地面水影响，水量及变幅较大。因此，大雨、暴雨性天气所汇集的水流是高位滑坡–泥石流灾害链形成的主要水动力来源；此外，因沟岸高位滑坡堆积物堵塞所造成的短时性堰塞湖的溃决，也是链式灾害形成的重要水动力来源，其形成的灾害往往具有突发性、规模大、危害严重等特点。

综上所述，沟底及上游高位的松散堆积物、冲沟地形、暴雨是吉速底高位滑坡–泥石流灾害链发育形成的主要条件。

7.2.2　高位滑坡–泥石流灾害链成灾模式

　　怒江流域沟谷上游斜坡表层岩土体劣化作用显著（强度降低、松散破碎），易发生高位浅层滑坡。高位滑坡运动体携带坡面上的堆积物补给沟道，为泥石流的形成提供了有利的固体物源条件。泥石流在向下游运动时会侵蚀铲刮沟床及两侧的堆积物，从而导致泥石流运动方量的增大，且运动形态不断发生改变，大量泥石流物质汇入河道后极易造成堵江，并对沿岸村庄和城镇造成威胁（图7.4）。

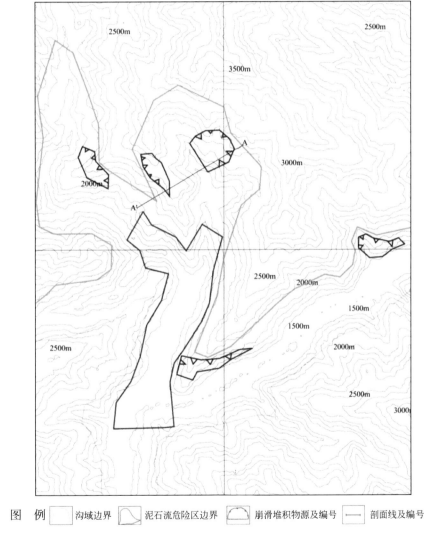

图例　☐ 沟域边界　◠ 泥石流危险区边界　⌓ 崩滑堆积物源及编号　— 剖面线及编号

图 7.4　吉速底高位复合链式灾害点工程地质平面图

　　高位滑坡–泥石流是一个从高位滑坡孕育→泥石流启动运移演进→冲击堆积区、堵江的复杂链式过程，也是一个级联放大的链式灾害过程，涉及滑坡起动、运动形态转变、沿程侵蚀放大、多期堵江叠加等复杂动力演化机制。其成灾模式可总结为：分布在高陡山区的堆积层土体受到降水、地震等因素诱发滑坡，在重力作用下，迅速碎裂解体并与水流掺混形成泥石流，进而铲刮侵蚀沿程碎屑物质，冲击下游堆积区甚至入江堵塞河道的链式灾害过程。

7.3　高位滑坡–泥石流灾害链物理模拟试验

为了深入研究怒江流域高位滑坡–泥石流灾害链的成灾机理，需进一步开展物理模型试验研究。

7.3.1　模型试验装置及试验原理

模型试验由直斜式小型模拟试验装置、降水系统和传感器数据采集系统组成。

1. 直斜式小型模拟试验装置

面对实际的自然条件，采用轻便、灵活、易操作、考虑综合因素的小型模拟试验装置，根据模拟原型的沟道特点，设计了直斜式小型模拟试验装置（图7.5）。该装置由长300cm、宽45cm、高50cm的矩形有机玻璃试验槽、手动式变坡升降架和承接板组成。试验土体可根据试验设计方案在试验槽内进行不同坡度的堆放。

图7.5　物理模拟实验的模型箱

2. 降水系统

现中国对于坡面物源起动的实验研究多采用室内物理模拟试验的方式进行。室内物理模拟试验相对于原位实验或室外物理模拟实验的实验条件具有更加可控、采集参数更加精细的优点。由于本书的主要研究内容为怒江流域典型高位复合链式灾害在不同降水条件下的失稳机制及破坏模式研究，故降水集成系统成为本实验装置中最重要的组成部分。现行人工降水设备和装置多由发电机、水泵、喷水管、降水喷头、降水支架和管线组成。水管上的喷头由于泵机输送的压力不同，可产生不同的降水强度、雨滴密度和冲击能量。这些指标基本满足试验与实际工程的误差要求。

本实验的降水系统设计主要由四部分构成，分别为：①水箱；②雨量系统控制箱；③作为动力系统的压力泵；④降水喷头及支撑它们的钢骨架（图7.6）。

图 7.6　降水集成系统图片

降水集成系统的工作原理及流程如下：首先水箱储水，打开降水系统控制箱的总开关，待显示实时雨强的屏幕亮起，控制箱中的雨强软件打开正常工作就可继续开启控制动力泵的开关，这时动力泵开始启动，接下来选择大、中、小三种不同雨型其中的一种，动力泵开始将水箱中的水上抽至喷头中进行降水。降水强度通过雨量筒实时采集并将雨强数据传输到控制箱案板上，可通过调节泵的压力值来对一种雨型范围内的雨强进行进一步的调节，雨强可调节的范围值为 20 ~ 150mm/h。

3. 传感器数据采集系统

试验中传感器的数据采集是试验过程中的关键步骤。本试验共采用三种传感器，即孔隙水压力传感器、含水率传感器和土压力传感器，分别测量土体启动形成滑坡或泥石流过程中孔隙水压力、含水率及土压力的变化特征。

1）孔隙水压力传感器

孔隙水压力传感器为采购自西安微正电子科技有限公司生产的 CYY2 孔隙水压力传感器，需要 24V 稳压电源供电。孔隙水压力传感器的量程为 -20 ~ 20kPa，输出电压范围为 0 ~ 5V。孔隙水压力传感器通过北京中泰科技有限公司生产的 USB7660s 采集卡进行电压信号采集，采集频率最高可达 1Hz，即 1s 可以采集一个数据。

2）含水率传感器

含水率传感器为采购自北京时阳电子科技有限公司的 EC-5 含水率传感器，该传感器可以通过 EM50 数据采集器读取对应的体积含水率值，1s 可以采集一个数据，除以相应的干密度即可得到质量含水率。

3）土压力传感器

土压力传感器由塞恩诺测控有限公司研发，型号 SCYG315，采用 30mm 直径标准的外形结构，分体传感器出线达到 1m，另一端与数据采集箱连接，变送器结构为铸铝长方盒，变送器直出线为 2m。

4）数据采集箱

数据采集箱是由德国进口，孔隙水压力传感器、土压力传感器和含水率传感器的采集端都连接在采集仪的对应端口上。数据采集箱共有 24 个端口可供连接，每个端口五个可连接导线的小孔分别可连接一对电源线和一对信号线。通过端口的连接，孔隙水压力和土体含水率等参数就可成功的转化为电信号，并采集到电脑中（图 7.7）。

图 7.7　数据采集箱图片

7.3.2　模型试验设计

本节以吉速底高位滑坡–泥石流灾害链为原型开展物理模型试验研究，通过开展人工降水物理模型试验，研究不同降水强度条件下高位复合型链式灾害形成演化过程，得到高位复合型链式灾害形成过程中土体含水率、孔隙水压力、土压力随降水强度的变化规律，量化滑坡–泥石流灾害链形成时土体含水率、孔隙水压力及土压力等水文参数的变化范围，进而揭示典型高位滑坡–泥石流灾害链的形成机理。

1. 模型相似比例的确定

本试验以吉速底高位复合链式灾害为研究对象，要保证土力学相似需满足以下四个相似条件：几何相似、物理相似、初始条件与边界条件相似，以及降水条件相似。

1）几何相似

几何相似（空间相似）指吉速底沟坡面物源体原型和实验设计模型的几何形状相似，即原型和模型及其运动过程中所有相应的线性长度的比值均相等。本试验主要研究内容为降水量这一可控变量的变化对斜坡松散物源体起动临界条件的影响。为了便于分析研究，在试验中将堆积层的厚度控制为不变量，均为 40cm 厚，因此对于不同厚度的坡面松散物源有着不同的几何相似比例。在之后的试验数据分析并进行坡面物源起动破坏方量计算时，可用不同的几何相似比例反算模型体在实际情况中的破坏堆积方量。该计算严格遵守几何相似比例法则：

长度比例尺为

$$\lambda_l = \frac{l_n}{l_m} \tag{7.1}$$

式中，λ_l 为长度比例尺；l_n 为原型坡体长度；l_m 为模型坡体长度。

面积比例尺为

$$\lambda_A = \frac{A_n}{A_m} = \frac{l_n^2}{l_m^2} = \lambda_l^2 \tag{7.2}$$

式中，λ_A 为面积比例尺；A_n 为原型面积；A_m 为模型面积。

体积比例尺为

$$\lambda_V = \frac{V_n}{V_m} = \frac{l_n^3}{l_m^3} = \lambda_l^3 \tag{7.3}$$

式中，λ_V 为体积比例尺；V_n 为原型体积；V_m 为模型体积。

2）物理相似

基本几何相似常数确定后，物理力学性质指标相似是相似条件中最为重要的一项。当几何相似常数取 $C_1 = 20$ 时，重度相似常数取 $C_\gamma = 1$，松散物源土体、基岩面的相似物理量的相似常数根据第二相似定律中的 π 定律导出。

3）初始条件与边界条件相似

初始条件：适用于非恒定流。在本试验设计过程中，初始条件相似主要体现在土体的初始含水率和密实度等方面。由于坡面物源的起动受前期降水的影响很大，而前期降水量、雨型、降水强度、间歇时间和降水历时等因素关系非常密切，这些因素之间又会相叠加使情况更为复杂。而初始含水率也因下垫面情况的不同而不同，因此统一将前期降水量和下垫面情况用土体的初始含水率这一指标就使问题变得简单而更具有说服力。野外实际调查结果加之室内土工试验得出研究区覆盖层土体含水率范围在 5%～10%。而为保证土体密实度与实际情况相似，堆土过程中采取人工分层夯实并静置一天的方法使其进一步固结后达到与实际土体密实度相吻合的目标。

边界条件：有几何、运动和动力三个方面的因素。边界条件对试验的影响主要体现在试验边界对模型体的边界约束作用。例如，通过对泥石流沟道起动的试验研究发现，实验者大多数采用水流冲刷试验，遵从相似性准则，采用直斜形的小型槽来模拟沟床，用供水箱供水，而模型槽的长度有数米甚至十几米，但宽度和深度一般都不会超过 50cm。模型槽宽度和深度由于尺寸的限制，往往对土体运动边界约束作用明显，不利于得到理想的真实结果。

4）降水条件相似

本试验降水设备在设计过程中考虑到了雨滴密度、降水强度与冲击能量大小等因素，能够准确地模拟实际降水情况并采用连续降水且降水强度不变的方式进行降水。

2. 模型材料及测试内容

坡面物源体模拟：为了满足地层主要物理量的相似，本次试验的相似模拟材料选用吉速底泥石流沟覆堆积层土体经过 3cm 孔径过筛后的碎石土。试验土体运用实地现场原状土，由于模型尺寸的限制剔除了大块石。实际地层与模型地层参数对比如表 7.1 所示，模拟地层厚度为实际地层厚度的 1/50 左右。相似材料的重量配合比为碎石土：水 = 20：1。根据原状土与试验碎石土的级配研究中发现，由于试验过程中雨水不断的冲刷，造成了细颗粒迁移和流失现象严重，因此本实验通过改进，在试验前加入适量的黏粒和试验所用砾石土体进行拌合，以保证级配的相似性。室内土工实验的内容包括：筛分（d_m）、三轴试验（c、φ）、直剪试验（c、φ）及土常规［测比重（G_s）、干密度（ρ_d）、孔隙率（n）］。使用的仪器包括：SZS 型三维振筛机、DGG-9240A 型电热恒温鼓风干燥箱、电子天平、比重瓶计、直剪仪、三轴仪等。对泥石流形成区所取样品进行干燥筛分、粒度分析，可得试验土体粒径级配曲线（图 7.8），其他物理力学性质指标参数如表 7.1 所示，样品颗粒级配筛分结果统计表如表 7.2 所示。

表 7.1　碎石土性质

含水率/%	干密度/（g/cm³）	含石率/%	内摩擦角/（°）	黏聚力/kPa
10	1.65	天然	25.33	12.36

表 7.2　样品颗粒级配筛分结果统计表

类别	质量/g			百分量/%			小于该粒径所占百分量/%		
	JSD（S）	JSD（Z）	JSD（X）	JSD（S）	JSD（Z）	JSD（X）	JSD（S）	JSD（Z）	JSD（X）
粒径<0.075mm	11.86	36.89	88.13	0.26	0.72	1.72	0.26	0.72	1.72
粒径0.075～0.25mm	92.84	226.98	141.41	2.02	4.43	2.76	2.27	5.15	4.48
粒径0.25～0.5mm	249.78	213.65	119.38	5.43	4.17	2.33	7.70	9.32	6.81
粒径0.5～1mm	525.62	189.57	103.50	11.42	3.7	2.02	19.12	13.02	8.83
粒径1～2mm	378.50	813.12	129.63	8.22	15.87	2.53	27.34	28.89	11.36
粒径2～5mm	1253.87	1432.05	2241.06	27.24	27.95	43.74	54.58	56.84	55.10
粒径5～10mm	887.49	685.03	856.67	19.28	13.37	16.72	73.86	70.21	71.82
粒径10～20mm	648.18	695.27	926.35	14.08	13.57	18.08	87.94	83.78	89.90

续表

类别	质量/g			百分量/%			小于该粒径所占百分量/%		
	JSD（S）	JSD（Z）	JSD（X）	JSD（S）	JSD（Z）	JSD（X）	JSD（S）	JSD（Z）	JSD（X）
粒径 20 ~ 40mm	456.25	751.12	353.02	9.91	14.66	6.89	97.85	98.44	96.79
粒径 40 ~ 60mm	98.92	79.93	164.47	2.15	1.56	3.21	100.00	100.00	100.00
粒径 >60mm	0	0	0	0	0	0	100.00	100.00	100.00

注：JSD. 吉速底；S、Z、X 表示取样点在沟道中的位置，S. 上游，Z. 中游，X. 下游。

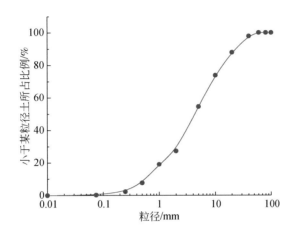

图 7.8 试验土体粒径级配曲线

试验测试内容及数据采集：为了测试松散堆积体在不同深度下孔隙水压力、含水率和土压力的变化，在土体内埋设孔隙水压力传感器、土压力传感器和含水率传感器各五个。三种传感器在土体中分两层埋设，第一层在堆积体厚度 10cm 处，第二层在堆积体厚度 30cm 处。三种传感器在同个位置各布设一个。孔隙水压传感器编号为 P-1 ~ P-5，含水率传感器编号分别为 MC-1 ~ MC-5，土压力传感器编号为 S-1 ~ S-5，采集频率为 1 次/s。

3. 试验流程

1）堆积坡体

在试验的最开始，根据提前设定的坡体角度在侧面可视化玻璃上贴上彩色可撕胶带用来控制坡面角度。根据试验设计分层将试验物料铺设在试验槽中。

2）传感器埋设

在铺设过程中对传感器进行埋设，每个位置分别埋设一个含水率、孔隙水压力感器和土压力传感器。土层中根据不同深度共计布设两层五个传感器，上层传感器布设在距顶部边界 15cm 处，下层传感器布设在距顶部边界 30cm 处，待摆放完毕后继续堆土达到试验设定的高度（图 7.9）。在埋设传感器的过程中尽量不扰动周围的土体，避免因扰动土体的破坏影响整个试验的结果。

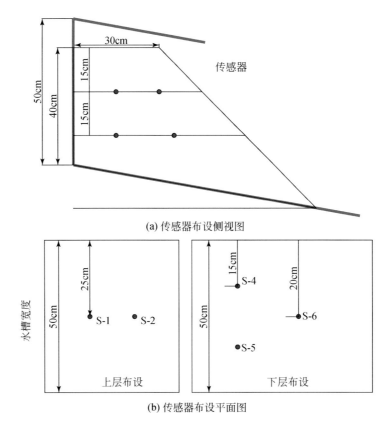

(a) 传感器布设侧视图

(b) 传感器布设平面图

图 7.9　传感器埋设设计图

3）试验现象与数据监测

土体堆填完毕，传感器埋设成功后调试设备并在有效降水区域内摆放量筒，最后在模型箱正前方和侧面安放两个高清摄像机，记录坡体灾害起动和变形破坏的全过程。试验过程中观测数据采集系统中孔压及实时含水率的变化情况，以及坡体的变形破坏特征和沉积特征以便后期分析。

4. 试验工况

试验的可控制变量为雨强，设计了三种雨强分别为 90mm/h、120mm/h 和 150mm/h，坡度设定为 45°，共进行 12 组试验（表 7.3）。由于导致坡体失稳的雨强并非一个具体值，而是一个雨强区间，故三种雨强设计的目的在于方便找到造成坡体失稳的雨强区间，为科学监测与泥石流发生的超前预警预报提供科学的理论基础。

表 7.3　物理模型试验方案设计

试验工况	灾害类型	雨强/（mm/h）	坡度/（°）
工况 1	滑坡-泥石流灾害链	90	45
工况 2		120	45
工况 3		150	45

7.3.3　模型试验结果分析

1. 工况 1

1）试验现象分析

降水从 00：00：00 开始，雨强为 90mm/h，随着降水进行坡体逐渐发生蠕移，冲沟周围土体逐渐失稳滑塌。直至 00：40：53 坡体出现快速失稳现象，沟道周围发生大规模滑坡现象，冲沟完全被周围滑塌下来的碎石土填满，并沿着沟向前冲出 20cm。随着降水继续进行，冲沟中的物质逐渐饱和液化，沿着沟口形成泥石流向下流动。直到 01：27：06，形成的泥石流缓慢流到河道，并在河流右侧堆积，而后河流开始对泥石流堆积物进行冲刷，到 03：11：37 可见堆积物基本被冲刷带走。随后降水继续进行，坡体基本保持稳定并且坡体表面开始蓄满产流，堆积在河道边的物质不断被河流冲刷，经过一段时间后基本被冲蚀带走（图 7.10）。

(a) 00：00：00

(b) 00：40：53

(c) 01：27：06

(d) 03:11:37

图7.10 工况1过程中不同时间点试验现象图

2）传感器采集数据分析

现采用土体启动范围内的 P-1～P-5、MC-1～MC-5 和 S-1～S-5 传感器来说明土体启动时的体积含水率（图7.11）、孔隙水压力和土压力（图7.12）的变化情况。

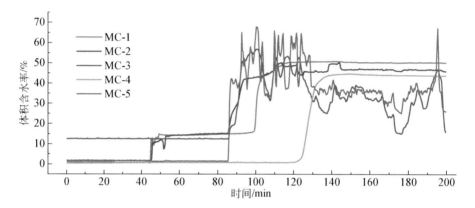

图7.11 工况1体积含水率变化曲线

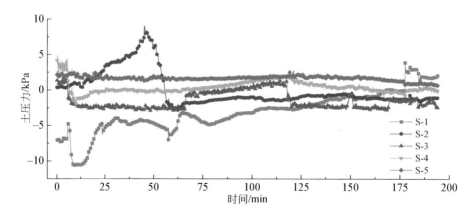

图7.12 工况1土压力变化曲线

在含水率传感器中（图7.11），MC-1 因埋设在底层而变化不大，位于表层的 MC-3、

MC-5 变化较大，位于底层的 MC-2 变化也较明显。试验中埋设的 S-1、S-2、S-4 和 S-5 传感器总的变化不大，没有明显的升高过程，这是因为试验中启动土体未达到传感器埋设深度以及坡体滑动位置所致。在所有的传感器中，位于中上部的 S-3 传感器有明显的升高过程，且与土体滑动时间相对应。在试验过程中，斜坡表层土压力呈平稳波动趋势（图 7.12），其中试验前期 S-2 的土压力变化幅度较大，这可能是由于降水诱发斜坡产生裂缝造成的，而在后续降水试验过程中，土压力变化都较小。

2. 工况 2

1）试验现象分析

雨强为 120mm/h，试验过程与 90mm/h 雨强下的试验现象相似，整体的变形速度有所加快。直至 00：21：18 由于沟道周围土体裂隙发育明显，并且可以看到坡体上部已经完全失稳，开始出现滑坡现象。随着降水继续进行，沟道上部完全滑塌，冲沟中的物质逐渐饱和液化，沿着沟口形成泥石流向下流动。直到 00：52：24，形成的泥石流缓慢流到河道边缘，随着降水继续进行，形成的泥石流逐渐流入河道中央并堆积，到 02：00：27 可见部分堆积物被冲刷带走，剩余部分仍在河道堆积（图 7.13）。

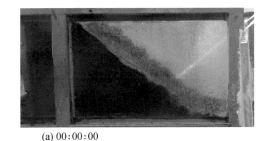

(a) 00：00：00

(b) 00：21：18

(c) 00：52：24

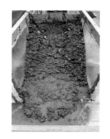

(d) 02：00：27

图 7.13 工况 2 过程中不同时间点试验现象图

2) 传感器采集数据分析

持续降水中，位于坡面位置传感器的体积含水率首先开始增加（图 7.14），一定的时段后，位于沟道中的传感器体积含水率开始增加。随着降水的结束，体积含水率迅速降低，但是此后土体维持在高含水率状态，从最初的体积含水率 10% 左右增加到 40% 以上。位于边坡右侧的 MC-5 传感器体积含水率变化幅度最大，说明该处土体在降水过程中响应剧烈，土体位移等现象明显。整个降水过程中，试验土体的孔隙水压力随着降水的发生而开始波动，但整体较平稳。在试验过程中，斜坡表层土压力呈平稳波动趋势（图 7.15），其中试验前期 S-1 的土压力变化幅度较大，这可能是由于降水诱发斜坡产生裂缝，上部土体滑塌而造成的，而在后续降水试验过程中，土压力变化都较小。

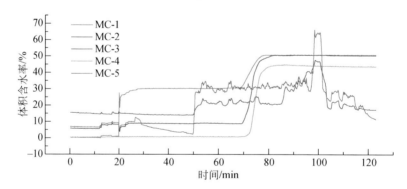

图 7.14 工况 2 体积含水率变化曲线

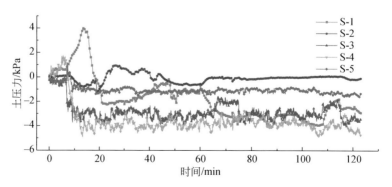

图 7.15 工况 2 土压力变化曲线

3. 工况 3

1）试验现象分析

雨强为 150mm/h，试验过程的坡体演化与其他工况的现象相似，整体的变形速度有所加快，并且所形成的泥石流方量也相对较多。随着降水进行，沟道上部以及周围土体滑塌并在沟道中堆积，冲沟中的物质逐渐饱和液化，沿着沟口形成泥石流向下流动。直到 00：38：42，形成的泥石流缓慢流到河道边缘，之后逐渐流入河道并堆积，随着降水的持续进行，泥石流持续堆积使得河道完全被堵住，而后降水停止，河流对堆积在河道的泥石流堆积物不断冲刷，到 01：11：53 可见部分堆积物被冲刷带走，在河流冲蚀出了一个出水口，剩余堆积物仍在河道堆积（图 7.16）。

(a) 00：00：00

(b) 00：27：16

(c) 00：38：42

(d) 01：11：53

图 7.16　工况 3 过程中不同时间点试验现象图

2）传感器采集数据分析

在试验中，表层孔隙水压力、体积含水率数据都比较明显地反映了泥石流启动过程中体积含水率的变化（图 7.17）。持续降水中，位于坡面位置传感器的体积含水率首先开始增加，一定的时段后，位于沟道中传感器的体积含水率开始增加。随着降水的结束，体积含水率迅速降低，但是此后土体维持在高含水率状态，较最初的 15% 左右增加到 45% 以上。位于边坡右侧的 MC-5 传感器体积含水率变化幅度最大，说明该处土体在降水过程中响应剧烈，土体位移等现象明显。整个降水过程中，试验土体的孔隙水压力随着降水的发生开始波动，但整体较平稳。在试验过程中，斜坡表层土压力呈平稳波动趋势（图 7.18），其中试验前期 S-1 和 S-2 的土压力变化幅度较大，这可能是由于降水诱发斜坡产生裂缝，土体滑塌造成的，而在后续降水试验过程中，土压力变化都较小。其他传感器的土压力值则维持在 0 左右，变化较小。

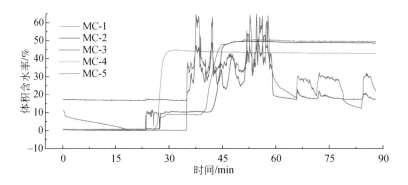

图 7.17　工况 3 体积含水率变化曲线

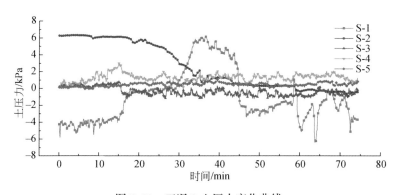

图 7.18　工况 3 土压力变化曲线

4. 高位滑坡–泥石流灾害链成灾过程分析

滑坡–泥石流灾害链形成的影响因素包括孔隙水压力、地表径流流速、剪应力、物源特征、斜坡地貌等。根据物理模型试验分析，揭示了高位滑坡–泥石流的演化全过程。结果表明，此类灾害链的形成机理过程可被归纳为在强降水等复杂气候条件下岩土体含水率逐渐增加，孔隙水压力增加，抗剪强度降低，随着降水的持续，坡体中部和顶部容易发展不同规模的拉张裂缝，且这些拉张裂缝不断地发展并为降水提供了优势入渗通道，在降水入渗和地表径流的持续作用下，裂缝继续扩大形成贯通面，导致整个土体逐渐坍塌并形成大规模滑动。滑坡体为泥石流的形成提供了有利的固体物源条件，合适的地形条件为滑坡体的下滑提供了必要条件。在连续降水或短历时强降水的激发作用下，滑坡体开始碎屑化，并从固态变为流态，最终形成泥石流。泥石流在向下游运动时会侵蚀铲刮沟床及两侧的堆积物，从而导致泥石流运动方量的增大，大量泥石流堆积物淤满河道、抬高河床最终淤埋两岸（或汇入河道后发生堵江等次生灾害）。根据演化过程将高位滑坡–泥石流灾害链形成过程总结为：降水引发高位滑坡启动→滑坡体碎屑化→泥石流形成发生。

7.4　高位滑坡–泥石流灾害链数值模拟分析

基于野外地质调查和室内岩土体试验，对吉速底泥石流在极端暴雨工况下所形成的典型高位滑坡–泥石流灾害链进行数值模拟分析。模拟采用 CFD 流体软件 Flow-3D，以 RNG K-ε 湍流模型对泥石流在吉速底三维沟道中的运动过程进行模拟，获得泥石流运动形态、流速分布和泥深变化等。

根据野外调查可知，吉速底泥石流固体松散物源主要有滑坡崩塌类、冲沟侵蚀类、沟床堆积类及人类工程活动类等四类（表 7.4）。

表 7.4　固体松散物储量统计表

物源类型	固体松散物储量/万 m³	可移动量/万 m³
滑坡崩塌类	43.25	12.98
冲沟侵蚀类	1.80	1.80
沟床堆积类	8.10	1.62
人类工程活动类	4.41	1.47
合计	57.46	17.87

从表 7.4 看出，各类可提供泥石流固体松散物总储量中，固体松散物以滑坡崩塌类为主。在每年最大可移动量中，水土流失可视为相对固定的数值，而滑坡、沟床堆积物则与泥石流暴发频率、规模有直接关系。当暴发大规模泥石流时，滑坡堆积于沟床中的松散物被携带走，滑坡前缘局部地段失去支撑后，后部次级块体产生剧滑，为下一次泥石流暴发提供物源，为渐进提供物源方式；在大规模泥石流暴发后，沟床堆积物大部分或全部被带走，若次年或以后几年暴发小规模泥石流，部分沟床堆积物积累起来，也为之后暴发大规模泥石流提供了物源。以上分析充分说明，吉速底泥石流一次可移动固体松散物总量有一个积累、聚集的过程，同时与激发因素——降水量也有很大的直接关系。

7.4.1　数值模型及工况

模型采用 DEM 数据及 Rhinoceros 软件建立三维 STL 模型。数值模拟模型尺寸按 10∶1

建立几何模型。经过 Flow-3D 软件的 FAVOR 和 VOF 数值方法计算得到的三维模型如图 7.19 所示，图中 X 轴的正向为正东方向，Y 轴的正向为正北方向，Z 轴的正向为竖直向上。

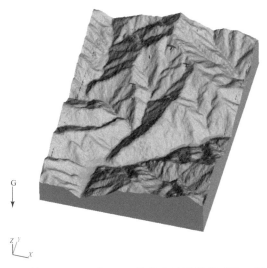

图 7.19   基于 FAVOR 和 VOF 数值方法计算得到的三维模型

1. 边界条件及网格划分

计算区域两侧、底部和下部均为固壁边界，上部为大气压，设置为压力边界，见图 7.20。该计算软件采用规则正方体网格，网格划分如图 7.21 所示，共 44 万个网格。

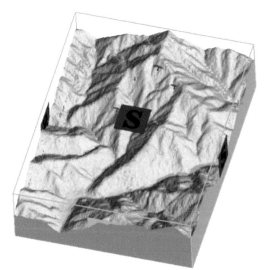

图 7.20   模型边界条件

图 7.21   模型网格划分

2. 初始条件

设置初始流体，使其在初速度为 0 的情况下沿着沟道运动。初始流体域根据沟道形状建立初始流体模型 $v=0\text{m/s}$。

7.4.2　数值模拟结果分析

本次模拟共分三种工况，分别为 10 年一遇、50 年一遇和 100 年一遇暴雨工况下泥石流暴发时的运动状态及特征。

1. 10 年一遇暴雨工况

1）运动形态

根据对吉速底泥石流沟现场调查，泥石流物源主要为沟道内堆积的松散堆积体，泥石流容重取 15kN/m^3，通过数值模拟得出不同时刻泥石流的运动形态，如图 7.22 所示。

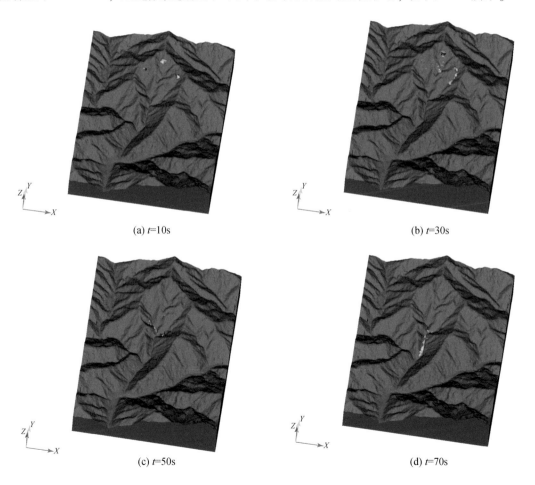

(a) t=10s　　　　　　　　　　　　　(b) t=30s

(c) t=50s　　　　　　　　　　　　　(d) t=70s

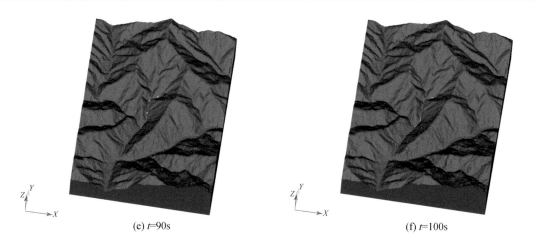

(e) t=90s　　　　　　　　　　　　(f) t=100s

图 7.22　泥石流运动形态

2）泥深、流速分布

（1）泥石流不同时刻沿沟道 X 向泥深，如图 7.23 所示。

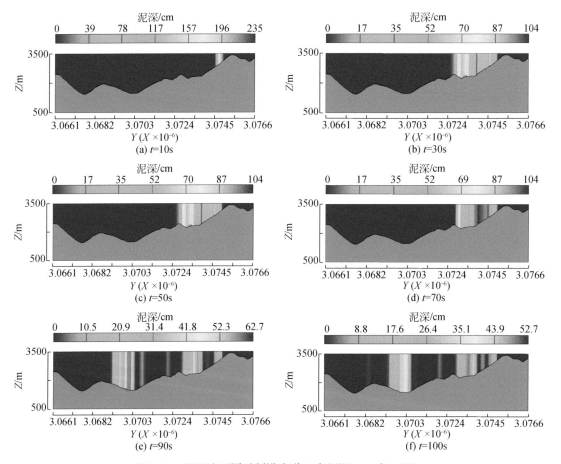

图 7.23　泥石流不同时刻沿沟道 X 向泥深（10 年一遇）

由图 7.23 可知，泥石流沿沟道运动过程中，龙头部分和尾部泥深较小，中部泥深较大，最大泥深 2.35m 左右。

（2）泥石流不同时刻沿沟道 X 向流速，如图 7.24 所示。

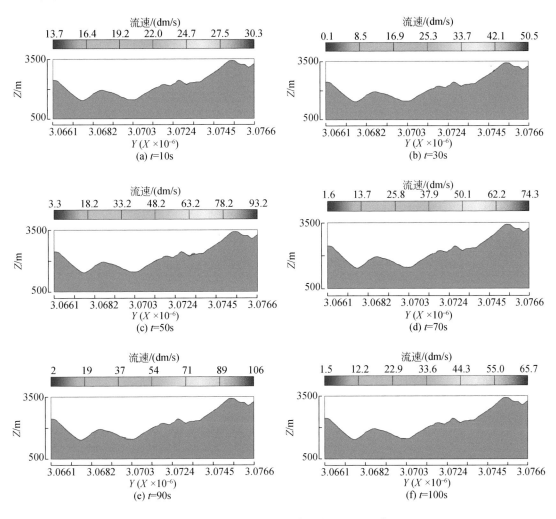

图 7.24　泥石流不同时刻沿沟道 X 向流速（10 年一遇）

从泥石流深度平均流速变化曲线可以看出，泥石流沿沟道运动方向，泥石流流速最大值位于流体中部，不同时刻下最大值范围为 3.0~10.6m/s。

从泥石流运动形态表面流速云图及深度平均流速变化曲线可以看出，泥石流沿沟道运动方向，泥石流流速随流动距离增大逐渐增大，到达堆积区以后逐渐减小后停淤。

2. 50 年一遇暴雨工况

1）运动形态

根据本次泥石流沟现场调查，在 50 年一遇极端暴雨条件下，泥石流物源主要为沟道内堆积的松散堆积体，以及沟道上游的高位隐性崩滑体和沟道两岸的不稳定崩塌体，本工况泥石流容重取 17kN/m³，通过数值模拟得出不同时刻泥石流的运动形态，如图 7.25 所示。

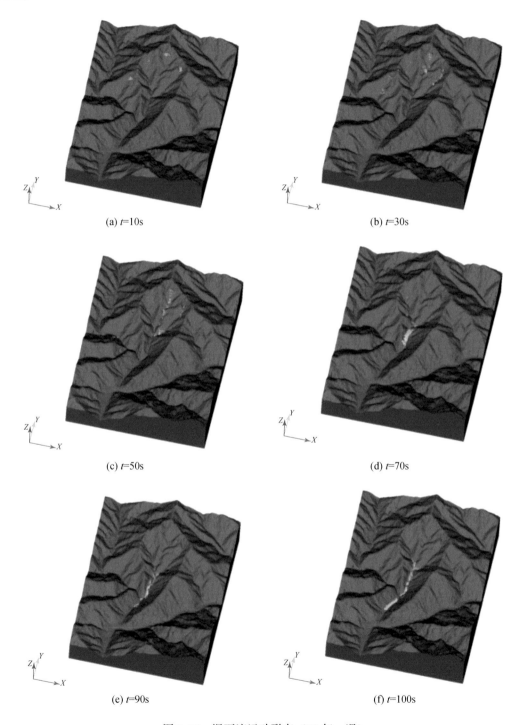

(a) t=10s

(b) t=30s

(c) t=50s

(d) t=70s

(e) t=90s

(f) t=100s

图 7.25　泥石流运动形态（50 年一遇）

2) 泥深、流速分布

（1）泥石流不同时刻沿沟道 X 向泥深变化情况，如图 7.26 所示。

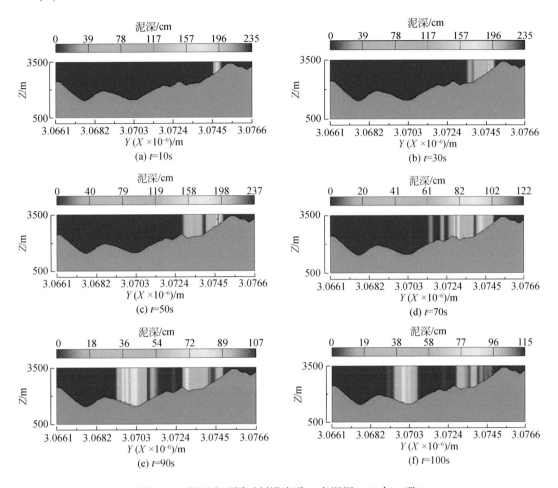

图 7.26　泥石流不同时刻沿沟道 X 向泥深（50 年一遇）

由图 7.26 可知，泥石流沿沟道运动过程中，龙头部分和尾部泥深较小，中部泥深较大，最大泥深在 2.37m 左右。

（2）泥石流不同时刻沿沟道 X 向流速分布，如图 7.27 所示。

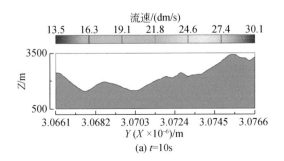
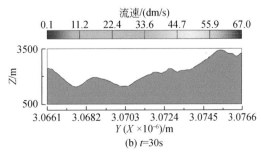

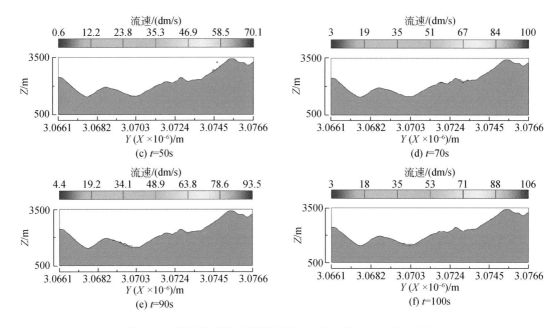

图 7.27　泥石流不同时刻沿沟道 X 向流速分布（50 年一遇）

从泥石流深度平均流速变化曲线可以看出，泥石流沿沟道运动方向，泥石流流速最大值位于流体中部，不同时刻下最大值范围为 3.0~10.6m/s。

从泥石流运动形态表面流速云图及深度平均流速变化曲线可以看出，泥石流沿沟道运动方向，泥石流流速随流动距离增大逐渐增大，到达堆积区以后逐渐减小后停淤。

3. 100 年一遇暴雨工况

1）运动形态

根据本次泥石流沟现场调查，在 100 年一遇极端暴雨条件下，泥石流物源主要为沟道内堆积的松散堆积体，以及沟道上游的高位隐性崩滑体和沟道两岸的不稳定崩塌体，本工况泥石流容重取 19kN/m³，通过数值模拟得出不同时刻泥石流的运动形态，如图 7.28 所示。

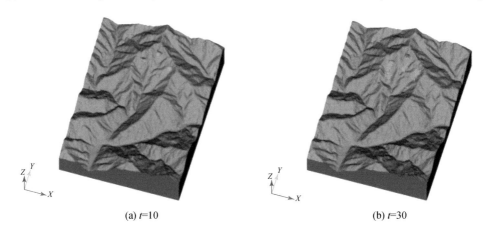

(a) t=10　　　　　　　　　　　　　　(b) t=30

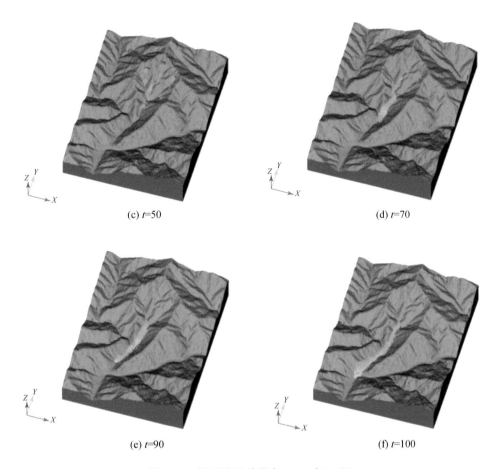

(c) t=50   (d) t=70

(e) t=90   (f) t=100

图 7.28   泥石流运动形态（100 年一遇）

2）泥深、流速分布

（1）泥石流不同时刻沿沟道 X 向泥深变化情况，如图 7.29 所示。

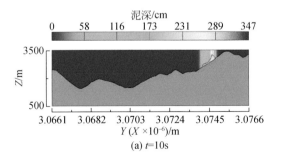

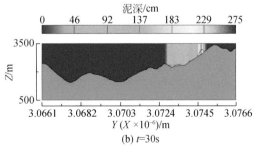

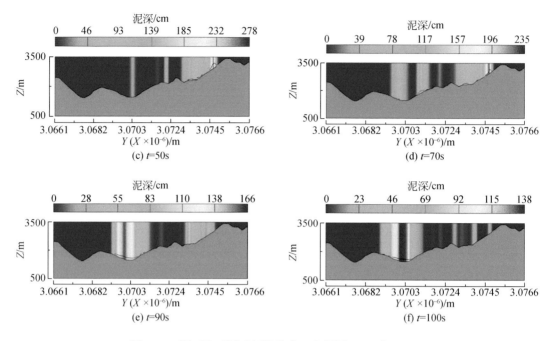

图 7.29　泥石流不同时刻沿沟道 X 向泥深（100 年一遇）

由图 7.29 可知，泥石流沿沟道运动过程中，龙头部分和尾部泥深较小，中部泥深较大，最大泥深在 3.47m 左右。

（2）泥石流不同时刻沿沟道 X 向流速分布变化情况，如图 7.30 所示。

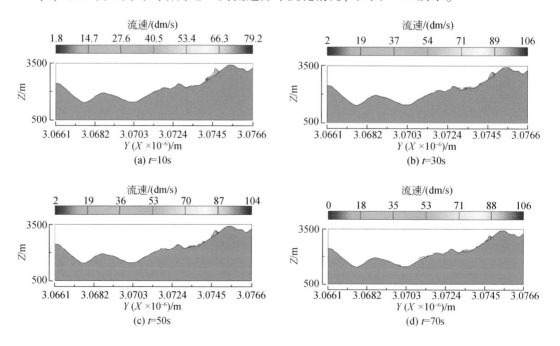

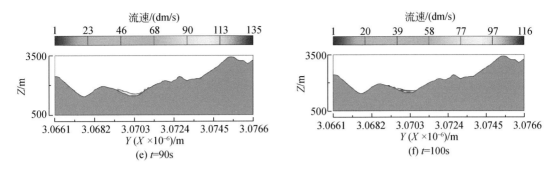

图 7.30　泥石流不同时刻沿沟道 X 向流速分布（100 年一遇）

从泥石流深度平均流速变化曲线可以看出，泥石流沿沟道运动方向，泥石流流速最大值位于流体中部，不同时刻下最大值范围为 7.9 ~ 13.5m/s。

从泥石流运动形态表面流速云图及深度平均流速变化曲线可以看出，泥石流沿沟道运动方向，泥石流流速随流动距离增大逐渐增大，到达堆积区以后逐渐减小后停淤。

利用 Flow-3D 模型对吉速底沟泥石流进行动力学模拟，结果表示 10 年一遇暴雨情况下吉速底泥石流的运动速度最大达到 106m/s，100 年一遇暴雨情况下吉速底泥石流的运动速度最大达到 13.5m/s，其速度呈现出急剧加速、波动性增长、衰减等三个阶段，危害到下游居民的生命财产安全。

综上，通过对吉速底在 50 年一遇和 100 年一遇的极端暴雨作用下泥石流的运动状态、运动特征、流速和泥深分布等数值模拟发现：由于高位滑坡运动体携带坡面上的堆积物补给沟道，为泥石流的形成提供了有利的固体物源条件，在极端暴雨情况下沟道中上部汇聚成洪水，洪水与松散固体物源掺混，从而形成泥石流，大量泥石流物质淤满河道，抬高河床，滑坡泥石流物质沿沟道向两侧冲积、淤埋产生的大量泥石流物质淤满河道、抬高河床最终淤埋两岸（或汇入河道后发生堵江等次生灾害），进而形成了高位滑坡–泥石流灾害链。

7.5　高位滑坡–泥石流灾害链成灾机理研究

在高位滑坡–泥石流的物源形成与动力灾变过程方面，流域内的松散固体物质和陡峻地形是滑坡–泥石流灾害链形成的物质条件（内因），而一定强度的降水、冰川融雪等水文条件是其产生的触发因素（外因）。近年来，由于极端气候现象加重，岩土体强度持续降低，为滑坡–泥石流的形成提供有利的固体物源条件。滑坡–泥石流灾害链启动的影响因素包括孔隙水压力、地表径流流速、剪应力、物源特征、斜坡地貌等。因此，此类灾害链的形成机理过程可被归纳为：在强降水等复杂气候条件下岩土体含水率逐渐增加，孔隙水压力增加，抗剪强度降低，随着降水的持续，坡体中部和顶部容易发展不同规模的拉张裂缝，且这些拉张裂缝不断地发展并为降水提供了优势入渗通道，在降水入渗和地表径流的持续作用下，裂缝继续扩大形成贯通面导致整个土体逐渐坍塌形成大规模滑动 ［图 7.31（a）、（b）］。滑坡体为泥石流的形成提供了有利的固体物源条件，且合适的地形条件为滑坡体的下滑提供了必要条件。高地势为滑体提供了初始势能，使滑体失稳后能将势能转化为动能并做高速运动，在连续降水或短历时强降水的激发作用下，滑坡体开始碎屑化，并从固态变为流态，最终形成泥石流［图 7.31（c）］。泥石流在向下游运动时会侵蚀铲刮沟床及两侧的堆积物，从而导致泥石流运动方量的增大，大量泥石流物质汇入河道后最终可能造成堆积区人员伤亡或堵江等次生灾害发生［图 7.31（d）］。此类灾害链的形成过程为：高位滑坡启动→滑坡体碎屑化→泥石流形成发生。

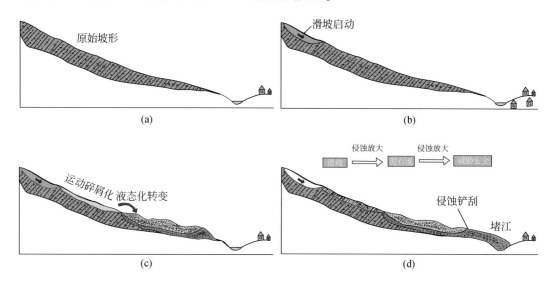

图 7.31　高位滑坡–泥石流灾害链成灾过程

7.6　小　　结

本章通过现场调查、物理模型试验及数值模拟分析，对怒江流域典型高位滑坡–泥石流灾害链成灾机理进行了研究，得到了如下两点结论。

（1）怒江流域峡谷区因河谷深切，两岸坡体陡峻，高差较大，沟谷纵横，降水频繁，风化作用强烈，具有容易发生高位地质灾害链的活动成灾史、固体物质来源、地形地貌和水动力等条件。

（2）根据物理模型试验和数值模拟分析，揭示了高位滑坡–泥石流的演化全过程。结果表明，高位滑坡–泥石流灾害链成灾过程为在强降水等复杂气候条件下岩土体破坏启动，在高速持续剪切条件下不断破碎并最终由滑动（滑坡）向流动（碎屑流）的转化形成泥石流，大量泥石流堆积物淤满河道、抬高河床最终淤埋两岸（或汇入河道后发生堵江等次生灾害）。根据演化过程将高位滑坡–泥石流灾害链成灾过程总结为：高位滑坡启动→滑坡体碎屑化→泥石流形成→堵江→堰塞坝溃决。

第8章 云南怒江峡谷段地质灾害风险评价及区划研究

8.1 概　　述

怒江流域云南段属于高山峡谷段，地质灾害类型包括崩塌、滑坡和泥石流。不同类型的地质灾害在形成机理及破坏模式上存在较大的差异，崩塌、滑坡这类斜坡灾害和泥石流灾害在形态、控制影响因素、危险性特征等方面具有截然不同的特点。一般前者面积相对较小，崩塌、滑坡的发生主要受斜坡局部地质环境的影响，地形、地层岩性等要素的空间变化相对稳定。泥石流的发生受流域综合地形、物源、水动力条件的共同影响，流域面积相对较大，流域内地形、物源乃至水动力条件在空间上具有较显著差异。

目前，怒江流域云南段地质灾害方面的研究主要集中在风险评价、危险性评价、成因特征等方面。郑师谊等（2012）利用层次分析法对滇西怒江河谷潞江盆地段地质灾害危险性程度进行综合分析和评价，获得了该区的崩塌和滑坡危险性评价图。孙克勤（2010）指出了怒江云南段作为世界自然遗产存在的地质灾害问题，并提出了包括科学管理机制、分区保护、自然灾害监测系统等的建立和实施的相关保护对策。杨迎冬等（2017）通过河流密度–信息量法和主干河流–缓冲区法分析了云南省地质灾害与水系之间的关系，结果表明：怒江、元江、金沙江对滑坡影响较大，怒江、金沙江对崩塌影响较大，大盈江、怒江对泥石流影响较大。张杰等（2015）在野外调查的基础上，结合遥感解译数据，通过对地质环境背景分析，详细阐述了怒江流域东月各河泥石流灾害的成因与特征。郭荣芬等（2015）分析了云南怒江州福贡泥石流形成的条件，发现脆弱的地质环境、陡峻的迎风坡，以及便于集水、集物的地形地貌和丰富的松散物质是其易发生地质灾害的有利地质地貌条件，连续性累积降水及短时间暴雨的产生为泥石流提供了较好的水源条件。谈树成等（2014）应用 GIS、数据库、ASP. NET 和 ArcGIS Server 等技术设计开发了基于 WebGIS 的怒江州泥石流灾害气象预警系统，提高对怒江州泥石流灾害的预警预报能力，减轻灾害造成的损失。杨俊辉（2014）以 GIS 为平台，运用"层析分析法""信息量模型""易损性综合指数"等基本理论，开展岩桑树水电站近坝区滑坡风险评价。

自 2005 年世界滑坡大会以滑坡灾害风险评价为主题专门开展了深入的研究和探讨以来，国内逐渐开展了大量的地质灾害风险评价研究工作，减轻灾害风险的理念逐渐深入防灾减灾救灾工作中。特别是 2020 年开始的第一次全国自然灾害综合风险普查，全国、省、市、县级不同尺度地质灾害风险普查与评价工作全面展开。针对不同空间尺度的研究区域，由于灾害体发育分布规律、可获取的资料及其详细程度、孕灾地质条件等存在差异，其灾害风险评价的单元划分方式、指标体系及模型也不尽相同。因此，本章从实用性和可操作性的角度出发，以怒江高山峡谷段为例，以大量丰富的调查资料为基础，应用新理论研究地质灾害发生、发展和演变，充分利用新技术、新方法开展灾害识别监测，分别对流域（1∶100000）、县域（1∶50000）、重点场镇（1∶10000）及单体地质灾害（1∶5000）不同空间尺度进行风险评价技术方法的研究，并提出相应的风险防控建议。为怒江流域国土空间规划与发展建设奠定坚实基础，同时，减少地质灾害损失和保护人民生命财产安全，并把地质灾害防治与促进经济发展紧密结合起来，处理好长远与当前、整体与局部的关系，努力实现经济效益、社会效益、环境效益的协调统一，为怒江流域实现现代化创造一个良好安全的地质环境。

8.2　地质灾害易发性评价

地质灾害易发性是指在现状自然地理、地质构造和地层岩性等成灾背景条件下地质灾害的易发程度，表征地理地质环境基本属性对地质灾害发生的控制作用。地质灾害的易发性评价包括定性评价和定量评价两个层次，定性评价主要以已有的地质灾害为基础，通过类比法、经验法等进行综合划分。工程地质环境分析是地质灾害空间预测的基础。由于自然环境因素的复杂性及区域间差异的模糊性，目前尚无法完全用定量方法来反映，必须以定性分析为基础，总结地质灾害发育规律、区分其相似性和差异性。然后采用数学处理、模型计算等定量方法来反映地质灾害与各种影响因素之间的关系，通过定性、定量相结合使得分区结果更好地反映实际情况。

根据不同层级的规划、设计需求，不同精度的调查工作需要选择不同的评价层次和评价指标体系。针对怒江峡谷段，本书构建了中等比例尺和大比例尺两种层次，其中中等比例尺为1∶200000～1∶50000，大比例尺为1∶50000～1∶5000。根据地质灾害发育特征和诱发因素构建不同层级的评价指标体系。

8.2.1　评价单元

地质灾害的易发性评价首先要选择一个合适的评价单元，即制图单元。"单元"即地质灾害评价中最小的地表研究对象，其形状可以是规则图形，也可以是不规则多边形。本次采用栅格单元评价法，基于前人的研究经验及研究区的实际情况，以50m×50m栅格单元为最小评价单元。研究区共2900800个栅格单元，在此基础上开展易发性评价。

8.2.2　评价指标体系

1. 易发性评价指标选取原则

地质灾害作为一个庞大而复杂的复合非线性系统，其各个子系统的每个因子都在质量和数量上有序地表现为一个指标（变量），根据怒江峡谷区地质灾害发育特点、地质环境条件的内涵以及指标体系的方法学，筛选出具有代表性的指标，并按其各自特征进行组合，构成了地质灾害易发性指标体系，需满足能够整体反映出地质灾害易发程度的基本状况并应用于实际评价中。因此，此评价指标除了具备典型性、代表性和系统性外，还应遵循以下特征及原则。

1）数量性

通常指标是从数量上来反映它要说明的对象的。人们构建指标的基本目的就是要将复杂的现象变为可以度量、计算和比较的数据、数字、符号。

2）综合性

人们设计指标的另一目的，是要通过它来认识事物，研究一些复杂的现象，揭示一些现象的规律性。

3）替代性

指标并不是现象的本质，它是某种特征、状态的代表。指标的替代性，从另一方面，也说明了指标只能在有限的范围内说明一定的问题，而不能说明全部问题。因为任何现象都是与多方面相联系的，而指标只能就这些现象的某一侧面或某几个侧面来反映。

4）具体性

指标反映现象、揭示现象的一般规律时，不能是一般化、含糊不清的，必须是具体的、明确的。指标的本质就在于给事物以明确的表现。

除了上述四个特征外，指标还有时间性、重要性和客观性等特征。

2. 易发性评价指标体系建立

综合考虑崩塌、滑坡各种地质灾害作用，而不单列各种地质灾害各自的指标体系。在上述指标体系建立原则的基础上，从地质环境的角度尽可能全面考虑各种地质灾害发生的各种因素，将该指标体系划分为两类：基本环境因素和诱发因素。基本环境因素是指确定怒江峡谷区地质环境条件和地质灾害发生背景的基本地质因素，包括坡度、坡形、海拔、地层岩性、斜坡结构类型、距构造距离、距道路距离、距水系距离、植被覆盖率等。诱发因素指影响和诱发地质环境向不利方向演化甚至导致地质灾害发生的各种外动力和人类活动因素，包括汛期累积降水量、道路线密度等。

3. 易发性评价模型

本次怒江峡谷区地质灾害易发性评价采用将信息量法与层次分析法相结合的方法。地质灾害的形成受多种因素影响，信息量模型反映了一定地质环境下最易致灾因素及其细分区间的组合，具体是通过特定评价单元内某种因素作用下地质灾害发生频率与区域地质灾害发生频率相比较实现的。由于每个评价单元受众多因素的综合影响，各因素又存在若干状态，各状态因素组合条件下地质灾害发生的总信息量可用下式确定：

$$I = \sum_{i=1}^{n} \ln \frac{N_i/N}{S_i/S} \tag{8.1}$$

式中，I 为对应特定单元地质灾害发生的总信息量，指示地质灾害发生的可能性，可作为地质灾害易发性指数；N_i 为对应特定因素、第 i 状态（或区间）条件下的地质灾害面积或地质灾害点数；S_i 为对应特定因素、第 i 状态（或区间）的分布面积；N 为调查区地质灾害总面积或总地质灾害点数；S 为调查区总面积。

4. 层次分析法确定权重

层次分析法（analytic hierarchy process，AHP）于 20 世纪 70 年代最早由美国著名的运筹学家 T. L. Satty 提出，它是一种定量分析和定性分析相结合的多准则决策方法。层次分析法将复杂的研究对象作为一个系统，将决策问题分解为不同的层次结构，再构造各个相邻层次之间的判断矩阵，求取其最大特征根及其对应的特征向量，最后进行层次总排序加权求和得到评价因素相对于目标层的权重值。层次分析法自 1982 年引进中国来，在社会中的许多方面都得到了广泛应用，它灵活简便，所需定量数据量少，是一种系统性的分析方法。

运用层次分析法确定指标权重，一般可以分为建立递阶层次结构、建立判断矩阵、判断矩阵一致性检验、层次单排序和层次总排序五个环节（图 8.1）。现分述如下：

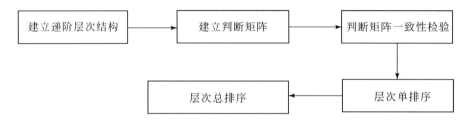

图 8.1　层次分析法的建模步骤

1）建立递阶层次结构

采用层次分析法解决问题，首先要建立问题的递阶层次结构，将问题进行分解，形成若干个层次。对于递阶层次结构模型，除了目标层之外，其余所有元素都至少需要与相邻的上一层的一个元素发生联系。

2）建立判断矩阵

建立好递阶层次结构后，从上至下，依次以上一层元素为依据，分别两两比较下一层与之相关的元素，最后建立判断矩阵。以 A 层与 B 层为例，则 A–B 层的判断矩阵描述见表 8.1。B_{ij} 为准则与准则相对于目标重要性的比例标度，本书采用广泛使用的 1~9 标度法（表 8.2）。

表 8.1　A–B 层判断矩阵

A	B_1	B_2
B_1	B_{11}	B_{12}
B_2	B_{21}	B_{22}

表 8.2　判断矩阵标度及其含义

标度	含义
1	表示两个因素相比，具有相等的重要性
3	表示两个因素相比，前者比后者稍重要
5	表示两个因素相比，前者比后者明显重要
7	表示两个因素相比，前者比后者强烈重要
9	表示两个因素相比，前者比后者极端重要
2、4、6、8	上述相邻判断的中间值
倒数	若因素 a_i 与因素 a_j 的重要性之比为 a_{ij}，那么因素 a_j 与因素 a_i 的重要性之比为 $a_{ji}=1/a_{ij}$

以此类推，可以求出各个相邻层次之间的判断矩阵。判断矩阵中的元素具有以下三个性质，以判断矩阵 $\boldsymbol{B}=\left[B_{ij}\right]_{m\times m}$ 为例说明。

（1）$B_{ij}>0$（$i,j=1,2,\cdots,m$），判断矩阵中所有元素均为正数。

（2）$B_{ii}=1$（$i,j=1,2,\cdots,m$），判断矩阵所有对角线都为 1。

（3）$B_{ij}=1/B_{ji}$（$i\neq j$），判断矩阵中对称元素互为倒数。

3）判断矩阵一致性检验

由于判断矩阵是基于决策者的定性分析得出的，因此判断矩阵受到不同决策者的认知和理论水平的不同而不一定相同，也就说判断矩阵不一定具有一致性，为了保证计算结果的合理性，进行一致性检验是很有必要的。

根据矩阵论理论，当判断矩阵具有完全一致性时，它的最大特征根（$\lambda_{\max}$）与判断矩阵的阶数相等，此时 $\lambda_{\max}=m$，其余特征根为 0；反之，则 $\lambda_{\max}\neq m$，此时，采用判断矩阵最大特征根（$\lambda_{\max}$）与判断矩阵的阶数 m 之差与 $m-1$ 的比值作为衡量判断矩阵一致性的指标。

$$CI=\frac{\lambda_{\max}}{m-1} \tag{8.2}$$

从式（8.2）可以看出，当 $\lambda_{\max}=m$ 时，$CI=0$，即判断矩阵具有完全一致性。$\lambda_{\max}$ 的值越大，CI 值越大，判断矩阵的一致性越差。

判断矩阵保持一致性的难度随着判断矩阵的阶数增大而变大，因此当判断矩阵阶数较大时，很难保持一致性，此时采用随机一致性比率（CR）来评价判断矩阵的一致性。

$$CR=\frac{CI}{RI} \tag{8.3}$$

式中，RI 为同阶平均随机一致性指标。当 CR<0.1 时，判断矩阵通过一致性检验；当 CR>0.1 时，判断矩阵不能通过一致性检验，必须调整判断矩阵的元素，直至通过一致性检验。1~10 阶的判断矩阵的 RI 值可由表 8.3 查询。

表 8.3　1~10 阶判断矩阵的 RI 值

阶数	1	2	3	4	5	6	7	8	9	10
RI	0	0	0.58	0.9	1.12	1.24	1.32	1.41	1.45	1.49

4）层次单排序

层次单排序即为求出各个评价因素相对于上一层某一因素的权重值，也就是求出构建的相邻两层元素的判断矩阵的最大特征根对应的特征向量。对建立的判断矩阵，求其最大特征根及相应的特征向量，常用的方法有和法、特征值法及最小二乘法等。

5）层次总排序

层次总排序即为计算最低层元素相对于最高层元素的相对权重。假设研究对象可以分为三个层次，它们分别为目标层 A、准则层 B 与最低层 C，B 层中有 m 个元素 B_1、B_2、B_3、$\cdots$、B_m，C 层中有 n 个元素 C_1、C_2、C_3、$\cdots$、C_n，则最低层 C 中各个元素相对于最高层 A 的权重值为

$$C_j = \sum_{i=1}^{m} b_i c_j^i \qquad (8.4)$$

式中，b_i 为 B 层元素相对于 A 层的权重值；c_j^i 为 C 层元素相对于 B 层元素的相对权重值（如果 C_j 与 B 层某元素 B_i 无关，则 c_j^i 为零）。

8.2.3 易发性评价

1. 指标评价结果

通过对怒江峡谷区地质基础资料、地质灾害资料、社会经济资料、气象水温资料等数据的收集分析，结合地质灾害发育分布规律、主控因素分析以及野外调查结果，初步确定采用地形坡度、地形起伏度、工程地质岩组、斜坡结构、距断裂距离、河网密度、人类工程活动等七个指标作为地质灾害易发性评价指标。

1）地形坡度

坡度是地形地貌的重要特征之一，也是地表最直观的反映，坡度影响了斜坡应力分布情况，从工程地质原理分析，斜坡坡度越大，坡脚应力集中越大，坡面附近的应力卸荷带随之扩大，斜坡发生失稳的概率也增大。区内整体属于高山峡谷区，地形起伏大，地形坡度较大。

按照坡度分级，Ⅰ级 0°～5° 为平坡，Ⅱ级 6°～15° 为缓坡，Ⅲ级 16°～25° 为斜坡，Ⅳ级 26°～35° 为陡坡，Ⅴ级 36°～45° 为陡坡，Ⅵ级 46° 以上为险坡。本次工作将研究区斜坡坡度分为平缓坡（0～15°）、斜坡（15°～25°）、陡坡（25°～35°）、急坡（35°～45°）和险坡（>45°）五类，对不同坡型进行统计（表 8.4）。研究区地形坡度主要集中在 25°～45°，主要为陡坡和急坡，其中陡坡分布面积最大，占总面积的 39.63%；急坡其次，占总面积的 29.9%；分布在 15°～25° 的斜坡总面积为 1281.3km²，占总面积的 17.67%，小于 15° 的仅有 475.4km²，占总面积的 6.56%，大于 45° 的险坡分布面积为 396.4km²，占总面积的 5.47%。

表 8.4　研究区斜坡坡度分级统计表

分级	$0° \sim 15°$	$15° \sim 25°$	$25° \sim 35°$	$35° \sim 45°$	$>45°$	水域面	合计
面积/km^2	475.4	1281.3	2874.1	2168.6	396.4	56.2	7252
面积占比/%	6.56	17.67	39.63	29.9	5.47	0.77	100
地质灾害数量/处	58	301	570	160	21		1111
地质灾害数量占比/%	5.22	27.09	51.31	14.4	1.89		100
地质灾害发育密度/(处/100km²)	12.2	23.49	19.83	7.38	5.3		15.32

对不同坡度范围内的地质灾害分布进行统计分析，计算各坡度区间分布地质灾害数量和地质灾害发育密度（图 8.2），结果表明，地质灾害的分布与地形坡度的关系类型于正态分布曲线。地质灾害主要集中分布在坡度 $15° \sim 35°$ 范围，地质灾害发育密度最高的区域集中在坡度 $15° \sim 25°$ 范围，发育密度为 23.49 处/100km²；其次为坡度 $25° \sim 35°$ 范围，发育密度为 19.83 处/100km²；坡度 $0° \sim 15°$ 范围发育密度为 12.2 处/100km²，主要为泥石流灾害；坡度大于 45° 范围发育密度为 5.3 处/100km²，主要为崩塌灾害。从统计结果来看，地质灾害与地形坡度呈现非线性关系，主要由于坡度影响了地质灾害的形成条件，控制了灾害起动的动力条件，但是坡度太高不利于松散堆积体的积累。因此地形坡度作为地质灾害易发性的重要因子之一，需要充分分析地质灾害发育的最优坡度区间（图 8.3）。

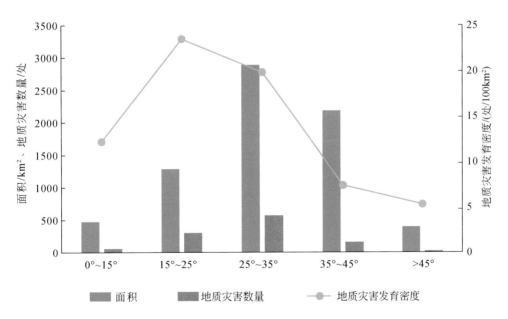

图 8.2　地质灾害空间分布与地形坡度关系图

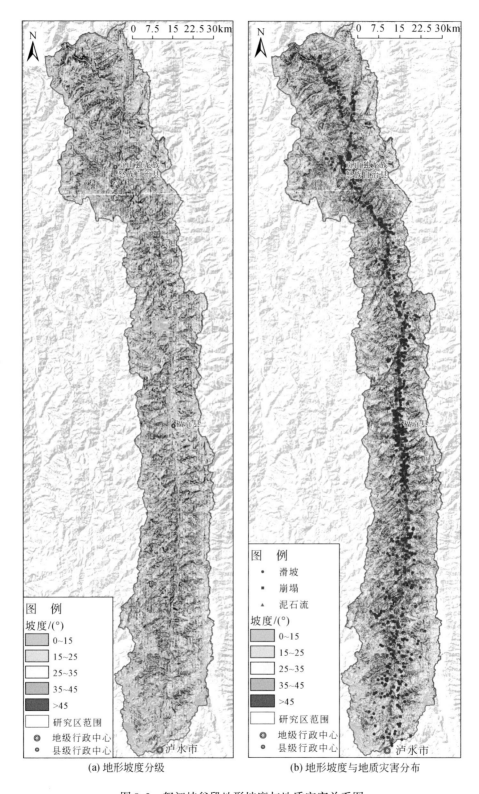

(a) 地形坡度分级　　　　　　　(b) 地形坡度与地质灾害分布

图 8.3　怒江峡谷段地形坡度与地质灾害关系图

2）地形起伏度

每一种的斜坡形态都是一种平衡状态，受到各种因素的影响，这种平衡状态在不断变化。从目前研究来看，影响坡体稳定的主要因素包括坡体物质组成、坡体结构、坡高、坡度、坡角、坡体应力分布等，而这些因素之间又相互影响，如坡高不断增大，坡角和坡体应力分布也会发生明显变化，最终河谷的不同部位变形破坏方式各异。通常情况下，斜坡坡度越大，坡体安全系数越小。地形起伏度代表了区域范围内的斜坡相对高差，本次按照 1000m×1000m 进行邻域空间区内地形起伏度分析，进而分析地质灾害空间分布与地形起伏度的相关关系。统计得出，研究区斜坡地形起伏度大部分在 100～400m，其中分布最多的在 300～400m，占总面积的 37.69%，其次为 200～300m，占总面积的 35.92%，分布在 100～200m 的占总面积的 9.37%，大于 400m 范围的占总面积的 14.35%。地质灾害数量和地质灾害发育密度与地形起伏度的关系曲线均呈"单峰"形的正态分布，表明地形起伏度对于地质灾害易发关系并非单调性，最为敏感的地形起伏度为 100～200m，该区间地质灾害发育密度最大（图8.4、图8.5）。

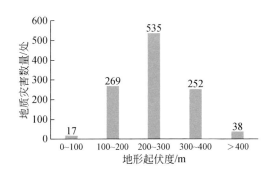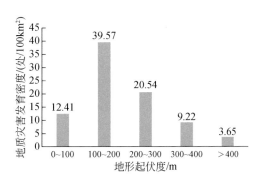

图8.4　地质灾害数量、发育密度与地形起伏度关系图

3）工程地质岩组

地质灾害发生的物质基础是岩土体，地层岩性控制了滑坡、崩塌的类型、分布规模及活动方式等，松散岩土体是泥石流形成的基本条件之一。岩土体类型、性质结构等要素与地质灾害的形成和活动密切相关，通常按照工程地质岩组对岩土体进行分类，在坚硬完整的岩组中地质灾害活动较弱，反之，在结构破碎或松散的软弱岩组或土体中地质灾害活动强烈。将区内岩土体划分为松散-中密混杂土体、薄-中厚层状较软砂泥岩-较坚硬砂砾岩岩组、薄层夹厚层状较软-较坚硬火山-沉积岩岩组、中厚-厚层状弱岩溶化较坚硬碳酸盐岩岩组、薄-中厚层状较坚硬沉积变质岩岩组、中厚-厚层状较坚硬-坚硬混合岩化变质岩岩组、镶嵌-块状坚硬花岗岩岩组、松散状风化岩组共八个工程地质岩组。

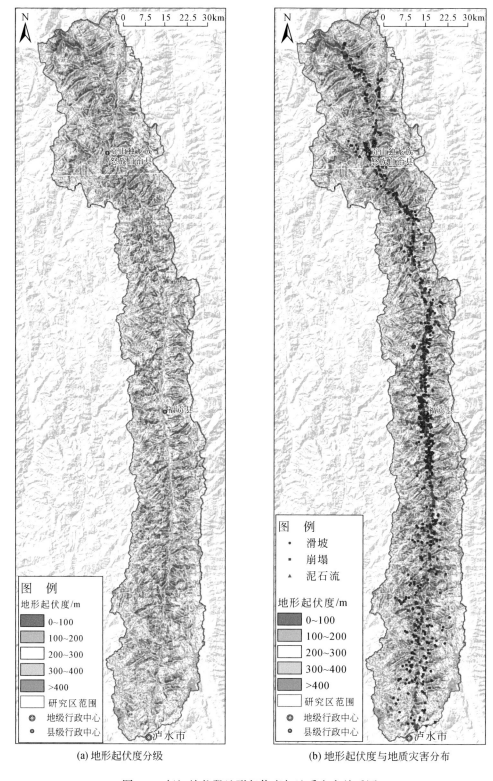

(a) 地形起伏度分级　　　　　　(b) 地形起伏度与地质灾害分布

图 8.5　怒江峡谷段地形起伏度与地质灾害关系图

　　根据研究区的工程地质岩组划分结果，研究区中厚-厚层状较坚硬-坚硬混合岩化变质岩岩组分布面积最大，占总面积的 26.5%，其次为薄-中厚层状较坚硬沉积变质岩岩组，占总面积的 20.6%，再次为镶嵌-块状坚硬花岗岩岩组，占总面积的 16.8%，松散-中密混杂土体分布在河谷两岸，占总面积的 3.5%。从地质灾害数量上来看，分布数量最多的为中厚-厚层状较坚硬-坚硬混合岩化变质岩岩组，共 200 处，占总数的 18%；其次为薄-中厚层状较坚硬沉积变质岩岩组，分布 189 处，占总数的 17%；松散-中密混杂土体中分布 177 处，松散状风化岩组和镶嵌-块状坚硬花岗岩岩组中均分布 166 处（图 8.6）。从地质灾害发育密度上看，发育密度最大的为松散-中密混杂土体，发育密度为 69.73 处/100km²；其次为松散状风化岩组，发育密度为 57.23 处/100km²（图 8.7）。

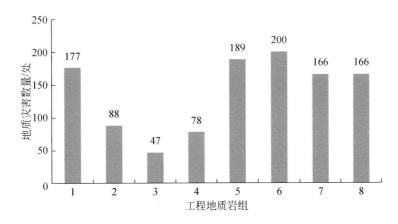

图 8.6　地质灾害数量与工程地质岩组关系图

1. 松散-中密混杂土体；2. 薄-中厚层状较软砂泥岩-较坚硬砂砾岩岩组；3. 薄层夹厚层状较软-较坚硬火山-沉积岩岩组；4. 中厚-厚层状弱岩溶化较坚硬碳酸盐岩岩组；5. 薄-中厚层状较坚硬沉积变质岩岩组；6. 中厚-厚层状较坚硬-坚硬混合岩化变质岩岩组；7. 镶嵌-块状坚硬花岗岩岩组；8. 松散状风化岩组

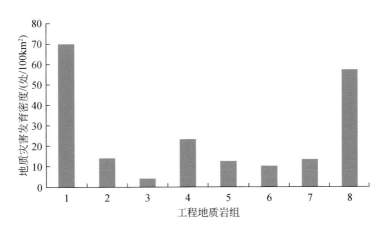

图 8.7　地质灾害发育密度与工程地质岩组关系图

1. 松散-中密混杂土体；2. 薄-中厚层状较软砂泥岩-较坚硬砂砾岩岩组；3. 薄层夹厚层状较软-较坚硬火山-沉积岩岩组；4. 中厚-厚层状弱岩溶化较坚硬碳酸盐岩岩组；5. 薄-中厚层状较坚硬沉积变质岩岩组；6. 中厚-厚层状较坚硬-坚硬混合岩化变质岩岩组；7. 镶嵌-块状坚硬花岗岩岩组；8. 松散状风化岩组

4）斜坡结构

斜坡结构是斜坡内部岩土体结构，由各种结构面和坡面组合共同控制，斜坡结构对斜坡的稳定性、变形破坏模式等具有重要的影响。通过研究分析斜坡结构与地质灾害发育分布关系，研究区顺向坡内地质灾害发育数量最大，达到 384 处，其次为斜向坡，分布了 279 处，土质斜坡中分布 178 处（图 8.8）。

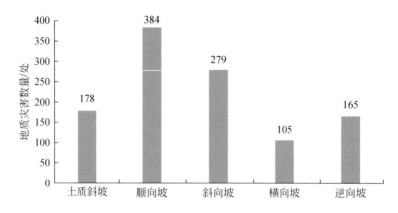

图 8.8　地质灾害数量与斜坡结构关系图

从地质灾害发育密度来看，土质斜坡地质灾害发育密度最大，其次为顺向坡，再次为逆向坡，横向坡中发育密度最小（图 8.9、图 8.10）。

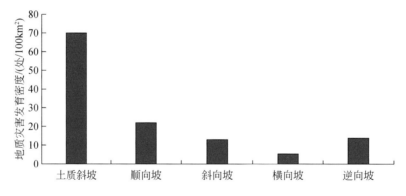

图 8.9　地质灾害发育密度与斜坡结构关系图

5）距断裂距离

地质构造是重要的地质条件之一，其对地貌具有重要影响，又控制了岩体结构，对地质灾害发育具有综合控制作用。地质结构面包括层面、断层面、节理面、片理面、不整合接触面等，这些面的组合形成了斜坡特殊结构，也控制了岩土体的工程性质，同时形成了斜坡的失稳破坏面，因此对地质灾害的形成具有重要的控制作用。

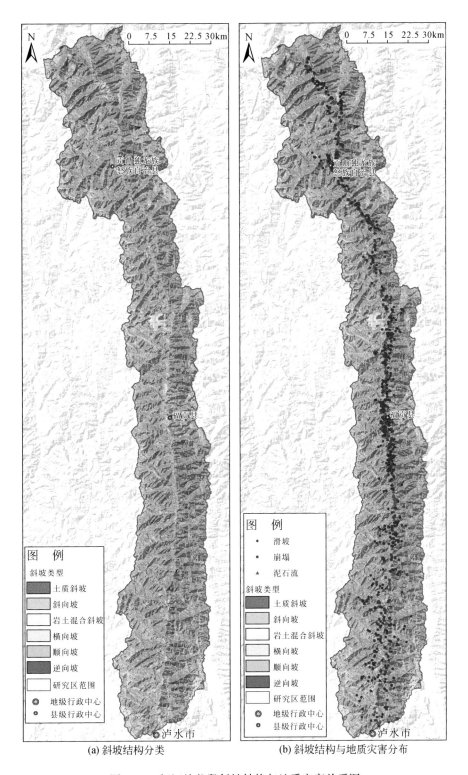

(a) 斜坡结构分类　　　　　　　　(b) 斜坡结构与地质灾害分布

图 8.10　怒江峡谷段斜坡结构与地质灾害关系图

　　断裂构造是重要的地质构造之一，尤其活动断裂对地形地貌、地质灾害等具有重要的影响，据研究结果，活动断裂控制了斜坡形成演化，并影响了斜坡的风化卸荷作用和地震断裂的活动，同时地形地貌对地震力具有明显的放大效应，在内外动力耦合的作用下形成了地质灾害链。在汶川地震、芦山地震后，有学者研究活动断裂的地质灾害效应得出（黄润秋和许强，2008），绝大多数大型-巨型滑坡紧邻断裂上盘发育，断层上盘 0 ~ 7km 范围为地质灾害强发育区。活动断裂会发生地震作用，地震会诱发大量的斜坡失稳破坏，同时活动断裂造成岩体破碎，是地质灾害链的重要源头。本次研究采用距断裂距离区间分段与地质灾害发育分布关系分析断裂对地质灾害的控制作用。

　　研究区主要断裂带为怒江大断裂，其延伸方向与河流一致，活动断裂对地质灾害具有重要的控制作用。距断裂距离 0 ~ 400m 范围内的地质灾害数量为 315 处，占总数的 28.4%，其中在距断裂距离 0 ~ 100m 范围内分布地质灾害 105 处，断裂横穿部分灾害。从分析结果来看，距断裂距离越近，地质灾害发育密度越大，断裂距离增加，地质灾害发育密度呈下降趋势，距断裂距离和地质灾害密度关系一致性较好，断裂对地质灾害发育具有明显的控制作用（图 8.11、图 8.12）。

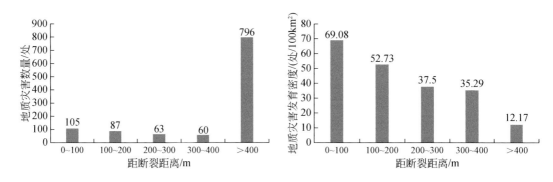

图 8.11　地质灾害数量、地质灾害发育密度与距断裂距离的关系

6）河网密度

　　河流是地表改造最强烈的外动力之一，河流侵蚀是重要的地质作用之一，河流对岸坡的演化和斜坡的应力分布具有重要的影响。河流侵蚀引起斜坡地貌的变换，同时引起岸坡卸荷拉裂，加剧斜坡变形。研究区主要为怒江水系，河流下切侵蚀强烈，地质灾害分布沿河流呈"线状"分布。本次研究分析地质灾害空间分布和河网密度的关系，将研究区河流划分为三个等级，采用加权方法计算单位面积内河流长度，获取河网密度，划分河网密度区间，分析河网密度区间的地质灾害数量和地质灾害发育密度，从统计结果看，河网密度在大于 0.8km/km² 范围段地质灾害数量最多，在河网密度 0.6 ~ 0.8km/km² 范围段地质灾害发育密度最大。整体来看，随河网密度的增大地质灾害发育密度呈增加的趋势，河网密度对地质灾害发育具有控制作用（图 8.13）。

7）人类工程活动

　　近几十年来，我国的社会经济飞速发展，随着研究区的人口增长和社会经济不断发展，人类工程活动成为重要的外动力作用，人类工程活动对地表环境的改造程度越来

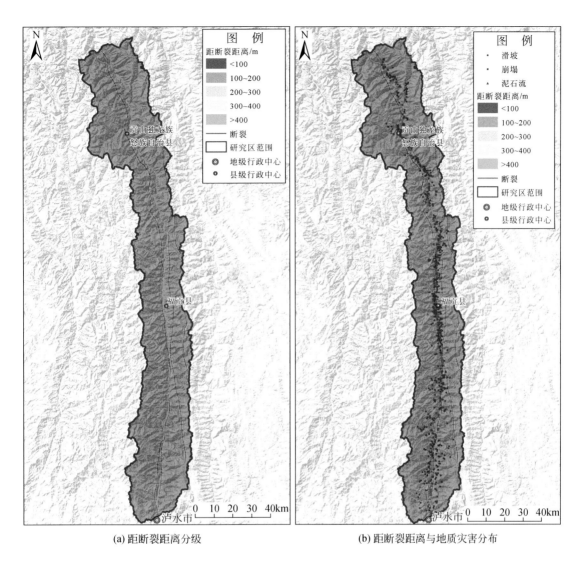

(a) 距断裂距离分级　　　　　　　　　(b) 距断裂距离与地质灾害分布

图 8.12　怒江峡谷段距断裂距离与地质灾害关系图

大，对地质环境造成的破坏也越来越大，对地质灾害的发育产生了重大的影响。大量的工程切坡开挖，破坏了原始斜坡长期演化形成的平衡状态，诱发了大量斜坡失稳，形成了大量的工程边坡。目前研究区主要的人类工程活动包括农业耕种、伐木、城镇建设、采矿、道路建设、水利水电工程等，受限于地形条件，人类工程活动主要集中在海拔 2500m 以下的区域，主要沿怒江干流两岸及其支流中下部区域活动。人类工程活动不仅破坏了斜坡岩土体结构，也造成了地表植被破坏，影响了区内水文条件，加剧了地质灾害活动。人类工程活动诱发的地质灾害主要沿河谷呈带状分布，其诱发或加剧的地质灾害数量在逐渐增加，区内的地质灾害发育分布与不合理的人类工程活动作用密切相关。怒江干流目前水电站开发较少，本次研究采用居民房屋密度和道路密度反映人类工程活动强度，结合房屋建筑密度和道路密度，叠加获取人类工程活动强度分布图（图 8.14）。根据计算结果把人类

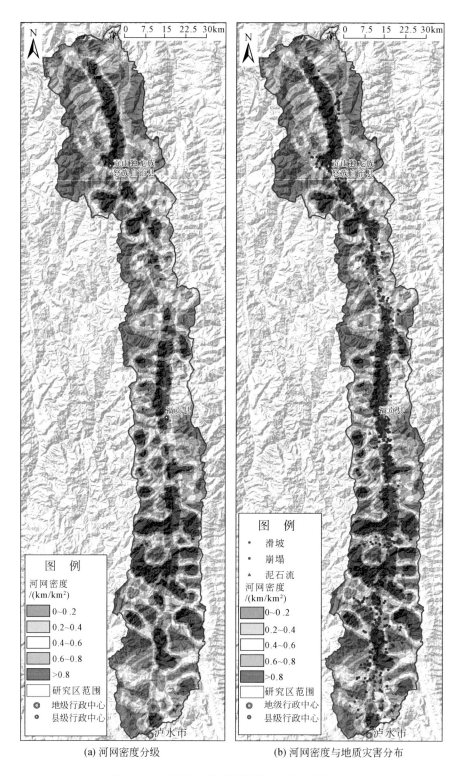

(a) 河网密度分级　　　　　　　　(b) 河网密度与地质灾害分布

图 8.13　怒江峡谷段河网密度与地质灾害关系图

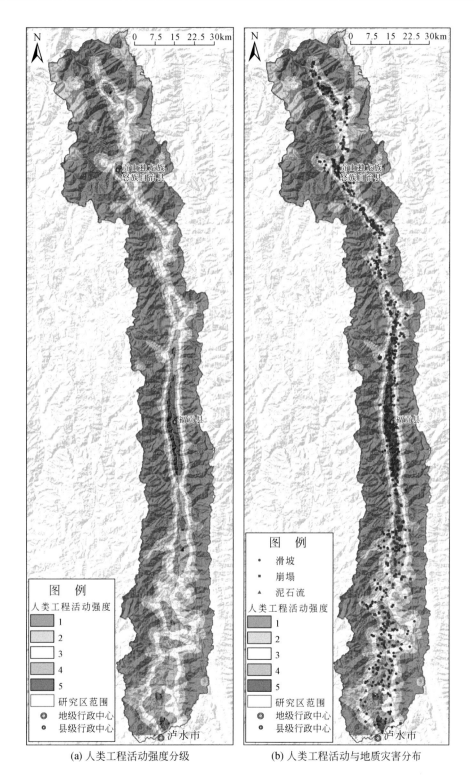

(a) 人类工程活动强度分级　　　　(b) 人类工程活动与地质灾害分布

图 8.14　怒江峡谷段人类工程活动与地质灾害关系图

1~5 表示人类工程活动强度由弱到强，1 为最弱，5 为最强

工程活动强度分布五个等级，分别统计每个人类工程活动强度区间的地质灾害数量和地质灾害发育密度，统计结果表明：地质灾害发育密度和人类工程活动强度具有较好的一致性，随着人类工程活动强度增加，地质灾害发育密度也不断增大。

2. 评价指标相关性分析

地质灾害是孕育在一定的地质环境中的，不同的地质环境中往往发育着不同类型、不同规模的地质灾害。地质灾害是各种地质因素综合作用的结果，但某一些地质因素对地质灾害的形成有着重大影响，如斜坡岩土体类型、斜坡结构类型、斜坡坡度等，而这些因素是我们进行区域地质灾害易发性区划的重要指标。为了定量分析各个评价指标与地质灾害是否发生的相关度，采用 SPSS 软件进行相关性分析（表 8.5）。Spearman 等级相关系数，即秩相关系数，按相关程度可以分为完全相关、不完全相关与不相关三类，对应的相关系数取值为±1、$(-1,0) \cup (0,1)$ 与 0。Sig. (2-tailed) 为相关显著性系数，它表明 Spearman 等级相关系数是否具有统计学意义。所有评价指标的 Spearman 等级相关系数均不为 0，且自变量与因变量相关的双侧显著性值为 0（<0.01），因此表 8.5 中所有的评价因子与地质灾害的易发程度是相关的。

表 8.5　主要评价指标相关性分析表

变量	Y	
	Spearman 等级相关系数	Sig. (2-tailed)
B_1	-0.133^{**}	0
B_2	0.214^{**}	0
B_3	-0.152^{**}	0
B_4	-0.056^{**}	0
B_5	-0.117^{**}	0
B_6	0.049^{**}	0
B_7	-0.136^{**}	0

注：表中 Y 为地质灾害是否发生；B_1 为坡度；B_2 为地形起伏度；B_3 为工程地质岩组；B_4 为斜坡结构；B_5 为距断裂距离；B_6 为河网密度；B_7 为人类工程活动。$**$ 为在置信度（双侧）为 0.01 时，相关性是显著的。

通过前面对怒江峡谷段地质灾害形成条件和影响因素的分析，初步选定坡度、地形起伏度、工程地质岩组、斜坡结构、距断裂距离、河网密度、人类工程活动七个指标作为怒江峡谷区地质灾害易发性区划的评价指标。

在获取滑坡、崩塌、泥石流地质灾害易发性评价结果后，采用相比取大值的方法获取地质灾害综合易发性区划图（图 8.15、图 8.16），即同一个栅格单元的易发性值为滑坡灾害易发值、崩塌灾害易发值、泥石流灾害易发值的大值。计算公式如下：

综合地质灾害易发值 = max[滑坡灾害易发值, 崩塌灾害易发值, 泥石流灾害易发值]

这里并不采用直接叠加的原因是，直接叠加会导致处于高易发栅格单元叠加低易发栅格之后综合易发值位于中位值左右，在叠加之后采用自然间断法分级时，中位值附近的数值被分为中易发或高易发，这就与实际情况产生了偏离，因此采用取大值叠加的方法求取综合易发性更合理。

图 8.15　怒江峡谷段地质灾害
综合易发性区划图

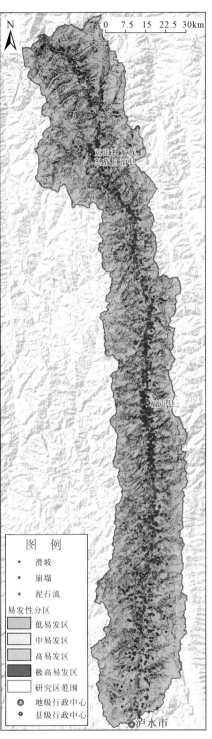

图 8.16　怒江峡谷段地质灾害分布与
综合易发性区划关系图

分别统计出各个地质灾害易发性分区的基本特征，其中极高易发区面积为 588km²，占全区总面积的 8.11%，共发育 234 处灾害点；高易发区面积为 1697km²，占全区总面积的 23.4%，共发育 367 处灾害点；中易发区面积为 2970km²，占全区总面积的 40.95%，共发育 447 处灾害点；低易发区面积为 1997km²，占全区总面积的 27.54%，共发育 63 处灾害点（表 8.6）。

表 8.6　怒江峡谷段地质灾害综合易发性分区统计表

地质灾害综合易发性分区	面积/km²	占比/%	地质灾害数量/处
极高易发区	588	8.11	234
高易发区	1697	23.4	367
中易发区	2970	40.95	447
低易发区	1997	27.54	63
合计	7252	100	1111

8.3　地质灾害危险性评价

怒江流域气候受地形及大气环流影响，比较复杂，多年平均气温南北相差悬殊，从北向南递增。六库气象站（海拔 910m）全球多年平均气温为 20.2℃，多年均降水量为 1222.0mm，最大降水量为 1742.1mm（1997 年）。每年的 5～10 月为雨季，降水量占全年总降水量的 80%，初夏和秋末暴雨较为频繁。泸水市内地质灾害主要发生于 3～11 月，尤其以 6～8 月最为活跃，其次为 4 月、9 月和 10 月，其余月份发生地质灾害相对较少。总的看来各类灾害发生时间基本与雨季吻合（图 8.17）

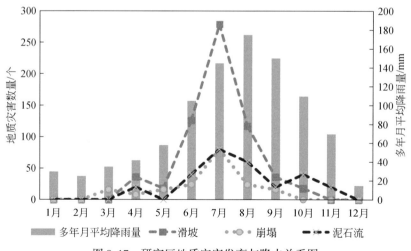

图 8.17　研究区地质灾害发育与降水关系图

8.3.1　评价因子选取

　　危险性评价是针对灾害体本身的影响因子指标分析，而地质灾害危险性是指在某种诱发因素作用下，一定区域内某一时间段发生特定规模和类型地质灾害的可能性。怒江峡谷段地处三江并流地区，降水量有明显的时空差异。5 ~ 10 月受西南季风气流控制，降水充沛，降水量占全年的 90% 以上，其中 6 ~ 8 月降水量占这一时期的 64% 以上；11 月至次年 4 月受南至西风气流控制，降水稀少，降水量仅占全年 10% 左右。怒江峡谷段降水特征在一定程度上决定了泥石流、崩塌、滑坡等斜坡灾害发生的时间和规模等。因此，采用降水作为诱发因素开展危险性评价工作。

8.3.2　评价因子量化

　　根据收集到的怒江峡谷区年平均降水量数据，利用各雨量站的年均降水量值进行插值分析，得到降水等值线图，分级为 900 ~ 1000mm、1000 ~ 1100mm、1100 ~ 1200mm、1200 ~ 1300mm 及 >1300mm 五级，分别统计各级范围内的地质灾害数量及面积，利用信息量计算公式，得到各级的信息量值。

8.3.3　危险性评价

　　在降水图层量化后，将其与前文评价得到地质灾害易发性进行叠加，采用自然间断法（natural break）将叠加计算的值分为四个等级。它们分别对应地质灾害低危险区、中危险区、高危险区与极高危险区四个等级，形成怒江峡谷段地质灾害危险性区划图（图 8.18）。

　　结果表明，极高危险区面积为 348km²，占全区总面积的 4.8%，包含现有灾害点 176 处；高危险区面积为 1124km²，占全区总面积的 15.5%，包含现有灾害点 238 处；中危险区面积为 2625km²，占全区总面积的 36.2%，包含现有灾害点 380 处；低危险区面积为 3155km²，占全区总面积的 43.5%，包含现有灾害点 317 处（表 8.7，图 8.18）。

表 8.7　怒江峡谷段地质灾害危险性评价分区统计表

地质灾害综合危险性分区	面积/km²	占比/%	地质灾害数量/处
极高危险区	348	4.8	176
高危险区	1124	15.5	238
中危险区	2625	36.2	380
低危险区	3155	43.5	317
合计	7252	100	1111

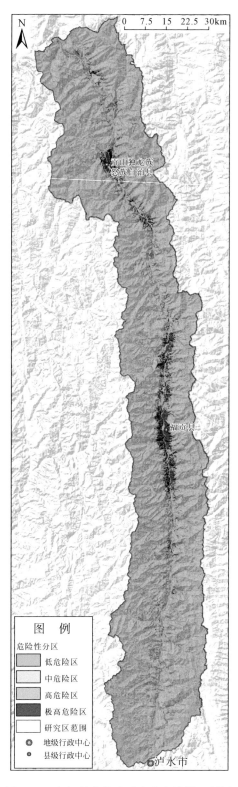

图 8.18　怒江峡谷段地质灾害危险性区划图

8.4　地质灾害易损性评价

8.4.1　评价方法及指标

1. 评价方法

地质灾害易损性评价是地质灾害风险评价的重要内容，是承灾体具有暴露程度、应对能力及压力后果的一种综合表现，指在统计区域灾害、崩塌、泥石流等地质灾害数量、分析研究灾害分布规律的基础上，采用数学模型定量的评价各类型承载体的抗灾能力，损失值的大小与灾害的类型、强度及承载体固有特征实力关系密切。陈丽霞等（2008）提出易损性是地质灾害社会属性的反映，区域社会经济发展的程度也是其重要的影响因素，往往通过调整经济产业结构就可以使承载体的抗灾能力增强，灾害造成的损失也随之减少。易损性评价研究不仅能为地质灾害风险评价提供基础的社会经济数据，而且可以为区域防灾、减灾预案的制订以及工程的实施提供科学依据。

2. 评价指标选取

目前，易损性评价没有统一的评价指标，研究者根据研究区地质灾害的分布规律以及承载体所处的自然社会环境选择评价指标，因此不同研究者采用的评价指标也不尽相同。刘希林、吴越等将易损性评价指标分为人口易损性、物质易损性和经济易损性等三种类型，其中人口易损性主要考虑人口密度、年龄结构、受教育程度等因素，物质易损性包括交通、建筑物密度、道路密度等因素，经济易损性需要考虑经济发展水平（GDP）、土地资源、矿产资源等。在此对部分研究者采用的易损性评价指标进行了简要统计，结果显示人口密度、年龄结构、受教育程度以及土地利用指标被大多数学者采用，其他诸如固定资产投资总额、社会总产值、房屋、交通设施、因灾死亡人口比以及直接经济损失比等指标，研究者往往根据研究区地质灾害情况、数据收集情况及研究方法的不同来选择。

3. 评价指标体系

在充分分析研究区地质灾害及其承灾体基本特征，以及全面考虑研究区易损性评价的数据获取的基础上，选择了人口密度、建筑物密度、道路密度，构建了适合研究区的地质灾害易损性评价指标体系。该指标体系涵盖了对灾害易损性具有重要影响的主要指标，以充分反映该地区易损性的自然与社会特征。在确定评价指标的基础上，根据不同评价指标结合研究区实际情况构建各自的分级标准和赋值标准。

8.4.2　易损性评价

本次开展怒江峡谷段的易损性评价，主要考虑人口易损性、建筑物易损性和交通设施易损评价性，最后叠加获取评价范围内的综合易损性（表8.8）。

表 8.8　承灾体易损性赋值建议表

承灾体类型	分级	赋值
人口数量/人	≥1000	0.8 ~ 1.0
	100 ~ 1000	0.5 ~ 0.8
	10 ~ 100	0.3 ~ 0.5
	<10	0 ~ 0.3
建筑物面积/m²	≥10000	0.8 ~ 1.0
	1000 ~ 10000	0.5 ~ 0.8
	100 ~ 1000	0.3 ~ 0.5
	<100	0 ~ 0.3
交通设施	省道公路	0.8 ~ 0.9
	国家级公路	0.5 ~ 0.8
	省级公路	0.3 ~ 0.5
	城市道路	0.2 ~ 0.3
	一般公路	0.1 ~ 0.3
	省道铁路	0.8 ~ 1.0
	一般铁路	0.3 ~ 0.6
其他生活设施	油气线路	0.8 ~ 1.0
	输水线路	0.4 ~ 0.7
	输电线路	0.4 ~ 0.7
	通信线路	0.3 ~ 0.6

1. 人口易损性评价

通过对已收集的第三次全国国土调查数据资料分析，获得每个乡镇城镇、村庄占地面积，怒江峡谷段总人口为21.34万人，根据收集到的各个村人口数量及各村面积，得到各村人口密度。再利用各乡镇建筑物面积乘以各乡镇人口密度，得到各建筑物的人口总数，对各级人口进行易损性赋值，获取人口易损性区划图（图8.19）。

2. 建筑物易损性评价

建筑物易损性评价主要是通过其面积大小来概化其易损值，根据收集到第三次全国国土调查数据，房屋面积归一化处理后，将其归一化值作为其易损值，得到建筑物易损性区划图（图8.20）。

3. 交通设施易损性评价

通过资料收集，获取怒江峡谷段内的主要道路、省道及一般村道的数据，利用 ArcGIS 缓冲分析功能，以主要道路宽度 20m 为缓冲距离，省道路 30m 为缓冲距离，形成道路的面文件，按不同类型的道路进行赋值，得到交通设施易损性区划图（图8.21）。

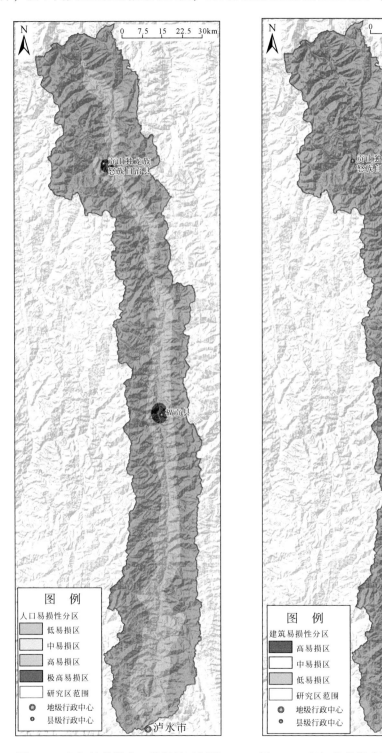

图8.19 怒江峡谷段人口易损性区划图　　图8.20 怒江峡谷段建筑物易损性区划图

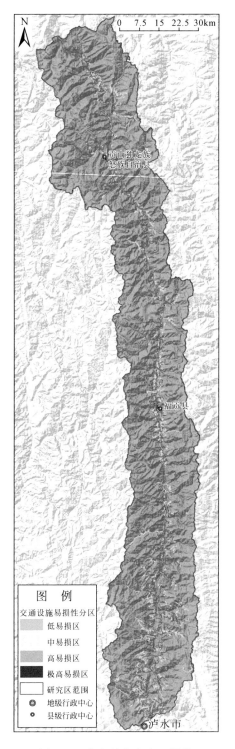

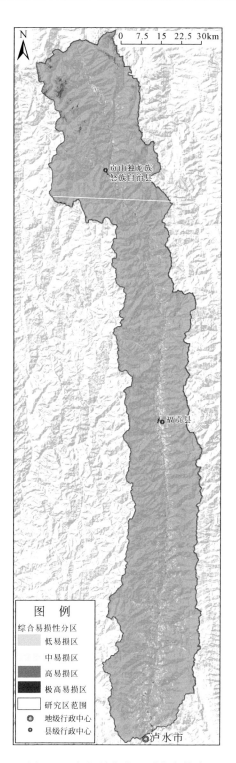

图 8.21　怒江峡谷段交通设施
易损性区划图

图 8.22　怒江峡谷段地质灾害综合
易损性区划图

4. 综合易损性评价

1) 综合易损性叠加权重

本书通过层次分析法确定各个易损性因子的权重，对人口易损性（A_1）、建筑物易损性（A_2）、交通设施易损性（A_3）通过专家打分法来判断各个指标的相对重要性，构造判断矩阵，利用层次分析法确定三个因子的权重（表 8.9）。

表 8.9　层次分析法确定易损性评价因子权重值

评价因子	A_1	A_2	A_3	权重
A_1	1	3	7	0.6024
A_2	1/3	1	2	0.2451
A_3	1/7	1/2	1	0.1103

2) 综合易损性评价

将得到的受地质灾害威胁的人口易损性、建筑物易损性、交通设施易损性以及其他生活设施易损性按上述层次分析法得到的权重因子进行叠加，获取综合易损性值，然后进行区划，将其划分为极高易损区、高易损区、中易损区和低易损区，得到地质灾害综合易损性区划图（图 8.22）。

8.5　地质灾害风险评价

怒江峡谷段地质灾害风险评价是根据区域风险和易损性分析结果，采用相应的技术方法对可能存在地质灾害风险区域的风险规模、发生风险可能性（概率）以及风险分布范围进行定量或半定量的评价，风险评价既考虑了地质灾害的自然属性，也考虑了社会属性。

地质灾害风险评价可以分为定性风险评价和定量风险评价两种。在进行地质灾害风险评价时定性评价和定量评价的选择与评价区域的大小、评价精度以及获取数据的详细情况相关。

地质灾害风险从概念上是指地质灾害发生的可能以及发生后造成损失的大小，可以表达为危险性和易损性两个因素的函数。1992 年，联合国提出的自然灾害风险表达式为风险（risk）= 危险性（hazard）×易损性（vulnerability），该函数可以用风险三角形表达，即地质灾害风险三角形中危险性和易损性为三角形的两条直角边，地质灾害风险（R）的值为三角形面积。这个三角形体现了当危险性、易损性越大，风险的值也就越大；当无危险性或易损性时，则不存在风险。

2000 年，刘希林（2000）在进行郧通地区泥石流风险区划研究时，提出区域地质灾害风险等级划分由危险性等级和易损性等级自动生成，经证明该方法比较合理，在定性风险评价中得到广泛的应用。

当研究区的评价精度要求较高以及获取数据较详细情况时，可以进行定量风险评价。

地质灾害定量风险评价通常用于单体地质灾害风险评价，或者面积较小且重要的研究区，由于资料的限制，在大区域地质灾害风险评价中很少进行定量风险评价。在地质灾害定量风险评价中，风险也同样通过危险性和易损性的乘积来获得，但危险性和易损性的表达与定性表达中危险性等级和易损性等级有所区别。国内外常用的地质灾害定量风险评价方法如表8.10所示。

表8.10 国内外常用地质灾害定量风险评价方法一览表

资料来源	风险公式	说明
Jones	$R_s = P(H_i) \times \sum (E \times V \times E_x)$ $R_t = \sum R_s$	R_t 为总风险；R_s 为单项风险；$P(H_i)$ 为危险性；E 为承载体价值；V 为易损性；E_x 为受灾体价值
Morgan	$R = P(H) \times P(S/H) \times V(P/S) \times E$	$P(H)$ 为滑坡事件的年概率；$P(S/H)$ 为滑坡事件的空间概率；$V(P/S)$ 为易损性；E 为承载体价值
张业成	$ZR = R_1 + Z_w + Z_s$ $ZJ = J_1 + Z_w + Z_s$	ZR、ZJ 分别为人员伤亡和经济损失；R_1、J_1 分别为人口死亡率和经济死亡率；Z_w 为危险性；Z_s 为易损性
张春山	$D(S) = (D_{wi}, D_{yn}) \times L(D_{wi}, D_{yn}) \times (1 - D_f)$	$D(S)$ 为损失值；D_{wi} 为危险等级；D_{yn} 为受灾类型；D_f 为减灾有效度
金江军	风险 = 危险性 × 易损性 ÷ 防灾减灾能力	

从上述方法中可以看出对于危险性可以表达为地质灾害发生的概率，而承载体的价值及其损失率统计较为详细，当研究区较小时可以使用，大的研究区难以收集完备资料。

本节进行怒江峡谷段地质灾害风险评价的基础底图为1∶5万比例尺遥感卫星图，采用定性分析方法进行地质灾害风险评价。参考前人的研究成果，利用危险性和易损性等级自动生成风险等级的方法，在前文地质灾害危险性与易损性等级划分的基础上，建立地质灾害风险定性分级矩阵。

根据前文分析得到的危险性和易损性评价结果，根据表8.11将易损性和危险性进行矩阵叠加分级，得到区域单元的风险评价图，按照评价结果，进行区划圈定，形成区域地质灾害风险区划图。

表8.11 地质灾害风险等级划分建议表

危险性 \ 易损性	极高	高	中	低
极高	极高	极高	高	中
高	极高	高	中	中
中	高	高	中	低
低	高	中	低	低

由于怒江峡谷段前期开展了地质灾害防治工程，本次风险区划在收集分析前期防治工程效果的基础上，结合历史地质灾害事件的发生情况，对风险评价结果进行修正，得到怒

江峡谷段地质灾害风险区划图（图 8.23）。本次怒江峡谷段地质灾害风险划分为极高风险

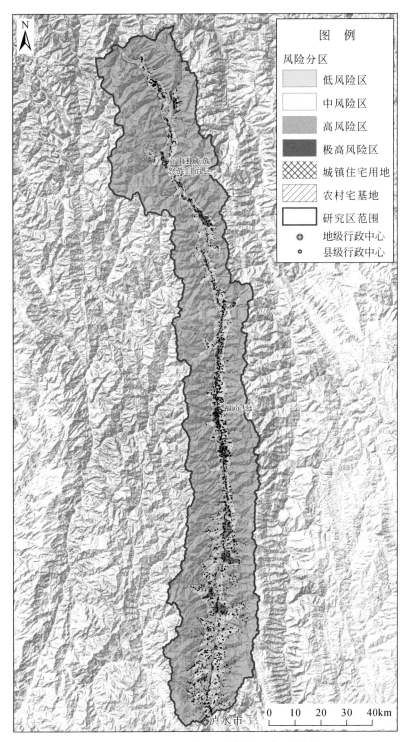

图 8.23　怒江峡谷段地质灾害风险区划图

区、高风险区、中风险区和低风险区四个区，结果表明，极高风险区面积为 3.6km²，占全区总面积的 0.05%，包含现有灾害点 27 处；高风险区面积为 169.1km²，占全区总面积的 2.33%，包含现有灾害点 378 处；中风险区面积为 1632.9km²，占全区总面积的 22.52%，包含现有灾害点 539 处；低风险区面积为 5446.4km²，占全区总面积的 75.1%，包含现有灾害点 167 处（表 8.12）。

表 8.12　怒江峡谷段地质灾害风险区划表

地质灾害综合风险分区	面积/km²	占比/%	灾害数量/处
极高风险区	3.6	0.05	27
高风险区	169.1	2.33	378
中风险区	1632.9	22.52	539
低风险区	5446.4	75.1	167
合计	7252	100	1111

8.6　土地利用现状和可利用性分析

8.6.1　土地利用现状分析

1. 人口聚落分布与民用建筑工程活动

随着经济的发展，村镇人口不断增加、规模不断扩大，在此过程中，由于缺乏合理规划，村镇建设布局具有盲目性，导致了可利用土地容量同规划不相协调，早期的村镇建设缺乏必要的地质灾害危险性评估，很多村镇本就位于地质环境脆弱区或地质灾害危险区，村镇建设对自然地形地貌的改造程度超过其承受能力，引发各类地质灾害。

村镇建设规划的不合理性主要指在地质灾害危险区内发展村镇或村镇建设中功能区布局不合理性，导致人类活动的强度超过环境所能承受的能力。另外指规划建设中无排水系统或排水系统不合理，生活污水和雨水随意顺沟排放。排水体系缺乏管理，阻塞现象常见，造成排水不畅，或排水沟渠不做硬化处理，在裂隙节理发育段，造成大量集中入渗，无法正常发挥应有的排水功能。

不合理的建设行为较多，主要表现在村民建房切坡、回填、局部加载等。切（削）坡建房，形成人为临空面，局部岩土体卸荷减阻，应力集中，破坏斜坡原有稳定平衡状态，易诱发牵引式滑坡和加剧堆积层滑坡的运移。松散固体废弃物就地顺坡堆放，在强降水诱发下，易成为泥石流灾害的固体物源和形成堆积层滑坡，进一步演化为滑坡-泥石流灾害链。局部区域由于建筑加载，使斜坡的下滑力增加，加上地基土超载，发生固结、压缩、沉降变形，地基失稳，造成房屋建筑的变形破坏。

2. 农业开发

工作区人口众多，随着人口的逐年增长，人类对土地资源的需求逐渐增加，特别是山区村民的人均耕地较少，人口土地的承载负担加重，为了扩大种植面积，村民毁林开荒、陡坡垦植现象普遍，而且居住在山区群众的生活用柴、建房用材都是木材，因此，每年开荒毁林和大量消耗的森林资源，导致大面积林地沦为农耕地或荒地，森林植被破坏严重，造成森林资源减少，水土流失逐年加重，自然环境不断恶化，频频引发崩塌、滑坡、泥石流等地质灾害。

3. 矿山开发

怒江地处我国著名西南"三江"有色金属成矿带中段，成矿条件有利，矿产资源种类繁多，储量丰富。怒江流域是云南最重要的有色金属矿化集中区之一，目前已发现铅、锌、铜、银、锡及大理石等 42 个矿种，其中有 23 种勘查了资源储量，18 种矿产列入云南省储量平衡表。流域内共有开采矿山 400 多处，其中煤炭资源开采矿山 53 处，大多分布于临沧和保山；金属矿山 126 处，主要分布于怒江干流附近地区和保山临沧地区；建材类矿山较多，共约 270 处，主要分布于保山市；流域内还分布有 8 处其他非金属矿山。

植被覆盖情况和人类工程活动对地质灾害有重要影响，植被和人类工程活动遥感解译主要调查区内土地利用现状，从解译结果来看（表 8.13，图 8.24、图 8.25），区内森林植被主要以有林地为主，占总面积的 74.73%，其次为灌木林，占总面积的 8.21%，草地占 5.81%；怒江流域地貌以高中山、高山峡谷为主，山峦起伏，地理环境复杂，气候类型多样，植物种类丰富，植物群落类型多样，从亚热带常绿阔叶林、温带针叶林到高山灌丛草甸等各类型的植被，流域内均有分布。人类工程活动以农业耕作、城镇建设和道路建设为主，其中耕地占总面积的 3.69%，城镇住宅用地和农村宅基地分别占 0.07%、0.38%，公路建设用地面积占 0.30%。水域面主要为怒江河水面和少量湖泊、坑塘水面，占总面积的 0.82%。裸地分布在河漫滩和山脊基岩光壁，占 4.18%。

表 8.13　森林植被及人类工程活动遥感解译统计表

大类	类别	面积/km²	占比/%	备注
森林植被	有林地	5419.1	74.73	乔木、有林地
	灌木林	595.2	8.21	灌木林、灌丛
	草地	421.2	5.81	
人类工程活动	农村宅基地	27.8	0.38	
	城镇住宅用地	5.3	0.07	
	耕地	267.9	3.69	旱地和水田
	园地	48.2	0.66	
	工矿用地	2.1	0.03	矿山和水工用地
	公路建设用地	21.9	0.30	道路及其附属设施
水域面	水域面	59.6	0.82	怒江河水面和少量湖泊、坑塘水面
其他	裸地	303.1	4.18	滩涂、裸地
	冰川永久积雪地	80.6	1.11	
合计		7252.0	100	

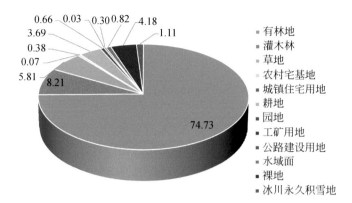

图 8.24　森林植被及人类工程活动面积占比（%）统计图

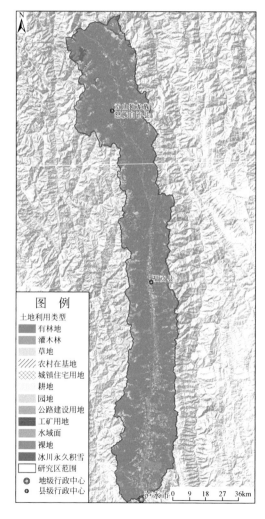

图 8.25　怒江峡谷段森林植被及人类工程活动解译图

8.6.2 土地可利用性分析

怒江州怒江峡谷段地形起伏大，河流切割强烈，岸坡陡峻，人类工程活动区主要集中在怒江干流两侧缓坡地段和较大支流中下部，从前文对区内人类工程活动分析统计来看，人类工程活动主要集中在海拔2500m以下区域，海拔2500m以上主要为山脊或支流流域后部，基本无人类工程活动，因此本次工作分析区内可利用的土地主要考虑海拔2500m以下范围，按照斜坡类型划分标准，小于25°的为缓坡，为主要的人类工程活动区，也是适宜工程建筑活动的坡度范围，通过统计区内斜坡坡度得出（表8.14，图8.26、图8.27），工作区海拔2500m以下区域面积为2723km²，占工作区总面积的37.5%，其中坡度范围在0°~25°的面积为565.5km²，占区内总面积的20.77%，小于15°的面积仅126km²，占区内总面积的4.63%；坡度范围为25°~35°的面积为1001.2km²，占区内总面积的36.77%；坡度范围为35°~45°的面积为945.6km²，占区内总面积的34.73%；坡度范围大于45°的面积为210.7km²，占区内总面积的7.74%；区内水域面主要为怒江及其较大支流水面，面积为56.2km²，占区内总面积的2.06%。

表8.14 人类工程活动区（海拔2500m以下）斜坡坡度分级统计表

坡度分级	0°~15°	15°~25°	25°~35°	35°~45°	>45°	水域面	合计
面积/km²	126	439.5	1001.2	945.6	210.7	56.2	2723
占比/%	4.63	16.14	36.77	34.73	7.74	2.06	100

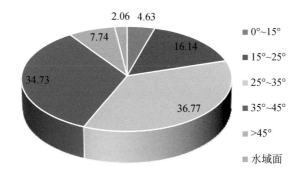

图8.26 人类工程活动区（海拔2500m以下）斜坡坡度分级占比（%）统计图

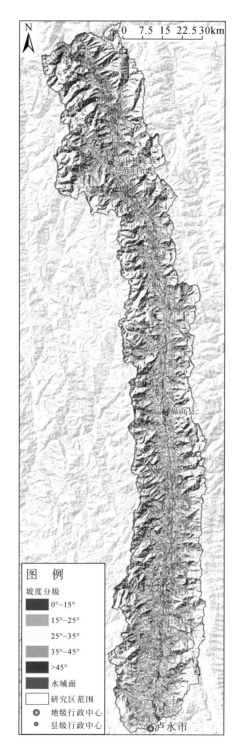

图 8.27 怒江峡谷段人类工程活动区（海拔 2500m 以下）斜坡坡度分级图

8.7　小　　结

　　通过对怒江峡谷段地质基础资料、地质灾害资料、社会经济资料、气象水文资料等的收集分析，结合野外查证对区内地质灾害发育分布规律、主控因素进行了分析，区内地质灾害主要沿怒江河谷呈带状分布，地质灾害的主控因素包括地形坡度、地形起伏度、工程地质岩组、斜坡结构、距断裂距离、河网密度、人类工程活动等。对研究区开展地质灾害易发性、危险性和风险综合评价和区划，分别统计出各个地质灾害易发区的基本特征，易发性分区为极高易发区、高易发区、中易发区和低易发区，其中极高易发区面积为588km²，占全区总面积的 8.11%，高易发区面积为 1697km²，占全区总面积的 23.4%，中易发区面积为 2970km²，占全区总面积的 40.95%，低易发区面积为 1997km²，占全区总面积的 27.54%。地质灾害危险性评价主要考虑降水因素，将危险性分为极高危险区、高危险区、中危险区和低危险区，极高危险区面积为 348km²，占全区总面积的 4.8%，高危险区面积为 1124km²，占全区总面积的 15.5%，中危险区面积为 2625km²，占全区总面积的 36.2%，低危险区面积为 3155km²，占全区总面积的 43.5%。易损性评价，主要开展人口易损性、建筑物易损性和交通设施易损性评价，最后叠加获取评价范围内的综合易损性。地质灾害风险可分为极高风险区、高风险区、中风险区和低风险区，极高风险区面积为3.6km²，占全区总面积的 0.05%，高风险区面积为 169.1km²，占全区总面积的 2.33%，中风险区面积为 1632.9km²，占全区总面积的 22.52%，低风险区面积为 5446.4km²，占全区总面积的 75.1%。最后，对区内的土地可利用性进行了分析，区内森林植被主要以有林地为主，占总面积的 74.73%，其次为灌木林，占总面积的 8.21%，草地占 5.81%；怒江流域地貌以高中山、高山峡谷为主，山峦起伏，地理环境复杂，气候类型多样，植物种类丰富，植物群落类型多样，从亚热带常绿阔叶林、温带针叶林到高山灌丛草甸等各类型的植被，流域内均有分布。人类工程活动以农业耕作、城镇建设和道路建设为主，其中耕地占总面积的 3.69%，城镇住宅用地和农村宅基地分别占 0.07%、0.38%，公路建设用地面积占 0.30%。水域面主要为怒江河水面和少量湖泊、坑塘水面，占总面积的 0.82%。裸地分布在河漫滩和山脊基岩光壁，占 4.18%。区内人类工程活动主要集中在海拔 2500m以下区域，海拔 2500m 以上主要为山脊或支流流域后部，基本无人类工程活动，因此本次工作分析区内可利用的土地主要考虑海拔 2500m 以下范围，按照斜坡类型划分标准，小于25°的为缓坡，为主要的人类工程活动区，也是适宜工程建筑活动的坡度范围。研究区海拔 2500m 以下区域面积为 2723km²，占研究区总面积的 37.5%，其中坡度范围在 0~25°的面积为 565.5km²，占区内总面积的 20.77%，小于 15°的面积仅 126km²，占区内总面积的4.63%；坡度范围为 25°~35°的面积为 1001.2km²，占区内总面积的 36.77%；坡度范围为 35°~45°的面积为 945.6km²，占区内总面积的 34.73%；坡度范围大于 45°的面积为210.7km²，占区内总面积的 7.74%；区内水域面主要为怒江及其较大支流水面，总面积56.2km²，占区内总面积的 2.06%。

第9章　云南怒江县城地质灾害风险评价

9.1　概　　述

在国家城镇化发展进程中,山区城镇化成为其中的一个重要组成部分。然而,随着山区城镇化的不断发展,一个无法避免的问题开始出现在我们面前,那就是山区城镇地质灾害的防治问题。西南山区的地形多为高山峡谷,地势较为险要,人们自古以来选择居住地时多是依山而建、傍水而居,因此许多城镇都位于地形条件相对狭窄的山区河谷地带,城镇四周山体连绵、沟谷发育、地质条件较为复杂。山区城镇受当地自然因素影响,崩塌、滑坡、泥石流等地质灾害时常发生。同时,随着城镇化建设的飞速发展以及城市化和城乡一体化建设进程的快速推进,人类工程活动日渐强烈,原有的地质环境容量已经不能满足城镇建设发展的需要,城镇建设开始向地质环境条件相对较差的地方扩建,城镇发展严重挤压泥石流沟道,开展大量的工程切坡。这些不合理的城镇化,也逐渐成为山区地质灾害一大诱发因素。在自然因素与人为因素的共同作用下,西南山区城镇地质灾害频发,给当地居民带来了巨大的损失:2001年5月1日,重庆武隆县城发生滑坡,致使79人死亡、7人受伤,一栋9层楼房被毁;2005年,四川丹巴县城后山滑坡,破坏了坡前数千平方米的房屋,危及4600多人的生命安全;2008年5月12日,北川老县城受汶川地震影响多处山体垮塌,县城大半被埋,死伤无数等。

随着我国农村城镇化进程的迅猛发展,城镇人口急剧上升、范围不断扩大,需要防范和保护的范围也不断延伸,如何提前防治地质灾害的发生就成为城镇化发展过程中无可避免的问题。目前,国内外相关专家、学者们研究的重点主要都集中在如何做好山区城镇的地质灾害风险评估上,通过风险评估的结果对城镇化建设起指导性作用,避开地质灾害风险较高的区域,减小受灾害影响的可能性。2010年,许强等(2010b)以四川省丹巴县城为例,开展了西南山区城镇地质灾害易损性评价方法,从风险评估中的易损性评价这一方面进行了更加深入的研究。2011年,张东明等(2011)也利用GIS技术对重庆市进行了地质灾害风险区划,将风险分区的研究重心集中在危险性与易损性分区上。2012年,齐信等(2012)从定义、研究现状、评价内容及发展趋势上对地质灾害风险评价进行了分析阐述。2013年,郝连成(2013)针对山区城镇地震地质灾害风险评价的技术方法与指标体系进行了研究,并构建了AHP-Fuzzy综合评判模型,验证了其合理性。2014年,孟庆华等(2014)在综合分析承灾体易损性评价及风险容许标准制定方法的基础上,以陕西省凤县为例利用ArcGIS软件与经验方法,根据不同灾害类别对人口和财产进行风险评估,对秦岭山区城镇地质灾害风险评估提供了思路和方法。2015年,徐健铭(2015)也利用遥感与GIS技术,在地质灾害调查分析的基础上对汶川映秀镇展开了地质灾害危险性评价,并进一步完成了地质灾害风险评估。

2020 年开始了第一次全国自然灾害综合风险普查，全国、省、市、县级不同尺度地质灾害风险普查与评价工作全面展开。针对不同空间尺度的工作区域，由于灾害体发育分布规律、可获取的资料及其详细程度、孕灾地质条件等存在差异，其灾害风险评价的单元划分方式、指标体系及模型也不尽相同。怒江峡谷段属于深切割高山峡谷区，地质灾害发育，贡山县城和福贡县城均依河而建，城区地质灾害风险高，本书开展县城地质灾害风险评价，并提出相应的风险防控建议，为怒江峡谷段地质灾害防治和城镇发展规划提供基础支撑。

9.2　县城地质灾害风险评价

9.2.1　县城场址区地质灾害风险评价方法

县城场址区地质灾害风险区是指县城场址区中可能发生地质灾害且可能造成人员伤亡和经济损失的区域。县城场址区地质灾害风险评价是在开展县城场址区地质灾害识别的基础上，通过对地质灾害易发性、危险性、易损性进行评价，分析得出县城场址区内地质灾害风险区划结果。

1. 地质灾害识别

利用光学卫星遥感、InSAR、无人机等先进遥感技术结合野外调查，开展县城场址区内地质灾害识别，地质灾害类型包括但不局限于滑坡、崩塌、泥石流。通过多源、多期次遥感数据，识别地质灾害要素特征（类型、位置、规模、变形特征、稳定状态等）、孕灾地质环境条件（地形地貌、地层岩性、地质构造、控制性结构面、水文地质等）、承灾体特征（人口、房屋、土地利用类型、基础设施等）。通过地质灾害识别为县城场址区地质灾害风险评价提供基础数据支撑。

2. 地质灾害易发性评价方法

由于不同地质灾害的发育条件不同，其影响因子存在较大差异，因此，针对不同地质灾害类型选取适当的地质灾害发育的影响因子，是开展地质灾害易发性评价的关键。结合不同地质灾害类型的孕灾地质环境条件，尽可能全面考虑地质灾害发生的各种因素，有针对性地选取地质灾害易发性评价指标，是县城场址区地质灾害易发性评价因子的选取原则。

1）滑坡地质灾害易发性评价

建立滑坡地质灾害易发性评价指标体系，其核心是滑坡地质灾害易发性影响因素的确定。滑坡地质灾害易发性影响因素分为三类：滑坡内在因素、地质环境因素和诱发因素。滑坡内在因素主要包括滑坡物质组成、要素特征、变形特征及稳定状态；地质环境因素主要包括地层岩性及工程地质岩组、地形地貌、地质构造、斜坡结构等；诱发因素主要包括人类活动、降水、地震等。在建立滑坡地质灾害易发性评价指标体系的基础上，应用信息量模型对单个影响因子单独求解信息量，再将各影响因子的信息量进行叠加得出最终的滑坡易发性评价结果。

2）崩塌地质灾害易发性评价

崩塌地质灾害易发性评价指标体系中影响因素分为三类：崩塌内在因素、地质环境因素和诱发因素。崩塌内在因素主要包括崩塌危岩体物质组成、要素特征、变形特征及稳定状态；地质环境因素主要包括地层岩性及工程地质岩组、地形地貌、地质构造、斜坡结构等；诱发因素主要包括人类活动、降水、地震等。在建立崩塌地质灾害易发性评价指标体系的基础上，应用信息量模型对单个影响因子单独求解信息量，再将各影响因子的信息量进行叠加得出最终的崩塌易发性评价结果。

3）泥石流地质灾害易发性评价

泥石流地质灾害易发性评价指标体系中影响因素分为三类：泥石流内在因素、地质环境因素和诱发因素。泥石流内在因素主要包括一次泥石流最大冲出量、泥石流物源量、泥石流发生频率等；地质环境因素主要包括流域内地层岩性及工程地质岩组、地形地貌（流域面积、流域切割密度、主沟长度、主沟床弯曲系数）、地质构造等；诱发因素主要包括人类活动、降水、地震等。在建立泥石流地质灾害易发性评价指标体系的基础上，应用信息量模型对单个影响因子单独求解信息量，再将各影响因子的信息量进行叠加得出最终的泥石流易发性评价结果。

4）地质灾害易发性综合评价

在滑坡、崩塌、泥石流等地质灾害易发性评价的基础上，根据地质灾害易发性综合评价模型和评价方法，利用 ArcGIS 软件对县城场址区进行地质灾害易发性综合评价，将县城场址区地质灾害易发性分为极高易发区、高易发区、中易发区和低易发区。

3. 地质灾害危险性评价方法

经过地质灾害易发性综合评价模型和评价方法进行县城场址区地质灾害易发性评价，采用地质灾害点险情等级与易发区进行叠加的方法进行危险性评价，从而得出县城场址区地质灾害危险性分区。利用 ArcGIS 软件对县城场址区进行地质灾害危险性评价，将县城场址区地质灾害危险性分为极高危险区、高危险区、中危险区和低危险区。

4. 地质灾害易损性评价方法

地质灾害易损性评价是风险评价中的重要环节。地质灾害易损性主要通过光学卫星遥感、InSAR、无人机等先进遥感技术结合野外调查对风险区内各种受灾体的位置、数量、价值，以及对不同强度、不同种类地质灾害的抵御能力进行综合分析，确定可能遭受地质灾害危害的人口、财产和各类资源的数量及其破坏损失率。地质灾害易损性评价指标体系主要包括人口易损性、物质易损性。人口易损性指标主要包括人口数量、人口密度、房屋用地面积等指标。物质易损性指标主要包括建筑物类型、土地利用类型、输电线路、交通设施、水利水电工程等。

通过将人口易损性指标（人口数量、人口密度、房屋用地面积等）价值归一化处理，利用 ArcGIS 将人口易损性指标进行叠加分析,获得县城场址区人口易损性评价结果。通过将物质易损性指标(建筑物类型、土地利用类型、输电线路、交通设施、水利水电工程等)价值归一化处理,利用 ArcGIS 将物质易损性指标进行叠加分析,获得县城场址区物质易损性指标评价结果。最后,通过将人口易损性指标、物质易损性指标价值归一化处理,结合专家打分法,利用 ArcGIS 将二者进行叠加分析,获得县城场址区综合易损性评价结果,将县城场址区地质灾害易损性分为极高易损区、高易损区、中易损区和低易损区。

5. 地质灾害风险评价方法

县城场址区地质灾害风险评价是对县城场址区可能发生地质灾害且可能造成人员伤亡和经济损失的区域进行的区划评价方法。地质灾害风险具有自然属性,也就是地质灾害的发展和发生具有随机性,不能完全精确地被人类掌控、预测。同时地质灾害风险还具有社会属性,人类活动一方面可以减少灾害风险,另一方面也能导致风险增大,因而受灾体的承受能力存在不确定性。因此,地质灾害风险可以表示为

$$R = H \times V \tag{9.1}$$

式中,R 为地质灾害风险;H 为地质灾害危险性;V 为地质灾害易损性。

利用 ArcGIS 对地质灾害危险性、地质灾害易损性进行分析,获得县城场址区地质灾害风险评价结果,将县城场址区地质灾害风险分为极高风险区、高风险区、中风险区和低风险区。

9.2.2 贡山县城场址区评价

1. 评价区概况

1)地形地貌

贡山县城场址区地处青藏高原南东缘,横断山脉纵谷区北段。受印度板块与欧亚板块碰撞、挤压及江河深切的影响,形成了险峻的构造侵蚀高中山峡谷地貌。峡谷呈不对称"V"字形,东西两岸的碧罗雪山和高黎贡山对峙,坡度一般为 25°~35°。县城场址区位于怒江西岸四条近平行发育的溪沟洪积扇上(图 9.1),整体地势受到怒江切割影响,东西两侧高,沿江南北两侧低,海拔为 1370~2705m,最高点位于茨开镇西侧山脊,最低点位于茨开镇南东侧怒江河面,相对高差为 1335m。

县城人类工程活动主要集中在海拔 1400~1600m 范围内,该区域主要为沿江两侧阶地缓坡,面积约 4km²,占评价区总面积的 27%;海拔 1600~2000m 范围主要为场镇后山斜坡区,该区面积占评价区面积的 25%;海拔 2000m 以上主要为沟道后缘和山脊区域。县城场址区斜坡坡度主要分布在 0~75°范围,区内坡度 25°以下的缓坡面积仅 1.4km²,仅占全区面积的 10%,其中包括江面面积 0.5km²;区内斜坡坡度为 25°~35°面积为 2.6km²,占全区总面积的 17%;坡度大于 35°以上斜坡分布最多,占总面积的 73%(图 9.2)。

图 9.1　贡山县城场址区三维影像图

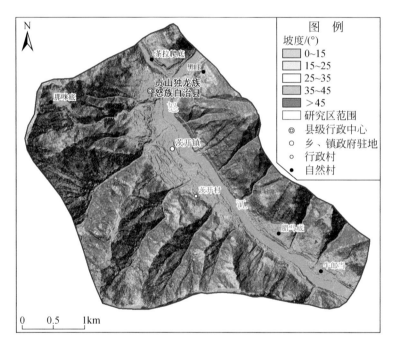

图 9.2　贡山县城场址区地形坡度分级图

2) 地层岩性及工程地质岩组

　　根据区域地质资料并结合本次调查,评价区主要出露的地层为第四系、二叠系、石炭系和燕山晚期岩浆浅成岩。第四系包括全新统泥石流堆积层（Q_4^{set}）、全新统冲洪积层（Q_4^{al+pl}）、残坡积层（Q_4^{el+dl}）等。二叠系（P）以二云板岩为主,夹粉砂岩、石英岩,少量出露在评价区南侧怒江右岸区域。石炭系包括第三段（C^c）和第二段（C^b）,第三段地层岩性主要为薄层状绢云母粉砂岩、粉砂质板岩、钙质板岩,顶部夹大理岩；第二段地层岩性主要为灰黄色绢云母板岩,顶部夹白色大理岩,薄层构造,岩石较破碎,结构面发育,主要分布在怒江左岸和右岸的中下部区域。燕山晚期岩浆浅成岩（$\eta\gamma_5^2$）主要包括中粒、粗粒花岗岩、花岗斑板岩、闪长岩，主要分布于茨开镇以西的斜坡顶部及支沟中后缘区域。评价区断层主要为怒江断裂，断裂沿场址区后山斜坡穿过。根据出露地层的岩性组合及结构特征、岩石的物理力学性质，可将贡山县城场址区的工程地质岩组划分为五类：①松散冲洪积堆积砂卵土；②松散泥石流堆积碎石土；③松散崩坡积碎石土；④半坚硬变质板岩岩组；⑤坚硬块状侵入岩岩组（图9.3）。

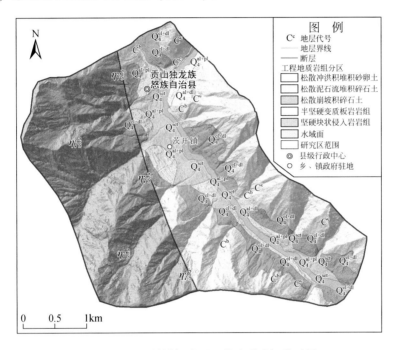

图9.3 贡山县城场址区工程地质岩组分区图

3）森林植被及人类工程活动

区内森林植被主要以有林地为主，占总面积的62.68%，其次为灌木林，占总面积的8.45%，草地占0.99%。人类工程活动以农业耕作、城镇建设和道路建设为主，其中耕地占总面积的3.59%，城镇住宅用地和农村宅基地分别占3.38%、0.77%，公路建设用地面积占0.35%。水域面主要为怒江河水面和少量坑塘水面，占总面积的3.52%。裸地分布在河漫滩和山脊基岩光壁，占1.41%（图9.4）。

4）地质灾害

通过遥感解译和现场调查，目前贡山县城场址区发育地质灾害28处，崩塌1处（小型1处），占总数的3.57%；滑坡15处（中型1处、小型14处），占总数的53.57%；泥石流12处（中型2处、小型10处），占总数的42.86%。地质灾害发育点密度约1.9处/km^2，按照泥石流堆积扇、崩塌和滑坡范围计算，地质灾害发育的面密度为0.1km^2/km^2，其中右岸21处、左岸7处（图9.5、图9.6）。

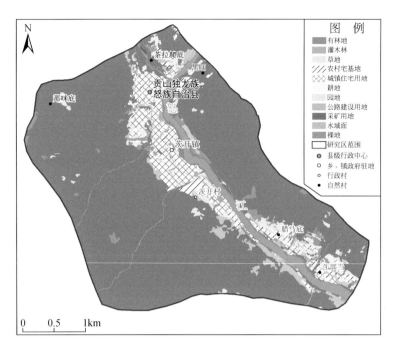

图 9.4　贡山县城场址区森林植被及人类工程活动分布图

图 9.5　贡山县城场址区主要泥石流沟分布图

蓝线为泥石流沟；红线为滑坡

2. 地质灾害易发性评价

根据评价结果，研究区地质灾害的高易发区面积为 4.19km²，占研究区总面积的 29.51%；中易发区面积为 8.67km²，占研究区总面积的 61.06%；低易发区面积为

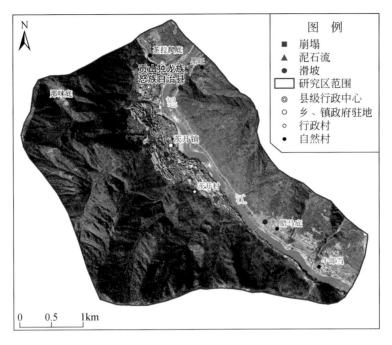

图 9.6　贡山县城场址区地质灾害分布图

1.34km², 占研究区总面积的 9.44% （表9.1, 图9.7）。

表 9.1　贡山县城场址区地质灾害易发性结果验证统计表

易发性分区	高易发区	中易发区	低易发区
面积/km²	4.19	8.67	1.34
占研究区总面积比/%	29.51	61.06	9.44
已有地质灾害数量/处	17	10	1
已有地质灾害发育密度/(处/100km²)	4.06	1.15	0.75

1）地质灾害高易发区

地质灾害高易发区主要为泥石流沟道、陡坡区（土质）等区域, 主要分布在怒江两岸斜坡区和部分泥石流沟道, 区内共发育地质灾害 17 处, 地质灾害发育密度为 4.06 处/100km²。

2）地质灾害中易发区

地质灾害中易发区主要为冲沟沟道、陡坡区（岩质）等区域, 主要分布在怒江两岸斜坡, 区内共发育地质灾害 10 处, 地质灾害发育密度为 1.15 处/100km²。

3）地质灾害低易发区

地质灾害低易发区主要为冲积阶地平台、高植被覆盖区, 主要分布在怒江两岸和怒江左岸上游侧区域, 区内仅发育地质灾害 1 处。

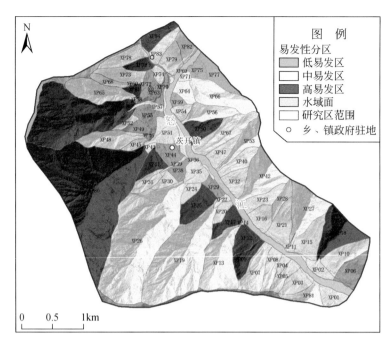

图 9.7　贡山县城场址区地质灾害易发性区划图

3. 地质灾害危险性评价

根据地质灾害险情分级标准，可对研究区地质灾害险情进行分级，结果显示：区内地质灾害特大型有 2 处，大型有 3 处，中型 11 处，小型 12 处（表 9.2）。

表 9.2　贡山县城场址区地质灾害类型统计表　　　　　　　　　　（单位：处）

灾害类型	灾情				危害程度			
	特大型	大型	中型	小型	特大级	重大级	较大级	一般级
滑坡	1	2	6	6	1	1	7	6
崩塌	1					1		
泥石流		1	5	6		2	5	5
合计	2	3	11	12	1	4	12	11

通过统计评价区地质灾害共威胁 776 户、6179 人，受威胁资产约 13429 万元。

根据地质灾害危害程度分级标准，研究区内地质灾害危害程度属特大级的有 1 处，重大级的有 4 处，较大级的有 12 处，一般级的有 11 处（表 9.2）。

根据地质灾害易发程度及受威胁对象进行危险性分区，采用地质灾害危险性指数划分危险性等级，再根据研究区实际情况做局部调整、综合评估。将贡山县城场址区地质灾害危险性划分为极高危险区、高危险区、中危险区和低危险区（表 9.3，图 9.8）。

表 9.3　贡山县城场址区地质灾害危险性分区统计表

危险性分区	极高危险区	高危险区	中危险区	低危险区
面积/km²	1.65	2.15	4.8	5.6
占研究区总面积比/%	11.62	15.14	33.8	39.44
已有地质灾害数量/处	13	8	6	1
已有地质灾害发育密度/(处/100km²)	7.88	3.72	1.25	0.18

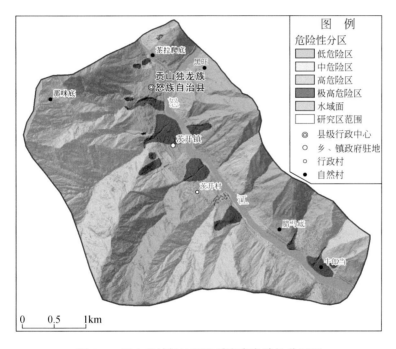

图 9.8　贡山县城场址区地质灾害危险性分区图

　　地质灾害高危险区主要分布在茨开箐沟、阿嘎腊沟、牛郎当沟下部流通堆积区和贡山一中后山、汪咱卡区域,该区地质灾害发育,属地质灾害高易发区,人口相对密集,一旦发生地质灾害,人员伤亡及财产损失较大,特别是茨开箐沟泥石流,直接威胁城镇聚居区,流域物源极其丰富,可能形成大量堵沟的崩滑堆积体,危险性极高。极高危险区面积为 1.65km²,占评价区面积的 11.62%,分布地质灾害 13 处,地质灾害发育密度为 7.88处/100km²。高危险区主要分布在丹当一组、丹当南箐、茨开村后山斜坡和牛郎当村后山斜坡一带区域,该区面积为 2.15km²,占评价区面积的 15.14%,分布地质灾害 8 处,地质灾害发育密度为 3.72 处/100km²。中危险区主要分布在担当村、丹当村、汪咱卡和牛郎当村后山斜坡,以及茨开箐沟中下部和后缘一带区域;该区地形坡度陡,受到断裂构造和地层岩性的影响;该区面积为 4.8km²,占评价区面积的 33.8%,分布地质灾害 6 处,地质灾害发育密度为 1.25 处/100km²。研究区怒江两岸阶地平台、两岸基岩斜坡、流域后缘和高植被覆盖的缓坡区,斜坡稳定,地质灾害不发育,为地质灾害低易发区,地质灾害危险性小,该区面积为 5.6km²,占评价区面积的 39.44%,分布地质灾害 1 处,地质灾害发育密度为 0.18 处/100km²。

4. 地质灾害易损性评价

1）人口易损性

将人口数量均分到相应的房屋用地区域内，作为贡山县城场址区人口分布面密度的空间表达，贡山县城场址区人口密度和人口易损性区划，见表 9.4 和图 9.9。

表 9.4　贡山县城场址区面积及人口统计表

名称	人口数量/人	房屋用地面积/m²	人口密度/(人/km²)
城镇居民区	8755	450600	19429
农村居民区	1360	192125	7078
合计	10115	642725	15737

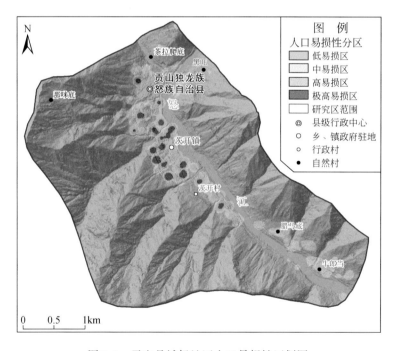

图 9.9　贡山县城场址区人口易损性区划图

2）物质易损性

贡山县城场址区交通设施易损性区划见图 9.10 和表 9.5。建筑物包括城镇居民区、农村居民区和其他建筑物等，主要考虑建筑物的结构类型、建筑类型、楼层数三个方面，通过第三次全国国土调查资料分析、无人机遥感解译和现场调查得到评价区建筑物易损性区划见图 9.11。

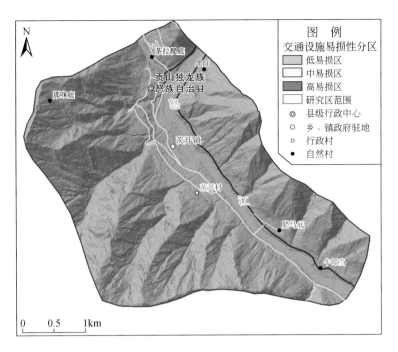

图 9.10　贡山县城场址区交通设施易损性区划图

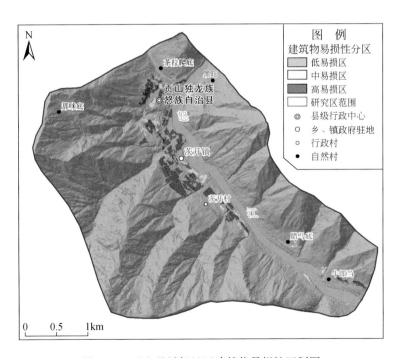

图 9.11　贡山县城场址区建筑物易损性区划图

表 9.5　贡山县城场址区交通设施易损性评价统计表

名称	单价/(元/m)	受损概率	受损值/(元/m)
国道、省道	12000	0.38	4500
县乡道	5000	0.42	2100
机耕道	1000	0.58	550

3）综合易损性

贡山县城场址区综合地质灾害易损性区划如图 9.12 所示，从图中可以看出，地质灾害高易损区总体分布于怒江两岸。由于沿河谷带是县城主要聚居区，两岸缓坡地带分布大量居民区和公路，其余地区地广人稀。

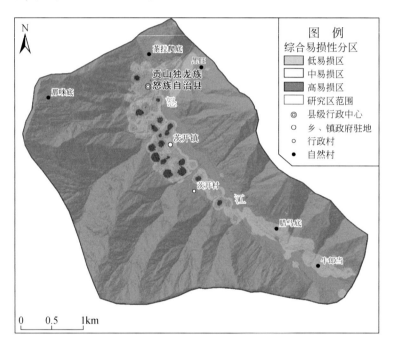

图 9.12　贡山县城场址区地质灾害综合易损性区划图

5. 地质灾害风险评价

使用 ArcGIS 软件栅格计算器工具对危险性区划和易损性区划进行栅格乘运算，完成贡山县城场址区地质灾害风险评价和风险区划。

1）场址区地质灾害风险分区

根据风险分级矩阵对风险评价结果进行分区，贡山县城场址区地质灾害风险区划统计分析结果如表 9.6 和图 9.13 所示。

从图 9.13 可以看出，地质灾害高风险区和中风险区总体分布于茨开镇怒河流域中下部和松洛沟中下部。由于河谷两侧斜坡起伏较大，城区和居民区主要沿沟底和中下部缓坡地带分布，人类活动较集中，其余地区地广人稀，这就造成了贡山县城场址区风险评价结果主要集中在两条泥石流沟内的情况。

表9.6 贡山县城场址区地质灾害风险区划统计结果

风险分区	低风险区	中风险区	高风险区	极高风险区
分区面积/km²	12.38	1.45	0.25	0.12
占比/%	87.18	10.21	1.76	0.85

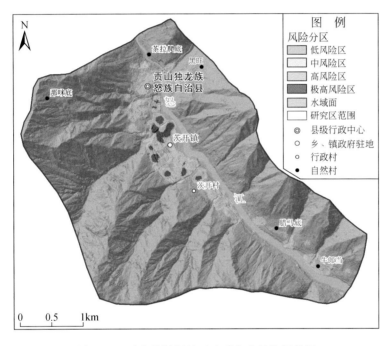

图9.13 贡山县城场址区地质灾害风险评估图

A. 极高风险区

贡山县城场址区地质灾害极高风险区面积为0.12km²，占总面积的0.85%。主要分布于茨开箐泥石流堆积扇沟道两侧和贡山一中一带，区内风险极高是由于此处分布城镇聚居区和学校，人口分布密集，而泥石流活动强，泥石流危险性大，后山斜坡陡峻，怒江断裂穿过，崩滑灾害发育。

B. 高风险区

贡山县城场址区地质灾害高风险区面积为0.25km²，占总面积的1.76%。主要分布于茨开镇丹当村临山区域、茨开箐泥石流堆积扇、牛郎当泥石流堆积扇和贡山一中一带，区内风险高是由于此处分布村镇聚居区，过往人员较多，车辆及行人较多，泥石流和崩滑灾害发育，危险性大。

C. 中风险区

贡山县城场址区地质灾害中风险区面积为1.45km²，占总面积的10.21%。主要分布于茨开镇沿山一带区域，区内风险中等是由于此分散农户分布多，道路建设、农工业耕种人类工程活动较强烈，地质灾害危险性中等。

D. 低风险区

贡山县城场址区地质灾害低风险区面积为 12.38km²，占总面积的 87.18%。区内海拔较高，人口密度较小，主要为林地、灌丛，本区基本处于未开发状态，无房屋，因此承载体风险极低。

2）城镇建设区地质灾害风险分区

贡山县城场址区主要分布在怒江峡谷区，两岸地形陡峻，人类工程活动主要集中在斜坡下部海拔 1600m 以下的范围，城镇建设区分布在怒江两岸缓坡区，因此本次风险评价针对城镇建设区进行风险区划。根据统计结果（表9.7，图9.14），本次城镇建设区总面积为 3.7839km²，其中极高风险区面积为 0.2042km²，占城镇建设区总面积的 5.4%，主要分布在茨开箐泥石流堆积扇中下部、贡山一中和阿嘎腊沟堆积扇中部；高风险区面积为 0.2528km²，占城镇建设区总面积的 6.68%，主要分散分布在县城后山区域和牛郎当沟口区域；中风险区面积为 1.4647km²，占城镇建设区总面积的 38.71%，分散分布于整个城镇建设区；低风险区面积为 1.3722km²，占城镇建设区总面积的 36.26%，分布于整个城镇建设区；水域面面积为 0.499km²，占城镇建设区总面积的 13.19%（图9.15）。

表9.7　贡山县城城镇建设区地质灾害风险区划统计结果

风险分区	低风险区	中风险区	高风险区	极高风险区	水域面	合计
分区面积/km²	1.3722	1.4647	0.2528	0.2042	0.499	3.7839
占比/%	36.26	38.71	6.68	5.4	13.19	100

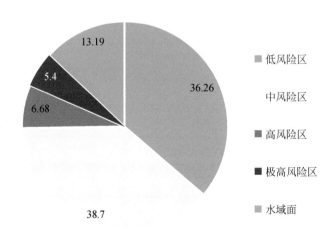

图9.14　贡山县城城镇建设区地质灾害风险分区占比（%）统计图

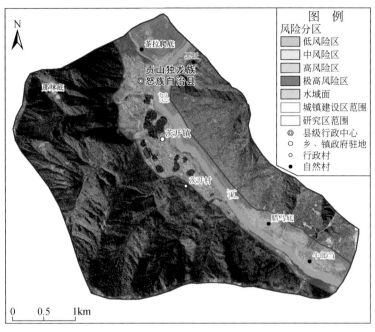

图 9.15　贡山县城城镇建设区地质灾害风险区划图

9.2.3　福贡县城场址区评价

1. 评价区概况

1）地形地貌

福贡县城场址区主要为怒江两岸第一斜坡带和主要支流下部区域，面积为14.141km²，包括了福贡县城建筑区及两侧聚居区（图 9.16）。福贡县城属于险峻的构造侵蚀高中山峡谷地貌。峡谷呈不对称"V"字形，东西两岸的碧罗雪山和高黎贡山对峙。怒江为最低的侵蚀基准面，海拔为 1400m，最高点为县城后山山脊，海拔为 2663m，相对高差为 1263m。福贡县城场址区位于怒江左岸一级支流上帕河泥石流沟口洪积扇上，扇面较平缓，略向怒江倾斜，倾角为 5°～10°，前缘高出江面约 10m，对怒江河道造成明显的挤压和改造。县城建筑区主要分布在怒江两岸，评价区地势东西两侧高、中部低，高差达到 973m。从地势分级来看，区域海拔主要分布在 1120～1600m 范围，分布面积占全区面积的 75%；城镇建设区主要分布在海拔 1120～1200m 范围，人类工程活动主要分布在海拔 1600m 以下区域。从地形坡度分级来看（图 9.17），区内整体地形起伏大，斜坡坡度陡，0～15°平缓斜坡面积约 0.81km²，占总面积的 5.7%；15°～25°平缓斜坡面积约 1.81km²，占总面积的 12.8%；25°～35°平缓斜坡面积约 5.3km²，占总面积的 37.5%；大于 35°的陡坡面积约 6.22km²，占总面积的 44%。城镇建筑主要分布在坡度小于 20°的斜坡范围，农村房屋建筑主要分布在坡度小于 25°的斜坡范围，人类工程活动区斜坡坡度一般小于 35°。

图9.16　福贡县城场址区三维影像图

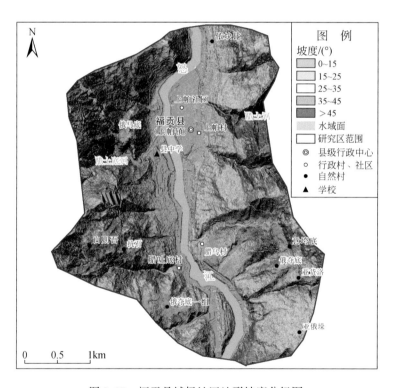

图9.17　福贡县城场址区地形坡度分级图

2）地层岩性及工程地质岩组

福贡县处于滇藏大区冈底斯-腾冲区腾冲地层小区，受多期地质构造运动和区域变质作用、热接触变质作用及局部动力变质作用的叠加，岩层皆遭受了不同程度的破坏和变质，福贡县城场址区主要出露地层以石炭系变粒岩、大理岩为主，中部河谷底部主要分布第四系松散层，西侧谷坡上部斜坡出露大面积的二长花岗岩。区内发育的断层主要为怒江断裂和獐子山-托基断裂，分别分布于怒江左右两岸（图9.18）。按照工程地质岩组划分

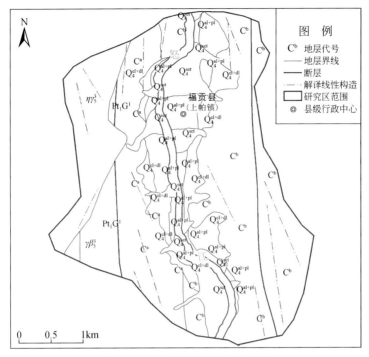

图 9.18　福贡县城场址区地质图

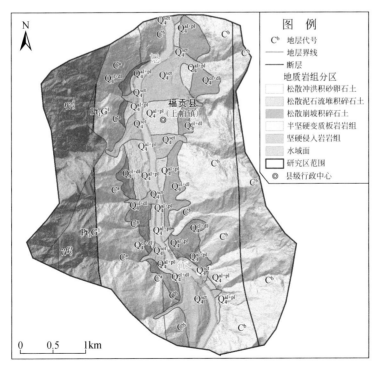

图 9.19　福贡县城场址区工程地质岩组分区图

了松散冲洪积砂卵石土、松散泥石流堆积碎石土、松散崩坡积碎石土、半坚硬变质板岩岩组和坚硬侵入岩岩组五类，其中半坚硬变质板岩岩组分布面积最大，松散堆积层主要分布在怒江两岸斜坡下部（图9.19）。

3）森林植被及人类工程活动

区内森林植被主要以有林地为主，占总面积的40.3%，其次为灌木林，占总面积的3.28%，草地占0.07%。人类工程活动以耕地、城镇住宅用地和公路建设用地为主，其中耕地分布最多，占总面积的30.67%，城镇住宅用地面积达到1.28km²，占总面积的9.13%，农村宅基地占5.92%，公路建设用地面积占2.43%。水域面主要为怒江河水面和少量坑塘水面，占总面积的4.56%；裸地分布在河漫滩和山脊基岩光壁，占2.07%。从统计结果来看（图9.20，表9.8），福贡县城场址区人类工程活动密度大，活动强烈，分布于整个评价区。

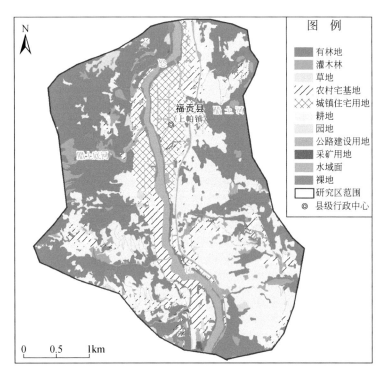

图9.20　福贡县城场址区森林植被及人类工程活动分布图

表9.8　福贡县城场址区森林植被及人类工程活动分布面积统计表

序号	大类	亚类	面积/km²	占比/%	
1	森林植被类型	有林地	5.65	40.3	43.65
2		灌木林	0.46	3.28	
3		草地	0.01	0.07	

续表

序号	大类	亚类	面积/km²	占比/%	
4	人类工程活动	城镇住宅用地	1.28	9.13	49.72
5		农村宅基地	0.83	5.92	
6		公路建设用地	0.34	2.43	
7		采矿用地	0.02	0.14	
8		耕地	4.3	30.67	
9		园地	0.2	1.43	
10	其他	裸地	0.29	2.07	6.63
11		水域面	0.64	4.56	
合计			14.02	100	100

4）地质灾害

通过遥感解译和现场调查，目前福贡县城场址区发育地质灾害 30 处（表 9.9，图 9.21），崩塌 3 处（小型 3 处），占总数的 10%；滑坡 15 处（中型 2 处、小型 13 处），占总数的 50%；泥石流 12 处（大型 1 处、中型 4 处、小型 7 处），占总数的 40%。灾害发育点密度约 2.1 处/km²，按照泥石流堆积扇、崩塌和滑坡范围计算，地质灾害发育的面密度为 0.17km²/km²。其中右岸 13 处、左岸 17 处（图 9.22）。

表 9.9 福贡县城场址区地质灾害类型统计表

类型	大型/处	中型/处	小型/处	合计/处	占比/%
崩塌			3	3	10
滑坡		2	13	15	50
泥石流	1	4	7	12	40
合计	1	6	23	30	100

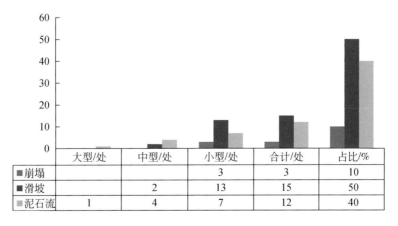

图 9.21 福贡县城场址区地质灾害类型分布统计图

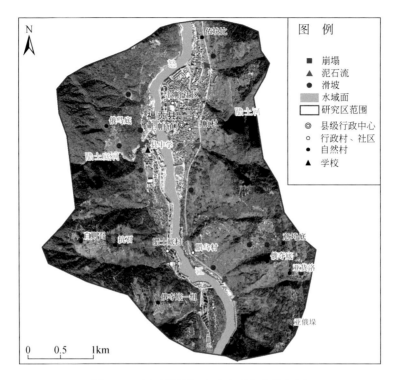

图 9.22　福贡县城场址区地质灾害分布图

2. 地质灾害易发性评价

据评价结果，研究区地质灾害极高易发区面积为 $0.27km^2$，占研究区总面积的 1.91%；高易发区面积为 $1.01km^2$，占研究区总面积的 7.14%；中易发区面积为 $9.05km^2$，占研究区面积的 64%；低易发区面积为 $3.15km^2$，占研究区总面积的 22.28%（表 9.10，图 9.23、图 9.24）。

表 9.10　福贡县城场址区地质灾害易发性分区统计表

易发性分区	极高易发区	高易发区	中易发区	低易发区
面积/km²	0.27	1.01	9.05	3.15
占研究区总面积比/%	1.91	7.14	64	22.28
已有地质灾害数量/处	2	10	17	1
已有地质灾害发育密度/（处/100km²）	7.41	9.9	1.88	0.32

1）地质灾害极高易发区

地质灾害极高易发区主要分布在怒江右岸斜坡中部，区内共发育地质灾害点 2 处，地质灾害发育密度为 7.41 处/100km²。

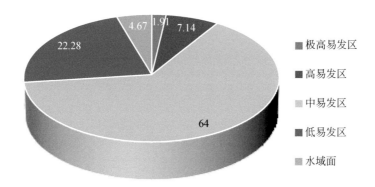

图 9.23 福贡县城场址区地质灾害易发性分区占比（%）统计图

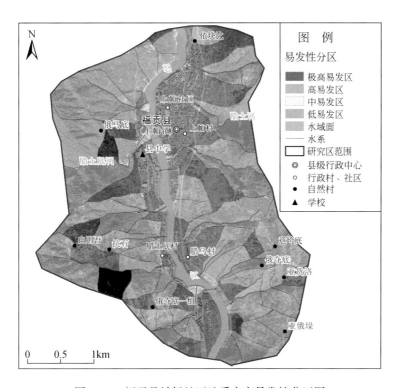

图 9.24 福贡县城场址区地质灾害易发性分区图

2）地质灾害高易发区

地质灾害高易发区主要分布在怒江两岸斜坡区和部分泥石流沟道，区内共发育地质灾害点 10 处，地质灾害发育密度为 9.9 处/100km²。

3）地质灾害中易发区

地质灾害中易发区主要为冲沟沟道、陡坡区（岩质）等区域，主要分布在怒江两岸斜坡，区内共发育地质灾害点 17 处，地质灾害发育密度为 1.88 处/100km²。

4）地质灾害低易发区

地质灾害低易发区主要为冲积阶地平台、高植被覆盖区，主要分布在怒江两岸和怒江左岸上游侧区域，区内仅发育地质灾害 1 处。

3. 地质灾害危险性评价

根据地质灾害易发程度及受威胁对象进行危险性分区评价，采用地质灾害危险性指数划分危险性等级，再根据研究区实际情况做局部调整、综合评估，将福贡县城场址区地质灾害危险性划分为极高危险区、高危险区、中危险区和低危险区（图 9.25，表 9.11）。

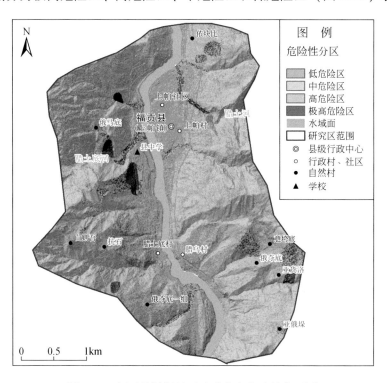

图 9.25　福贡县城场址区地质灾害危险性分区图

从评价结果看，地质灾害极高危险区面积为 1.05km²，占评价区面积的 7.43%（图 9.26），分布地质灾害 8 处，地质灾害发育密度为 7.62 处/100km²（表 9.11）。主要分布在福贡县中学后山斜坡、腊土底河下部、白则俄、腊土河下部等区域，该区域地质灾害发育，属地质灾害极高和高易发区，人口相对密集，一旦发生地质灾害，人员伤亡及财产损失较大，特别是腊土底沟和腊土河泥石流，直接威胁城镇聚居区，流域物源极其丰富，可能形成大量堵沟的崩滑堆积体，危险性极高。

表 9.11　福贡县城场址区地质灾害危险性分区统计表

危险性分区	极高危险区	高危险区	中危险区	低危险区
面积/km²	1.05	2.07	4.95	5.41
占研究区总面积比/%	7.43	14.64	35	38.26
已有地质灾害数量/处	8	11	10	1
地质灾害发育密度/（处/100km²）	7.62	5.31	2.02	0.18

地质灾害高危险区面积为 2.07km²，占评价区面积的 14.64%（图 9.26），分布地质灾害 11 处，地质灾害发育密度为 5.31 处/100km²。主要分布怒江两侧泥石流下部区域和斜坡中下部陡坡区，区域地形坡度陡，受到断裂构造和地层岩性的影响，地质灾害发育，地质灾害危险性大。

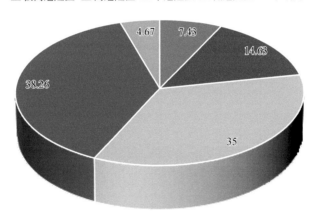

■极高危险区　■高危险区　■中危险区　■低危险区　■水域面

图 9.26　福贡县城场址区地质灾害危险性分区占比（%）统计图

地质灾害中危险区面积为 4.95km²，占评价区面积的 35%（图 9.26），分布地质灾害 10 处，地质灾害发育密度为 2.02 处/100km²。主要分布怒江两侧沟道下部区域和斜坡中下部陡坡区，区域地形坡度陡，该区域主要为农村居民区，人类工程活动主要包括房屋建设、道路建设和耕种。

地质灾害低危险区面积为 5.41km²，占评价区面积的 38.26%（图 9.26），分布地质灾害 1 处，地质灾害发育密度为 0.18 处/100km²。主要分布在怒江两岸阶地平台、两岸基岩斜坡、流域后缘和高植被覆盖的缓坡区，斜坡稳定，地质灾害不发育，为地质灾害低易发区，地质灾害危险性小。

4. 地质灾害易损性评价

利用 ArcGIS 中的统计分析功能，将福贡县城场址区地质灾害易损性分区进行统计分析，区划结果如图 9.27 所示。

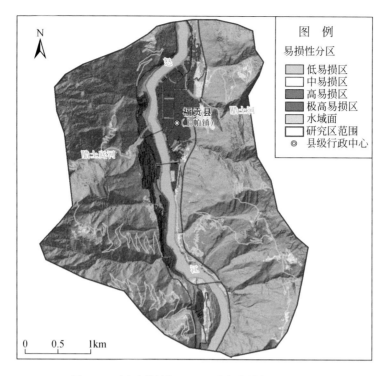

图 9.27　福贡县城场址区地质灾害易损性区划图

从图 9.27 中可以看出，地质灾害易损性高的区域总体分布于怒江两岸。由于沿河谷带是县城主要聚居区，两岸缓坡地带分布大量居民区和公路，其余地区地广人稀。

5. 地质灾害风险评价

1）场址区地质灾害风险区划

根据风险分级矩阵将风险评价结果进行分区，对福贡县城场址区地质灾害风险区划统计分析得到表 9.12 和图 9.28。

表 9.12　福贡县城场址区地质灾害风险区划统计结果

风险分区	低风险区	中风险区	高风险区	极高风险区
分区面积/km²	11.18	1.95	0.23	0.12
占比/%	79.06	13.79	1.63	0.85

从图 9.29 中可以看出，地质灾害高风险区和中风险区总体分布于腊土底河泥石流及其下部堆积区，以及福贡县中学后山斜坡区。由于河谷两侧斜坡起伏较大，城区和居民区主要沿沟底和中下部缓坡地带分布，人类活动较集中，其余地区地广人稀，这就造成了福贡县城场址区风险评价结果主要集中在两条泥石流沟内的情况。

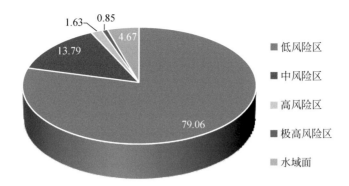

图 9.28　福贡县城场址区地质灾害风险分区占比（％）统计图

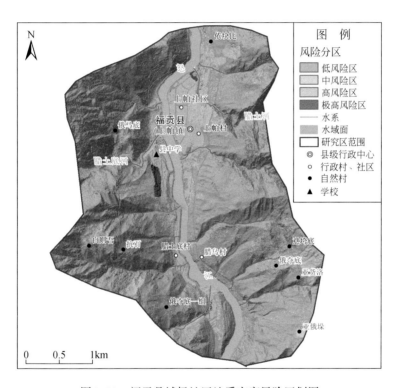

图 9.29　福贡县城场址区地质灾害风险区划图

A. 极高风险区

福贡县城场址区地质灾害极高风险区面积为 0.12km²，占总面积的 0.85％。主要分布于腊土河和腊土底河泥石流堆积扇沟道两侧和福贡县中学一带，区内风险极高是由于此处分布城镇聚居区和学校，人口分布密集，而泥石流活动强，泥石流危险性大，后山斜坡陡峻，怒江断裂穿过，崩滑灾害发育。

B. 高风险区

福贡县城场址区地质灾害高风险区面积为 0.23km²，占总面积的 1.63％。主要分布于福贡县中学区域，腊土底河、腊土河泥石流堆积扇，俄夺底村、腊吐底村一带，区内风险高是由于此处分布村镇聚居区，过往人员较多，车辆及行人较多，泥石流和崩滑灾害发育，危险性大。

C. 中风险区

福贡县城场址区地质灾害中风险区面积为1.95km²，占总面积的13.79%。主要分布于怒江两岸斜坡中下部，区内风险中等是由于此分散农户分布多，道路建设、农工业耕种人类工程活动较强烈，地质灾害危险性中等。

D. 低风险区

福贡县城场址区地质灾害低风险区面积为11.18km²，占总面积的79.06%。区内海拔较高，人口密度较小，主要为林地、灌丛，本区基本处于未开发状态，无房屋，因此承载体风险极低。

2) 城镇建设区地质灾害风险区划

福贡县城区主要分布在怒江峡谷区，两岸地形陡峻，人类工程活动主要集中在斜坡下部海拔2000m以下范围，城镇建设区分布在怒江两岸缓坡区，本次风险评价针对城镇建设区进行风险区划。根据表9.13和图9.30、图9.31，本次城镇建设区总面积为3.855km²，其中极高风险区面积为0.1544km²，占城镇建设区总面积的4.08%，主要分布在腊土河、腊土底河泥石流堆积扇中下部、福贡县中学、同心社区和泽福社区一带；高风险区面积为0.2166km²，占城镇建设区总面积的5.72%，主要分散分布在县城后山区域和山神庙河泥石流沟口区域；中风险区面积为1.1301km²，占城镇建设区总面积的29.87%，分散分布于整个城镇建设区；低风险区面积为1.6929km²，占城镇建设区总面积的44.74%，分布于整个城镇建设区；水域面面积为0.661km²，占城镇建设区总面积的17.47%。福贡县城城镇建设区主要受到泥石流和滑坡威胁，高风险及以上区域面积为0.371km²，占城镇建设区总面积的9.8%。

表9.13　福贡县城城镇建设区地质灾害风险区划统计结果

风险分区	低风险区	中风险区	高风险区	极高风险区	水域面	合计
分区面积/km²	1.6929	1.1301	0.2166	0.1544	0.661	3.855
占比/%	44.74	29.87	5.72	4.08	17.47	100

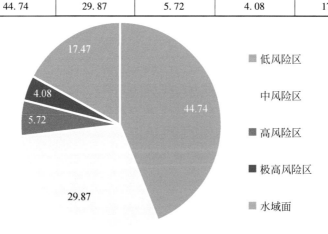

图9.30　福贡县城城镇建设区地质灾害风险分区占比（%）统计图

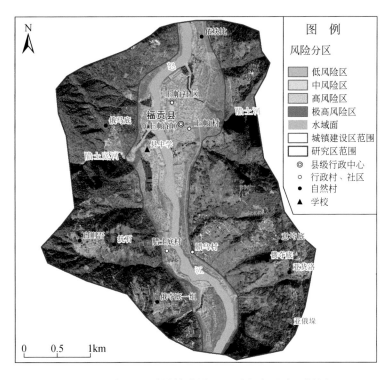

图 9.31　福贡县城城镇建设区地质灾害风险区划图

9.3　县城开发建设边界划分

在高山峡谷段，城镇开发中人地矛盾严重，城市空间资源与安全是世界各国都重视的基础工作，城市建设和规划的重要依据就是城市的地下地质情况、地质灾害及环境状况，地质条件是影响城市生态环境的基本因素之一。目前，一系列城市地质问题，如与城市发展与建设有关的土地污染、地下空间资源无序利用、地壳与地基稳定性差、岩土结构破坏、人居环境不合理、地质灾害频发、固体废弃物处理不当等日益突出，必须解决。同时，城市发展规划的修订等也必须有系统、完整、准确的城市地质资料与信息支撑，这就需要从可持续发展的角度出发，以服务于城市可持续发展为宗旨，瞄准城市发展的资源与环境等关键问题，综合考虑城市的资源与环境保障能力，特别是通过对城市的地质、环境和灾害进行详细调查和监测及对地质数据进行多学科综合处理，才能从根本上协调和缓解城市经济开发、空间开发与地质载体之间的矛盾。发挥国土空间规划引领作用，优化国土空间开发保护格局，强化地质灾害危险性评估制度。按照《国土空间灾害风险区和灾害风险控制线划设、省级、市、县级国土空间综合防灾规划编制指南》《资源环境承载能力和国土空间开发适宜性评价指南（试行）》《中华人民共和国城乡规划法》（2019 年修正）等的要求，国土空间灾害高风险区应禁止在规划期内进行新的国土空间开发建设活动，并对已处于该区域的城镇、村庄、建筑物、设施等提出针对性的拆除、搬迁、加固等管控措施。国土空间灾害中风险区应针对灾害风险，对该区域内国土空间开发建设提出限制性管控措施。地质灾害防治工作是山区城镇发展的重要保障之一，划定地质灾害防治红线是地质灾害防治的重要工作之一，为城镇发展规划提供基础支撑。地质灾害防治红线是地质灾害安全的底线，高山峡谷段地质灾害具有复杂性、隐蔽性、突发性，以及高位远程、链式灾害等特点，地质灾害防治红线具有系统完整性、约束性、动态平衡性等特征。按照地质环境条件、地质灾害易发性分区、地质灾害危险性分区等因素划分为防控区、防治区、保护区三个区，对各区在地质灾害防治、工程建设等方面提出建议（表9.14）。

表9.14　城镇开发建设边界划分表

级别	分级依据
防控区	地形条件极其复杂，活动断裂发育，地质灾害发育密度大、危险性大，可能形成高位远程地质灾害、重大链式灾害等，工程建设遭受地质灾害的可能性极大，防治工程难度、投入极高，该区域应禁止新增工程建设，已建工程应进行搬迁避让
防治区	地形条件较复杂，地质构造、地层岩性变化较大，不良地质现象中等发育，地质灾害危险性中等，地质灾害和工程边坡可采取工程措施进行处理。该区域可以作为一般工程建设用地，重大工程建设必须开展详细安全论证工作
保护区	地形条件简单，地形起伏较小，地质构造简单，地质灾害发育弱，地质灾害危险性中-小，地质灾害可采取工程措施进行处理。该区域可作为一般工程和重大工程建设用地，重大工程建设应开展安全论证工作

根据上述的划分标准，对贡山县城和福贡县城场址区进行地质灾害防治红线划分，从划分结果来看，贡山县城场址区地质灾害防治面积为 7.16km²，主要分布在怒江两侧第一斜坡带和主要沟谷下部，其中，防控区面积为 1.69km²，主要分布在县城后山斜坡、茨开箐和丹当箐沟口等区域，该区域泥石流灾害威胁性大，存在高位远程地质灾害风险；防治区面积为 3.41km²，主要分布在怒江左岸斜坡、牛郎当等区域，该区域斜坡较陡，地质灾害发育；保护区面积为 1.56km²，主要分布在县城建设区域，该区域地形条件简单，地质灾害危险性中-小（图9.32）。

福贡县城场址区地质灾害防治面积为 11.22km²，主要分布在怒江两侧第一斜坡带和主要沟谷下部，其中，防控区面积为 3.05km²，主要分布在两岸斜坡中上部、腊土底河和腊土河沟口等区域，右岸斜坡中部有怒江断裂穿过，该区域泥石流灾害威胁性大，存在高位远程地质灾害风险；防治区面积为 4.94km²，主要分布在怒江两岸斜坡中下部区域，该区域斜坡较陡，地质灾害发育；保护区面积为 2.57km²，主要分布在县城建设区域，该区域地形条件简单，地质灾害危险性中-小（图9.33）。

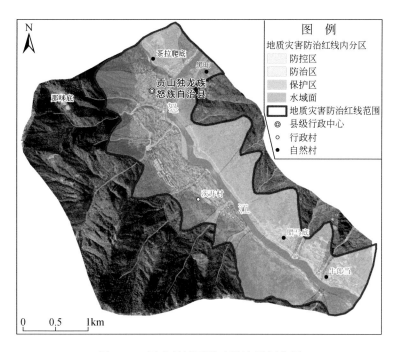

图 9.32　贡山县城开发建设边界划分图

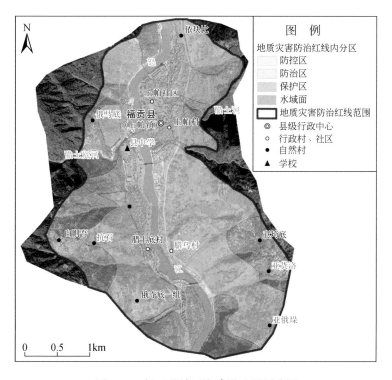

图 9.33　福贡县城开发建设边界划分图

9.4　小　　结

综合怒江峡谷段地形地貌、地质条件、地质灾害发育特征和人类工程活动等因素，在综合遥感精细解译、InSAR 监测、工程地质调查和勘察等基础上，按照县城场址区开展地质灾害风险评价，详细划分地质灾害风险区，为区内地质灾害防治提供基础支撑。

城镇建设区地质灾害风险评价：贡山县城城镇建设区分布在怒江两岸缓坡区，总面积为 3.7839km²，高风险及以上区域面积为 0.457km²，占总面积 12.08%，主要分布在茨开箐泥石流堆积扇中下部、贡山一中和阿嘎腊沟堆积扇中部。福贡县城城镇建设区分布在怒江两岸缓坡区，总面积为 3.855km²，主要受到泥石流和滑坡地质灾害威胁，高风险及以上区域面积为 0.371km²，占总面积的 9.8%。县城开发建设边界划分、其中贡山县城地质灾害防治面积为 7.16km²，防治区面积为 3.41km²，保护区面积为 1.56km²。福贡县城地质灾害防治面积为 11.22km²，防控区面积为 3.05km²，防治区面积为 4.94km²，保护区面积为 2.57km²。

第 10 章　云南怒江乡镇及典型地质灾害风险评价

10.1　概　　述

怒江大峡谷位于滇西横断山纵谷区三江并流地带，河谷平均深度为 2000m，最深处在贡山丙中洛一带达 3500m，怒江大峡谷被称为"东方大峡谷"。怒江峡谷段分布大量山区村镇聚居区，受到陡峻的地形条件控制，村镇聚居区主要分布在怒江两侧缓坡或冲积扇上，受到地质灾害影响大。本章以村镇场址区为研究区，以斜坡单元为研究评价尺度单元，利用无限斜坡模型，对研究区划分的斜坡单元的危险性、风险开展逐坡定量评价，旨在为山区城镇中−大比例尺的地质灾害风险评价提供技术方法支撑和示范。

无限斜坡模型是基于极限平衡理论，通过抗剪力与剪应力之间的比值来计算斜坡的稳定性系数。剪应力为每个斜坡块体的下滑力，抗剪强度为每个斜坡块体的抗剪强度，斜坡块体由黏聚力和摩擦力组成。其公式如下：

$$F_s = \frac{c + \left[(\gamma'h' + \gamma(h - h')\right]\cos\beta\tan\varphi}{\gamma h\sin\beta} \tag{10.1}$$

式中，F_s 为稳定性系数；c 为有效黏聚力，kPa；φ 为有效内摩擦角，（°）；h 为覆盖层厚度，m；h' 为不同降水工况下的入渗深度，m；β 为滑面倾角，（°）；γ 为滑体天然重度，kN/m³；γ' 为滑体浮重度，kN/m³。

怒江峡谷段处于三江并流区，降水充沛，区内降水特征在一定程度上决定了地质灾害发生的时间和规模。因此，本次评价拟采用 10 年一遇、20 年一遇、50 年一遇及 100 年一遇工况分别开展地质灾害危险性评价。区内斜坡地质灾害以浅层土质滑坡为主，覆盖层厚度为 3~15m，本次调查工作对划分的斜坡单元开展了逐坡调查，获取了各斜坡单元的覆盖层厚度（h），通过赋值得到 h 的计算图层。其他参数主要通过收集工作区已有的勘察设计资料获得，通过收集整理，得到不同地层岩性的基本力学参数。基于 ArcGIS 平台，将参数图层代入无限斜坡模型中计算，依靠地图代数模块中的栅格计算器，得到的危险性评价结果也是栅格数据格式的，一个斜坡单元内就存在不同 F_s 值的多个栅格，而斜坡单元作为一个整体，每一个斜坡单元应该对应一个危险性等级。因此，需要对研究区的地质灾害风险按照斜坡单元尺度进行综合评价，这样更有利于地方政府进行地质灾害风险管控。按照地质灾害风险矩阵，将不同工况下的危险性评价结果与分级后的易损性评价结果进行叠加，得到研究区不同降水工况下斜坡单元尺度的地质灾害风险评价图。

对于单体地质灾害风险评价研究，当前学界和业内主要有定性和定量两种方法进行单体地质灾害风险评价，20 世纪 60 年代，国外就已经开始了针对灾害的单体风险定量评价的研究工作，而国内定量研究的起步较晚，近 20 年发展较快，取得了一系列的研究进展。

一般来说，单体地质灾害的风险评价主要是研究不同工况下灾害体的危险性及威胁对象的易损性，进而评价灾害体的风险。风险评价的具体方法与模型因灾害类型不同而有较大区别。近年来，随着大量物理模型和数值模拟的成熟运用，定量风险评价已经成为地质灾害研究领域最前沿的课题之一。然而，我国由于地质灾害成因复杂、承灾体类型多样，目前尚未形成一套有效的地质灾害定量风险评价体系。国外，泥石流定量风险评价研究起步较早，Fuchs 等基于损失率和泥石流流深构建了泥石流易损性函数，可直接得到特定情境下的损失概率和价值。随后，Akbas 等、Leone 等和 Lo 等也都运用 Fuchs 方法在各自的研究区构建了建筑物易损性模型。然而，仅以流深表征泥石流强度，会导致高层建筑物损失值评估过高，而低矮建筑物往往会被低估，在中等流深的情况下更为突出。Jakob 等在对比了泥石流流速 (v)、流速 (d)、v^2d 和 vd^2 等四个强度指标与泥石流损失率的关系后，认为 v^2d 最宜代表泥石流强度以构建易损性函数。Luna 等利用该方法获得了 Tresenda 地区不同降水频率下，泥石流造成建筑物损失和人员伤亡的概率。然而，基于特定灾损数据的易损性曲线，其普适性较差，直接套用地区模型势必导致评价结果的某些偏差。黄勋等基于 FLO-2D 和超越概率模型从泥石流的地质过程与承灾体的成灾响应入手，建立了一套泥石流灾害定量风险评价的理论体系和技术流程。

怒江峡谷段的小沙坝至丙中洛段行政县（市）包括泸水市、福贡县和贡山县，涉及行政乡镇 17 个，其中泸水市 6 个、福贡县 7 个、贡山县 4 个；根据流域地质灾害风险评价结果，本次研究选取了六个重点乡镇场址区开展 1∶1 万地质灾害风险评价，包括捧当乡、石月亮乡、架科底乡、子里甲乡、古登乡和鲁掌镇。区内共发育地质灾害 40 处，其中已知点 36 处、新增地质灾害点 4 处。地质灾害类型以滑坡和泥石流为主，其中滑坡 21 处，占比 52.5%，崩塌 4 处，占比 10%，泥石流 15 处，占比 37.5%（表 10.1）。

表 10.1　重点乡镇场址区地质灾害发育统计表

| 序号 | 县（市） | 乡镇 | 地质灾害/处 | | | 合计/处 | 占比/% | 面积/km² | 地质灾害发育密度/（处/km²） |
			滑坡	崩塌	泥石流				
1	贡山县	捧当乡	1	2	6	9	8.57	9.20	0.98
2	福贡县	石月亮乡	5	1	2	8	7.62	4.70	1.70
3	福贡县	架科底乡	6	1	3	10	9.52	4.83	2.07
4	福贡县	子里甲乡	4		2	6	5.71	2.34	2.56
5	泸水市	古登乡	3		2	5	4.76	3.15	1.59
6	泸水市	鲁掌镇	2			2	1.9	5.99	0.33
合计			21	4	15	40	100	30.21	1.32

10.2　重点乡镇地质灾害风险评价

10.2.1　贡山县捧当乡场址区评价

捧当乡场址区位于贡山县中部的迪麻洛河与怒江交汇处，聚居区主要分布在怒江右岸阶地平台，居民区沿怒江两岸分布，主要为冲积扇、阶地和山麓缓坡。本次研究区为聚居区后山第一斜坡带，面积为 8.484km²，怒江河面水域面积为 0.718km²。区内河流切割强烈，断裂发育，共发育地质灾害 9 处，其中泥石流 6 处、崩塌 2 处、滑坡 1 处。本次评价基于斜坡单元综合评价，按照 10 年一遇、20 年一遇、50 年一遇和 100 年一遇四种降水工况进行评价。

评价结果显示（表 10.2，图 10.1～图 10.4）：在 50 年一遇和 100 年一遇的降水工况下，区内分布大量高风险区和极高风险区。研究区内在 100 年一遇降水工况下，极高风险区分布在华源新村、龙坡、格咱等区域，主要受到泥石流和崩塌灾害的影响，面积约 0.245km²，占研究区总面积的 2.89%；高风险区在区内广泛分布，主要沿着河谷两岸分布，分布面积约 0.507km²，占研究区总面积的 5.98%；中风险区主要分布在怒江两岸斜坡中下部，面积约 3.327km²，占研究区总面积的 39.21%；低风险区分布在怒江两岸斜坡上部或支沟中后部，区内地形复杂，地质构造强烈，但人类工程活动弱，基本无居民房屋，因此地质灾害风险低，面积约 4.104km²，占研究区总面积的 51.91%。

表 10.2　捧当乡场址区不同降水工况下地质灾害风险评价分区统计

降水工况	风险分区	面积/km²	占比/%
10 年一遇	低风险区	7.996	94.25
	中风险区	0.408	4.81
	高风险区	0.08	0.94
	极高风险区		0
20 年一遇	低风险区	7.196	84.82
	中风险区	1.039	12.25
	高风险区	0.249	2.93
	极高风险区		0
50 年一遇	低风险区	5.987	70.57
	中风险区	1.863	21.96
	高风险区	0.553	6.52
	极高风险区	0.081	0.95
100 年一遇	低风险区	4.404	51.91
	中风险区	3.327	39.21
	高风险区	0.507	5.98
	极高风险区	0.245	2.89

本次还对捧当乡沿江两岸城镇建设区进行了风险评价（表 10.3，图 10.5），城镇建设区总面积为 2.167km²，在 100 年一遇降水工况下，极高风险区面积约 0.185km²，占城镇建设区总面积的 8.54%；高风险区面积约 0.353km²，占城镇建设区总面积的 16.29%；中

风险区主要分布在怒江两岸斜坡中下部，面积约 0.93km²，占城镇建设区总面积的 42.92%；低风险区面积约 0.699km²，占城镇建设区总面积的 32.26%。

表 10.3　棒当乡城镇建设区 100 年一遇降水工况下地质灾害风险评价分区统计

风险分区	面积/km²	占比/%
低风险区	0.699	32.26
中风险区	0.93	42.92
高风险区	0.353	16.29
极高风险区	0.185	8.54
合计	2.167	100

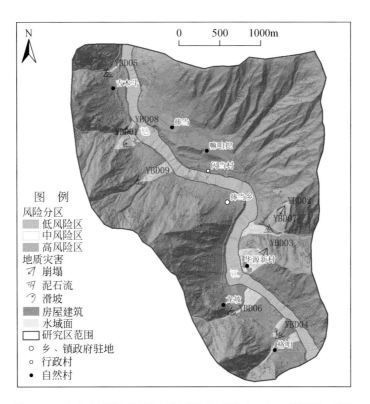

图 10.1　棒当乡场址区地质灾害风险分区图（10 年一遇降水工况）

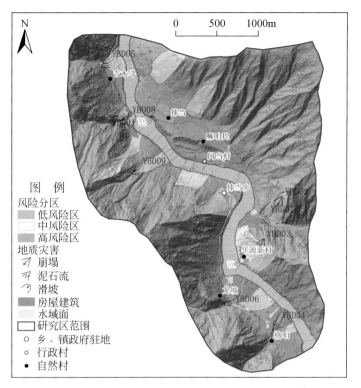

图 10.2　捧当乡场址区地质灾害风险分区图（20 年一遇降水工况）

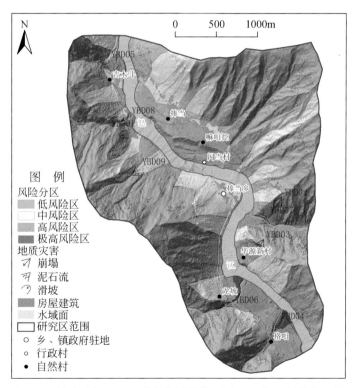

图 10.3　捧当乡场址区地质灾害风险分区图（50 年一遇降水工况）

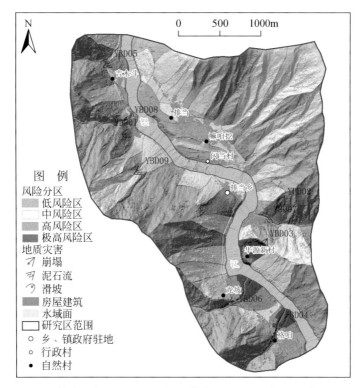

图 10.4　捧当乡场址区地质灾害风险分区图（100 年一遇降水工况）

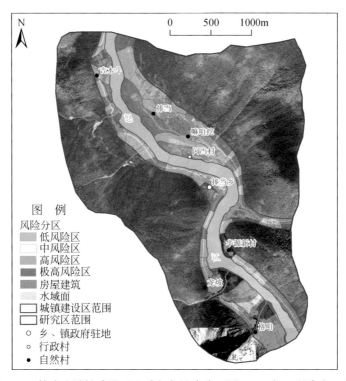

图 10.5　捧当乡城镇建设区地质灾害风险分区图（100 年一遇降水工况）

10.2.2　福贡县石月亮乡场址区评价

福贡县石月亮乡场址区位于福贡县北侧利沙底河与怒江交汇处，城镇建设区分布在怒江左岸河流阶地和冲积扇上。本次研究区为城镇后山第一斜坡带，面积为 4.393km^2，怒江河面水域面积为 0.305km^2。研究区内地质构造强烈，有怒江断裂穿过，地质灾害发育，现状发育地质灾害 8 处，其中滑坡 5 处、泥石流 2 处、崩塌 1 处，两条泥石流对场镇具有重大影响，地质灾害危险性大。

评价结果显示（表 10.4，图 10.6 ~ 图 10.9）：在 50 年一遇和 100 年一遇的降水工况下，区内分布大量高风险区和极高风险区。研究区内在 100 年一遇降水工况下，极高风险区分布在沿利沙底河、瓦洛、排朵等区域，主要受到泥石流和滑坡灾害影响，面积约 0.232km^2，占研究区总面积的 5.28%；高风险区在区内广泛分布，主要沿怒江河谷和两条支流两岸分布，面积约 0.96km^2，占研究区总面积的 21.85%；中风险区主要分布在怒江两岸斜坡中下部，面积约 2.028km^2，占研究区总面积的 46.16%；低风险区分布在怒江两岸斜坡上部或支沟中后部，区内地形复杂，地质构造强烈，但人类工程活动弱，基本无居民房屋，因此地质灾害风险低，面积约 1.173km^2，占研究区总面积的 26.7%。

表 10.4　石月亮乡场址区不同降水工况下地质灾害风险评价分区统计

降水工况	风险分区	面积/km^2	占比/%
10 年一遇	低风险区	3.592	81.77
	中风险区	0.74	16.84
	高风险区	0.061	1.39
	极高风险区	0	0
20 年一遇	低风险区	2.611	59.44
	中风险区	1.602	36.47
	高风险区	0.18	4.1
	极高风险区	0	0
50 年一遇	低风险区	1.845	42
	中风险区	1.953	44.46
	高风险区	0.467	10.63
	极高风险区	0.128	2.91
100 年一遇	低风险区	1.173	26.7
	中风险区	2.028	46.16
	高风险区	0.96	21.85
	极高风险区	0.232	5.28

本次还对石月亮乡城镇建设区进行了风险评价（表 10.5，图 10.10），城镇建设区总面积为 1.31km^2，在 100 年一遇降水工况下，极高风险区面积约 0.061km^2，占城镇建设区

总面积的 4.66%；高风险区面积约 0.339km²，占城镇建设区总面积的 25.88%；中风险区主要分布在利沙底河下部沟道两侧，面积约 0.899km²，占城镇建设区总面积的 68.63%；低风险区面积约 0.011km²，占城镇建设区总面积的 0.84%。

表 10.5　石月亮乡城镇建设区 100 年一遇降水工况下地质灾害风险评价分区统计

风险分区	面积/km²	占比/%
低风险区	0.011	0.84
中风险区	0.899	68.63
高风险区	0.339	25.88
极高风险区	0.061	4.66
合计	1.31	100

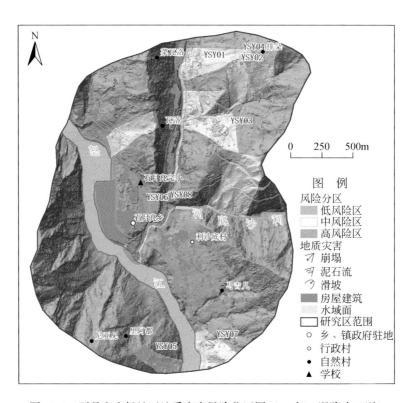

图 10.6　石月亮乡场址区地质灾害风险分区图（10 年一遇降水工况）

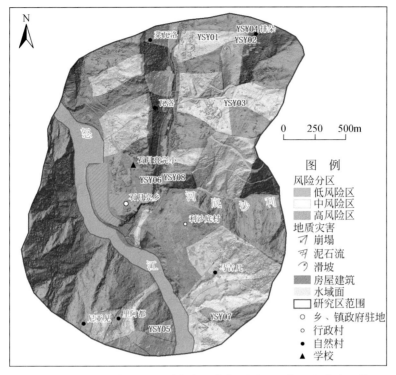

图 10.7　石月亮乡场址区地质灾害风险分区图（20 年一遇降水工况）

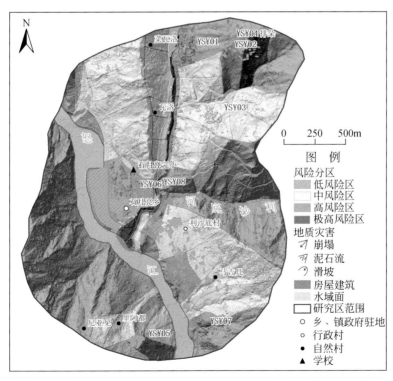

图 10.8　石月亮乡场址区地质灾害风险分区图（50 年一遇降水工况）

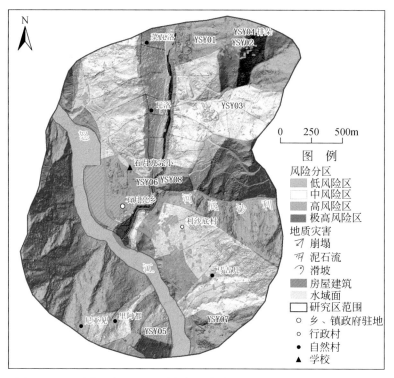

图 10.9 石月亮乡场址区地质灾害风险分区图（100 年一遇降水工况）

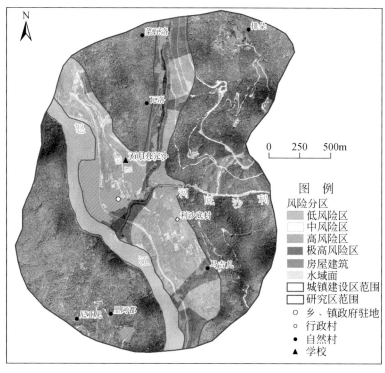

图 10.10 石月亮乡城镇建设区地质灾害风险分区图（100 年一遇降水工况）

10.2.3 福贡县架科底乡场址区评价

福贡县架科底乡场址区位于福贡县中部，城镇建筑区主要位于怒江右岸（图 10.11），与福贡县城公路相连，距福贡县驻地 21.4km，距省会昆明 664.3km。架科底乡镇规划区总体沿怒江分布，总体为北西-南东向展布，呈长条状。

图 10.11 架科底乡场址区地貌图

本次研究区为城镇后山第一斜坡带，面积约 4.636km²，怒江河面水域面积约 0.191km²，区内发育地质灾害 10 处，其中滑坡 6 处、泥石流 3 处、崩塌 1 处。怒江断裂从后山斜坡穿过。

评价结果显示（表 10.6，图 10.12 ~ 图 10.15）：研究区内在 100 年一遇降水工况下，极高风险区面积约 0.283km²，占研究区总面积的 6.1%；高风险区面积约 1.671km²，占研究区总面积的 36.04%；中风险区面积约 2.502km²，占研究区总面积的 53.97%；低风险区面积约 0.18km²，占研究区总面积的 3.88%。

表 10.6 架料底乡场址区不同降水工况下地质灾害风险评价分区统计

降水工况	风险分区	面积/km²	占比/%
10 年一遇	低风险区	3.787	81.69
	中风险区	0.76	16.39
	高风险区	0.089	1.92
	极高风险区	0	0
20 年一遇	低风险区	1.542	33.26
	中风险区	2.786	60.09
	高风险区	0.308	6.64
	极高风险区	0	0

续表

降水工况	风险分区	面积/km²	占比/%
50 年一遇	低风险区	0.18	3.88
	中风险区	3.486	75.19
	高风险区	0.864	18.64
	极高风险区	0.106	2.29
100 年一遇	低风险区	0.18	3.88
	中风险区	2.502	53.97
	高风险区	1.671	36.04
	极高风险区	0.283	6.1

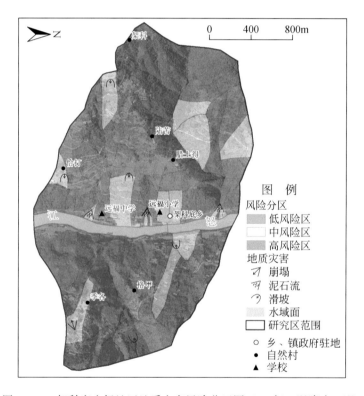

图 10.12 架科底乡场址区地质灾害风险分区图（10 年一遇降水工况）

本次还对架科底乡城镇建设区进行了风险评价（表 10.7，图 10.16），城镇建设区总面积约 1.257km²，在 100 年一遇降水工况下，极高风险区面积约 0.201km²，占城镇建设区总面积的 15.99%。高风险区面积约 0.491km²，占城镇建设区总面积的 39.06%；中风险区主要分布在架科底乡后山斜坡区，面积约 0.565km²，占城镇建设区总面积的 44.95%。城镇建设区整体处于中风险及以上风险区。

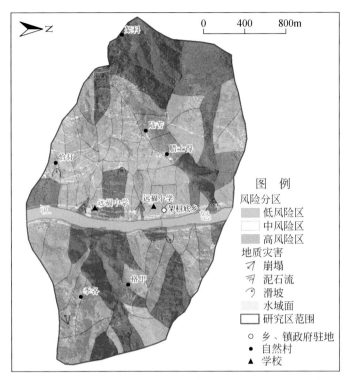

图 10.13　架科底乡场址区地质灾害风险分区图（20 年一遇降水工况）

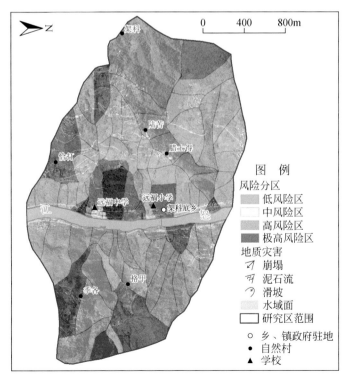

图 10.14　架科底乡场址区地质灾害风险分区图（50 年一遇降水工况）

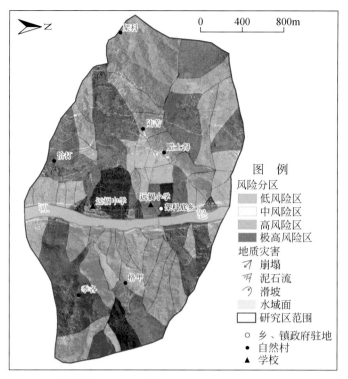

图 10.15　架科底乡场址区地质灾害风险分区图（100 年一遇降水工况）

表 10.7　架科底乡城镇建设区 100 年一遇降水工况下地质灾害风险评价分区统计

风险分区	面积/km²	占比/%
低风险区	0	0
中风险区	0.565	44.95
高风险区	0.491	39.06
极高风险区	0.201	15.99
合计	1.257	100

10.2.4　福贡县子里甲乡场址区评价

福贡县子里甲乡场址区位于福贡县南侧怒江左岸，城镇建设区分布在河流阶地和冲积扇上。本次研究区为城镇后山第一斜坡带，面积为 2.202km²，怒江河面水域面积为 0.141km²。怒江两岸斜坡陡峻，地质条件复杂，怒江断裂从右岸斜坡中部穿过，区内地质灾害发育，共发育 6 处地质灾害，其中滑坡 4 处、泥石流 2 处。

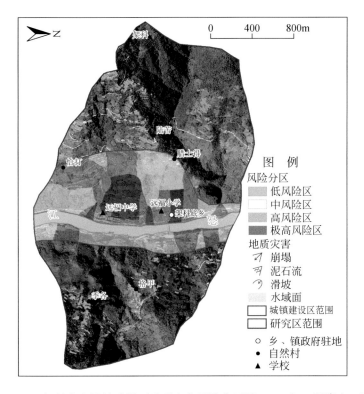

图 10.16　架科底乡城镇建设区地质灾害风险分区图（100 年一遇降水工况）

　　评价结果显示（表 10.8，图 10.17～图 10.20）：研究区内在 100 年一遇降水工况下，极高风险区分布在子里甲沟两侧和施底区域，面积约 0.143km^2，占研究区总面积的 6.49%；高风险区在区内广泛分布，主要沿着河谷两岸分布，面积约 0.686km^2，占研究区总面积的 31.15%；中风险区主要分布在怒江两岸斜坡，面积约 1.138km^2，占研究区总面积的 51.68%；低风险区分布在北侧山脊，面积约 0.235km^2，占研究区总面积的 10.67%。

表 10.8　子里甲乡场址区不同降水工况下地质灾害风险评价分区统计

降水工况	风险分区	面积/km^2	占比/%
10 年一遇	低风险区	1.694	76.93
	中风险区	0.492	22.34
	高风险区	0.016	0.73
	极高风险区	0	0
20 年一遇	低风险区	1.153	52.36
	中风险区	0.934	42.42
	高风险区	0.115	5.22
	极高风险区	0	0

降水工况	风险分区	面积/km²	占比/%
50 年一遇	低风险区	0. 592	26. 88
	中风险区	1. 221	55. 45
	高风险区	0. 358	16. 26
	极高风险区	0. 031	1. 41
100 年一遇	低风险区	0. 235	10. 67
	中风险区	1. 138	51. 68
	高风险区	0. 686	31. 15
	极高风险区	0. 143	6. 49

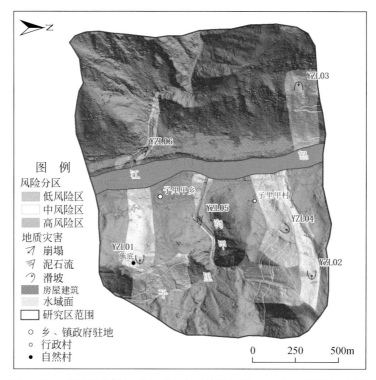

图 10.17　子里甲乡场址区地质灾害风险分区图（10 年一遇降水工况）

　　本次还对子里甲乡城镇建设区进行了风险评价（表 10.9，图 10.21），城镇建设区总面积为 0.477km²，在 100 年一遇降水工况下，极高风险区面积约 0.076km²，占城镇建设区总面积的 15.93％；高风险区面积约 0.244km²，占城镇建设区总面积的 51.15％；中风险区主要分布在子里甲后山斜坡区，面积约 0.157km²，占城镇建设区总面积的 32.91％；乡镇建设区整体处于中风险及以上风险区。

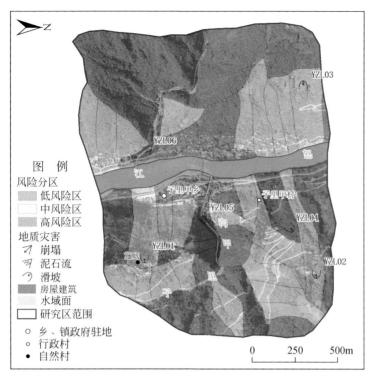

图 10.18　子里甲乡场址区地质灾害风险分区图（20 年一遇降水工况）

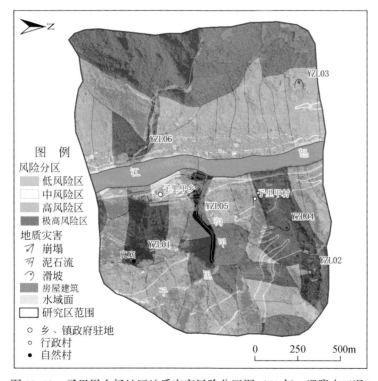

图 10.19　子里甲乡场址区地质灾害风险分区图（50 年一遇降水工况）

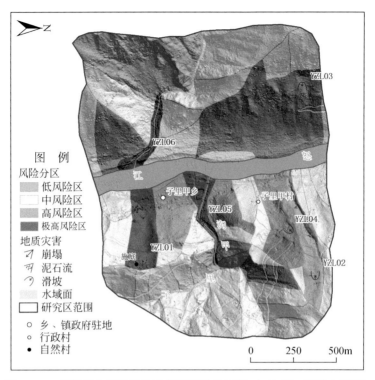

图 10.20　子里甲乡场址区地质灾害风险分区图（100 年一遇降水工况）

表 10.9　子里甲乡城镇建设区 100 年一遇降水工况下地质灾害风险评价分区统计

风险分区	面积/km²	占比/%
低风险区	0	0
中风险区	0.157	32.91
高风险区	0.244	51.15
极高风险区	0.076	15.93
合计	0.477	100

10.2.5　泸水市古登乡场址区评价

　　泸水市古登乡场址区主要分布在泸水市北部，城镇建设区主要分布在怒江右岸，本次研究区为城镇后山第一斜坡带，面积为 2.994km²，怒江河面水域面积为 0.157km²。区内河谷深切，岸坡陡峻，地质条件复杂，怒江断裂从场址区后山斜坡穿过，区内发育地质灾害 5 处，其中滑坡 3 处、泥石流 2 处。

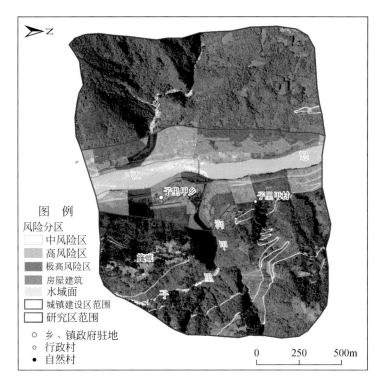

图 10.21　子里甲乡城镇建设区地质灾害风险分区图（100 年一遇降水工况）

评价结果显示（表 10.10，图 10.22～图 10.25）：研究区内在 100 年一遇降水工况下，极高风险区分布在色仲河两岸、古登乡中学后山和欧本下登区域，面积约 0.187km²，占研究区总面积的 6.25%；高风险区在区内广泛分布，主要沿着河谷两岸分布，面积约 1.238km²，占研究区总面积的 41.35%；中风险区主要分布在怒江两岸斜坡中下部，面积约 1.543km²，占研究区总面积的 51.54%；低风险区分布在南侧怒江左岸斜坡上部，面积约 0.026km²，占研究区总面积的 0.87%。

表 10.10　古登乡场址区不同降水工况下地质灾害风险评价分区统计

降水工况	风险分区	面积/km²	占比/%
10 年一遇	低风险区	1.794	59.92
	中风险区	1.08	36.07
	高风险区	0.12	4.01
	极高风险区	0	0
20 年一遇	低风险区	0.722	24.11
	中风险区	1.847	61.69
	高风险区	0.425	14.2
	极高风险区	0	0

降水工况	风险分区	面积/km²	占比/%
50 年一遇	低风险区	0.082	2.74
	中风险区	2.036	68
	高风险区	0.715	23.88
	极高风险区	0.161	5.38
100 年一遇	低风险区	0.026	0.87
	中风险区	1.543	51.54
	高风险区	1.238	41.35
	极高风险区	0.187	6.25

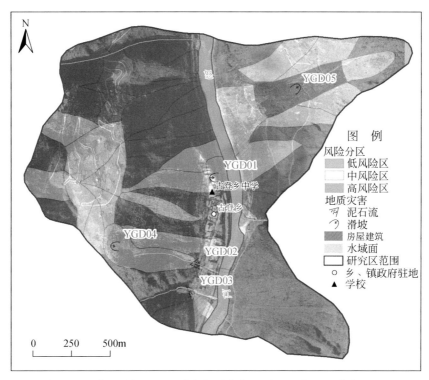

图 10.22　古登乡场址区地质灾害风险分区图 (10 年一遇降水工况)

　　本次还对古登乡城镇建设区进行了风险评价 (表 10.11, 图 10.26), 城镇建设区总面积为 0.697km², 在 100 年一遇降水工况下, 极高风险区面积约 0.13km², 占城镇建设区总面积的 18.65%; 高风险区面积约 0.349km², 占城镇建设区总面积的 50.07%; 中风险区主要分布在古登乡后山斜坡区, 面积约 0.218km², 占城镇建设区总面积的 31.28%; 乡镇建设区整体处于中风险及以上风险区。

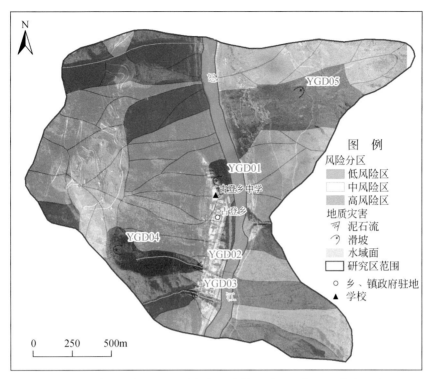

图 10.23　古登乡场址区地质灾害风险分区图（20 年一遇降水工况）

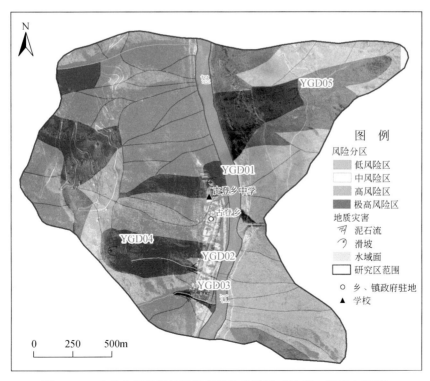

图 10.24　古登乡场址区地质灾害风险分区图（50 年一遇降水工况）

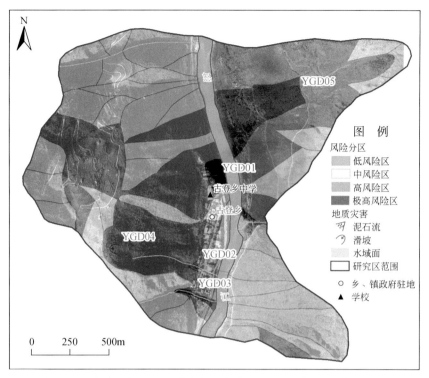

图 10.25　古登乡场址区地质灾害风险分区图（100 年一遇降水工况）

表 10.11　古登乡城镇建设区 100 年一遇降水工况下地质灾害风险评价分区统计

风险分区	面积/km²	占比/%
低风险区	0	0
中风险区	0.218	31.28
高风险区	0.349	50.07
极高风险区	0.13	18.65
合计	0.697	100

10.2.6　泸水市鲁掌镇场址区评价

　　鲁掌镇位于泸水市中部怒江右岸斜坡上部，为原泸水县城区，怒江断裂从场址区穿过，区内地形起伏大，地质条件复杂，发育 2 处滑坡。本次研究区为后山第一斜坡带，面积为 5.992km²。

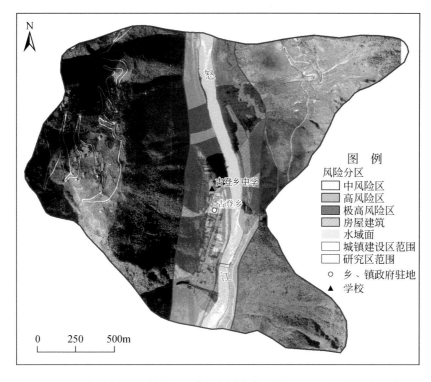

图 10.26　古登乡城镇建设区地质灾害风险分区图（100 年一遇降水工况）

　　评价结果显示（表 10.12，图 10.27～图 10.30）：研究区内在 100 年一遇降水工况下，极高风险区分布在鲁掌镇中学和下寨区域，面积约 0.531km², 占研究区总面积的 8.86%；高风险区在区内广泛分布，主要分布在研究区中部，面积约 2.016km²，占研究区总面积的 33.64%；中风险区主要分布在场址区周边和村庄居民区，面积约 2.81km²，占研究区总面积的 46.9%；低风险区分布在北侧山脊区域，面积约 0.635km²，占研究区总面积的 10.6%。

表 10.12　鲁掌镇场址区不同降水工况下地质灾害风险评价分区统计

降水工况	风险分区	面积/km²	占比/%
10 年一遇	低风险区	4.161	69.44
	中风险区	1.716	28.64
	高风险区	0.115	1.92
	极高风险区	0	0
20 年一遇	低风险区	2.669	44.54
	中风险区	2.837	47.35
	高风险区	0.486	8.11
	极高风险区	0	0

降水工况	风险分区	面积/km²	占比/%
50 年一遇	低风险区	0.638	10.65
	中风险区	3.837	64.04
	高风险区	1.401	23.38
	极高风险区	0.116	1.94
100 年一遇	低风险区	0.635	10.6
	中风险区	2.81	46.9
	高风险区	2.016	33.64
	极高风险区	0.531	8.86

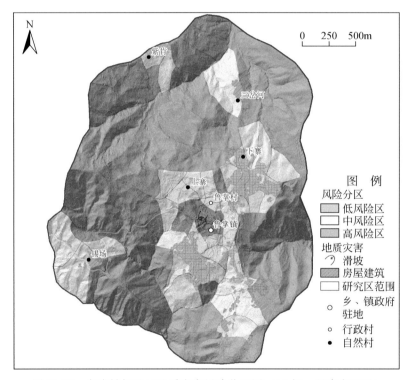

图 10.27 鲁掌镇场址区地质灾害风险分区图（10 年一遇降水工况）

本次还对鲁掌镇城镇建设区进行了风险评价（表 10.13，图 10.31），城镇建设区总面积为 1.63km²，在 100 年一遇降水工况下，极高风险区面积约 0.479km²，占城镇建设区总面积的 23.39%；高风险区面积约 0.703km²，占城镇建设区总面积的 43.13%；中风险区主要分布在鲁掌镇中部斜坡区，面积约 0.448km²，占城镇建设区总面积的 27.48%；城镇建设区整体处于中风险及以上风险区。

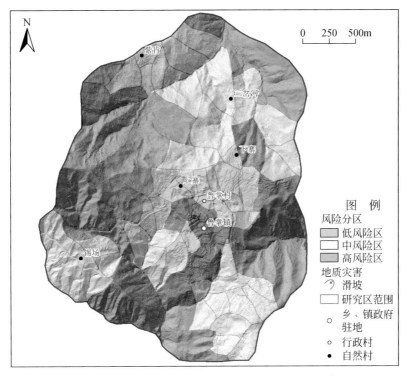

图 10.28　鲁掌镇场址区地质灾害风险分区图（20 年一遇降水工况）

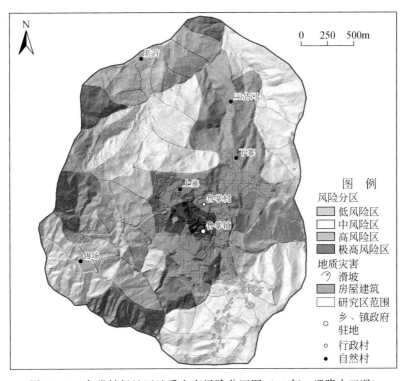

图 10.29　鲁掌镇场址区地质灾害风险分区图（50 年一遇降水工况）

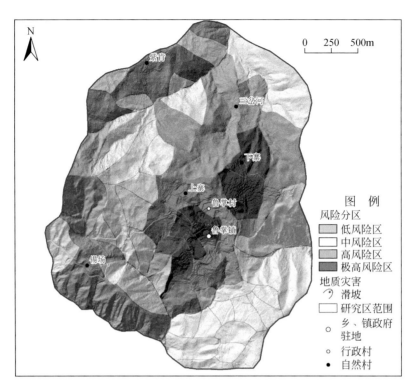

图 10.30　鲁掌镇场址区地质灾害风险分区图（100 年一遇降水工况）

表 10.13　鲁掌镇城镇建设区 100 年一遇降水工况下地质灾害风险评价分区统计

风险分区	面积/km²	占比/%
低风险区	0	0
中风险区	0.448	27.48
高风险区	0.703	43.13
极高风险区	0.479	29.39
合计	1.63	100

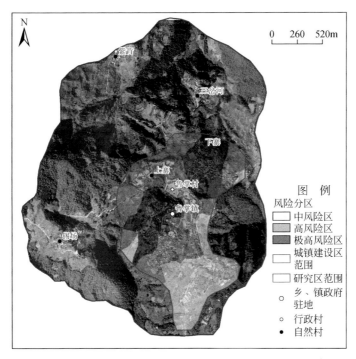

图 10.31　鲁掌镇城镇建设区地质灾害风险分区图（100 年一遇降水工况）

10.3　乡镇开发建设边界划分

　　根据第 9 章中对高山峡谷段城镇区开发建设边界及地质灾害防治范围等划分标准，结合怒江高山峡谷段乡镇场址区地形地质条件、地质灾害发育特征、地质灾害风险评价等，对捧当乡和石月亮乡场址区进行了地质灾害防治红线和乡镇开发建设边界划分，从划分结果来看，捧当乡场址区地质灾害防治面积为 5.8km²，主要分布在怒江两侧第一斜坡带和主要沟谷下部，其中，防控区面积为 3.69km²，包含怒江水域面 0.72km²，主要分布在怒江两侧后山斜坡、龙坡和格咱沟口等区域，该区域泥石流灾害威胁性大，存在高位远程地质灾害风险；防治区面积为 1.44km²，主要分布在怒江左岸斜坡区域，该区域斜坡较陡，地质灾害发育；保护区面积为 0.66km²，主要分布在闪当村和龙坡区域，该区域地形条件简单，地质灾害危险性中–小。防控区原则不作为开发建设区，防治区和保护区作为乡镇开发建设区，因此捧当乡场镇开发建设区面积为 2.1km²（图 10.32）。

　　石月亮乡场址区地质灾害防治面积为 3.53km²，主要分布在怒江两侧第一斜坡带和利沙底河沟谷下部，其中，防控区面积为 2.05km²，包含怒江水域面 0.31km²，主要分布在怒江两侧后山斜坡、利沙底河流域下部和沟口等区域，该区域泥石流灾害威胁性大，存在高位远程地质灾害风险；防治区面积为 1.08km²，主要分布在怒江左岸斜坡区域，该区域斜坡较陡，地质灾害发育；保护区面积为 0.4km²，主要分布在利沙底村和石月亮乡场址区，该区域地形条件简单，地质灾害危险性中–小。防控区原则不作为开发建设区，防治区和保护区作为乡镇开发建设区，因此石月亮乡场镇开发建设区面积为 1.48km²（图 10.33）。

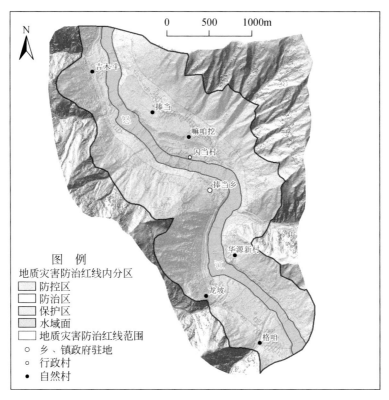

图 10.32　贡山县捧当乡场镇开发建设边界划分图

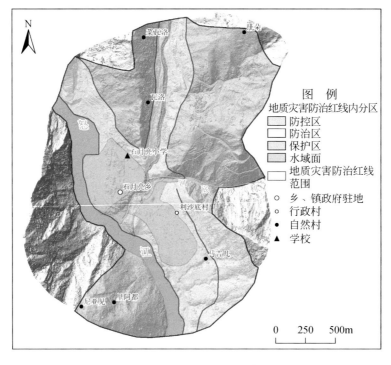

图 10.33　福贡县石月亮乡场镇开发建设边界划分图

10.4　典型地质灾害风险评价

10.4.1　贡山县茨开镇茨开箐泥石流

1. 泥石流基本特征

1）泥石流概况

茨开箐泥石流行政区划上隶属怒江傈僳族自治州贡山独龙族怒族自治县茨开镇，沟口地理坐标为 98°39′59″E，27°44′16″N，泥石流穿过县城城区。通过遥感调查和现场调查资料分析，流域平面形态呈柳叶形，流域面积为 5.99km²，茨开箐流域沟长 4.75km；最高点海拔为 3300m，最低点海拔为 1390m，高差为 1910m，平均纵坡降为 403.81‰。该沟泥石流堆积扇完整，为典型的"沟谷型"泥石流沟（图 10.34）。

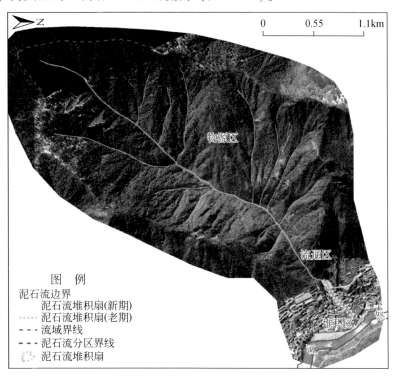

图 10.34　茨开箐泥石流影像图

流域从堆积扇至后缘出露的地层主要有人工堆积层（Q_4^{ml}）、第四系泥石流堆积层（Q_4^{set}）、第四系冲洪积层（Q_4^{al+pl}）、第四系残坡积层（Q_4^{el+dl}）、上古生界石炭系第二段（C^b）以及燕山期早期（$\eta\gamma_5^{2a}$）地层，主要的岩性包括大理岩和中粗粒二长花岗岩。怒江断裂从中下部横穿整个流域，怒江断裂为早—中更新世活运断裂，近南北向延伸，总体向西倾，倾角为 70°~80°，沿断裂带糜棱岩、构造角砾岩发育，挤压破碎带宽几十米至几百米，流域内斜坡岩体破碎。

2）泥石流分区特征

根据茨开箐泥石流沟地质环境特征，结合泥石流的激发条件和泥石流沟的地形地貌特征，将流域划分为物源区、流通区和堆积区三个区域。

物源区分布于主沟两岸高道两侧高陡坡体上及上部汇流区域，分布范围较大，面积为 5.7km²，沟道长度为 2.03km，平均纵坡降为 615.76‰，横断面呈"V"形，谷坡陡峻，坡度为 30°~60°，局部呈陡崖状。该区域植被覆盖率较高，不良地质灾害弱发育，区内陡峻的地形地貌条件以及较大的汇水面积为泥石流形成提供了较为丰富的水动力条件。

流通区分布于河道的中下段，面积为 0.17km²，沟道长度为 2.34km，平均纵坡降为 260.68‰，河谷横断面呈"V"形，平面呈"S"形，河床狭窄、粗糙，谷坡陡峻，沟底宽 15~25m，堆积有大量的砾、漂石和碎块石，厚 2~5m。两侧谷坡出露岩层为燕山期早期（$\eta\gamma_5^{2a}$）细粒二长花岗岩，岩层总体较为完整、坚硬，节理、裂隙、劈理发育。总体上该区域人类工程活动频繁，岩土体工程地质条件差，沟岸岩堆体等堆积物较多，沟内沟床物质丰富，为泥石流沟提供物源。

堆积区分布于泥石流沟下游沟口堆积扇上，平面呈不规则扇形，为历史上古泥石流多期堆积而成，面积为 0.12km²，沟道发育于堆积体中部，沟道长度为 0.36km，相对高差为 50m，平均纵坡降为 138.89‰。堆积扇现已被工程建设改造，分布大量居民，由于人类工程活动挤占沟道，沟道出现过流断面变小、不顺直等情况，现沟道出口入江段建有一条宽 6.0m、深 2.5~3.0m 的排导槽。总体上该区域人类工程活动频繁，泥石流暴发时威胁较大（表 10.14）。

表 10.14　茨开箐泥石流特征汇总表

特征		数值
流域面积/km²		5.99
主沟长/km		4.75
平均纵坡降/‰		403.81
相对高差/m		1910
物源区	面积/km²	5.7
	沟道长度/km	2.03
	平均纵坡降/‰	615.76
	相对高差/m	1250
	沟谷形态	V 形
流通区	面积/km²	0.17
	沟道长度/km	2.34
	平均纵坡降/‰	260.68
	相对高差/m	610
	沟谷形态	"V"形

续表

特征		数值
堆积区	面积/km²	0.12
	沟道长度/km	0.36
	平均纵坡降/‰	138.89
	相对高差/m	50
	堆积扇面积/km²	0.12

3）物源特征

茨开箐泥石流沟物源由于上中下游条件不同，物源有所差异，主要有崩塌堆积物源、滑坡堆积物源、沟道堆积物源和坡面侵蚀物源四种类型。采用 2020 年无人机航测影像和 2022 年高分辨率卫星影像对泥石流流域物源进行详细解译，流域内共发育物源 14 处（表 10.15），其中滑坡堆积物源 3 处、崩塌堆积体物源 4 处、沟道堆积物源 7 处，物源总面积为 115230m²，按照相关的经验公式初步计算得泥石流物源量为 572909m³（表 10.15）。泥石流物源分布于整个流域，沟道物源主要集中在流域中下部，流域左后缘分布大量寒冻风化坡面物源（图 10.35）。

表 10.15　茨开箐泥石流遥感解译物源统计表

序号	物源编号	物源类型	物源面积/m²	物源量/m³
1	H01	滑坡堆积物源	5246	78691
2	H02	滑坡堆积物源	2284	11419
3	H03	滑坡堆积物源	3761	18803
4	B01	崩塌堆积物源	17747	70987
5	B02	崩塌堆积物源	4372	17487
6	B03	崩塌堆积物源	14826	222386
7	B04	崩塌堆积物源	10416	31249
8	G01	沟道堆积物源	8017	20042
9	G02	沟道堆积物源	9450	23624
10	G03	沟道堆积物源	7293	14586
11	G04	沟道堆积物源	4597	9194
12	G05	沟道堆积物源	10671	21341
13	G06	沟道堆积物源	3738	7476
14	G07	沟道堆积物源	12812	25624
合计			115230	572909

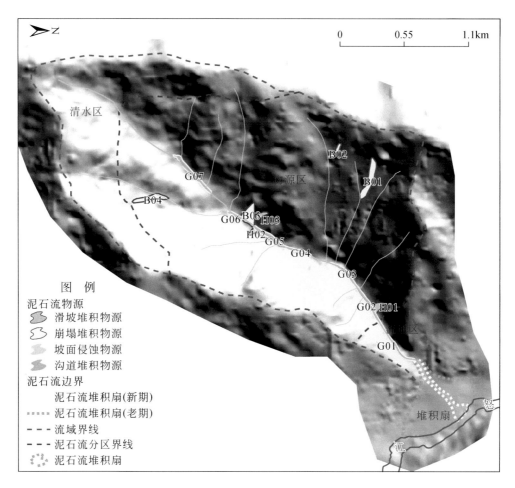

图 10.35　茨开箐泥石流物源分布图

4）历史活动特征

茨开箐沟历史上曾暴发多次泥石流，2005 年 2 月 13 日至 3 月 5 日，贡山县连续两次遭遇百年不遇的大雪天气，受大雪自重及融雪的作用，丹当箐沟岸产生崩塌，沟道堵溃后形成了泥石流。2020 年 5 月 26 日，受持续强降水影响，茨开箐沟谷岸坡发生多处坍滑现象，其中 CC2、CC3 冲沟岸坡发育高位高速小规模滑坡，滑坡携带大量松散物质下滑，拉槽后冲刷形成坡面泥石流，大量松散物源滑移至沟道内堵塞沟道，并形成短暂堰塞后支沟暴发泥石流。支沟泥石流汇入主沟后，主沟含砂量增高，致使沟谷内洪水流量增大，搬运能力显著增强，沟水侧蚀、下切作用增大，并携带岸坡产生的滑坡、崩塌及原有堆积物形成刷槽，暴发泥石流。由于茨开箐沟道宽缓，短暂堰塞后聚集的能量较小，大部分大块径固体物源停留在沟道纵坡相对较小的位置，而小颗粒物质随沟水向下游冲刷形成了本次"5·25"茨开箐泥石流灾害。由于沟口环城路建设修建的临时施工便道对沟道进行了填埋，底部设置的临时排水管涵无法满足泥石流过流，泥石流于施工便道后方回淤形成平台，沟水翻越道路面，向居民区冲淤，形成灾情。茨开箐泥石流为水石流，泥石流冲毁道路基础 50m，直接经济损失约 50 万元，未造成人员伤亡。

5）水源条件

根据贡山县气象局收集的资料，泥石流区域多年平均降水量为 786.4mm，最大年降水量为 1057.7mm，最大月降水量为 229.5mm，最大日降水量为 41.4mm，最大 1 小时降水量为 21.1mm，最大 10min 降水量为 17.1mm。可见，总体上雨量较为贫乏，但降水量时空分布不均匀，局地暴雨现象时有发生，成为诱发泥石流、滑坡、崩塌等地质灾害的重要诱因。据前人研究，当 1 小时降水量达到 20mm 左右或 10min 降水量达到 8～10mm 时，区内往往群发泥石流、滑坡等地质灾害，可见集中降水是区内地质灾害的主要引发因素。根据《云南省暴雨洪水查算实用手册》中的暴雨量等值线图，该区 10min 雨强平均值为 7.8mm，1 小时雨强平均值为 20.0mm，12 小时雨强平均值为 37.0mm。变异系数分别为 0.51、0.38、0.30，根据变异系数，查皮尔逊Ⅲ型曲线得到不同频率下模比系数并求得不同频率下的雨强值统计见表 10.16。

表 10.16　茨开镇不同频率下雨强值计算表

频率	10min 雨强				1 小时雨强			
	平均值/mm	变异系数	模比系数	设计雨强/mm	平均值/mm	变异系数	模比系数	设计雨强/mm
100 年一遇	7.8	0.51	2.87	21.24	20.0	0.38	2.23	44.6
50 年一遇			2.51	18.57			2.02	40.4
20 年一遇			2.05	15.17			1.73	34.6
10 年一遇			1.7	12.58			1.51	30.2

频率	6 小时雨强				12 小时雨强			
	平均值/mm	变异系数	模比系数	设计雨强/mm	平均值/mm	变异系数	模比系数	设计雨强/mm
100 年一遇	28.0	0.28	1.84	51.52	37.0	0.30	1.92	65.28
50 年一遇			1.71	47.88			1.77	60.18
20 年一遇			1.52	42.56			1.57	53.38
10 年一遇			1.38	38.64			1.4	47.6

2. 泥石流危险度评价

通过遥感调查和现场调查资料分析，茨开箐泥石流流域沟长 4.75km，流域面积为 5.99km²，平均纵坡降为 403.81‰，该沟为典型的"沟谷型"泥石流沟。运用泥石流危险度评价模型对茨开箐泥石流进行危险度定量评价结果，其危险度值为 0.92，为极高度危险泥石流沟。

3. 泥石流危险范围预测

泥石流危险范围是指泥石流冲出沟口以后可能形成堆积扇的范围，它包括了堆积扇面积的大小、堆积扇的形状及堆积位置。影响泥石流堆积泛滥范围的因素较多，如流域面积、高差、沟道密度、松散固体物质补给量、雨强、堆积扇坡度和形态等。目前对泥石流堆积扇的平面形态进行预测, 主要采用的因素包括最大堆积长度 (L)、最大堆积宽度 (B)、堆积幅角 (R)、最大堆积面积 (S) 和堆积类型等。堆积范围的确定除了包括形态外, 还包括范围的大小和位置。范围的大小与泥石流最大的冲出距离 (指泥石流从起始堆积的位置到停止沉积扩散位置的距离) 相关。对于泥石流的起始堆积位置, 国内学者大多认为泥石流堆积起始点坡度在 10° 以内。结合茨开镇茨开箐泥石流活动特点的遥感调查, 堆积起始点确定为沟底海拔 1500m 的沟谷出口位置, 该处沟床坡度约 14°, 该点以下沟段沟谷逐渐变宽缓, 平均坡度约 8.5°, 沟口最缓位置坡度为 4°~5°。

1) 泥石流最大堆积长度的预测

对于茨开镇茨开箐泥石流堆积范围的预测, 这里利用刘希林、唐川通过模型试验得到的堆积范围预测模型公式:

$$L = 8.71 (VGR/\ln R)^{1/3} \tag{10.2}$$

式中, L 为泥石流最大堆积长度 (冲出距离), m; V 为泥石流一次冲出固体物质量, m³; G 为堆积区纵坡降 (小数); R 为泥石流容重, g/cm³。

2) 泥石流最大堆积宽度预测

泥石流一旦流到沟口, 侧向约束逐渐变小或解除, 因地形坡降变缓, 地形开阔, 泥石流流体速度减慢, 并逐渐堆积下来, 泥石流流体宽度一般按下式计算:

$$B_P = (1.5 \sim 3) Q_C^{0.5} \tag{10.3}$$

式中, B_P 为泥石流流体宽度, m; Q_C 为不同暴雨频率下泥石流峰值流量, m³/s。

大量的研究表明, 在没有地形约束的情况下, 泥石流的堆积宽度一般为流体宽度的 6 倍。根据不同频率泥石流峰值流量值, 按上述计算式评价不同设计频率下泥石流的最大堆积宽度。

3) 泥石流最大堆积幅角预测

泥石流最大堆积幅角计算参照刘希林、唐川预测模型:

$$R = 47.8296 - 1.3085D + 8.8876H \tag{10.4}$$

式中, R 为最大堆积幅角 (°); D 为流域沟长, km; H 为流域高差, km。

根据前述茨开箐泥石流流域背景参数, 计算其最大堆积幅角约 85°。通过遥感影像量测的近期泥石流实际堆积幅角值为 53°, 由于茨开箐泥石流堆积区人工改造较大造成的误差较大。因此, 综合考虑茨开箐泥石流的实际地形, 泥石流堆积幅角值为 55°。

4) 泥石流最大堆积面积的预测

泥石流最大堆积面积的预测主要参考刘希林、唐川的预测模型:

$$S = 0.6667L \times B - 0.0833B^2 \sin R/(1 - \cos R) \tag{10.5}$$

根据式 (10.5) 得到泥石流最大堆积长度 (L)、最大堆积宽度 (B) 及堆积幅角 (R), 计算茨开箐泥石流不同频率下最大堆积面积见表 10.17。按照沟床条件、淤积坡度和泥石流防治现状等条件对其进行预测范围的确定及调整, 得到不同频率下泥石流最大危险范围如图 10.36 所示。

表 10.17　预测不同频率下茨开箐泥石流最大堆积面积统计表

设计频率	10 年一遇	20 年一遇	50 年一遇	100 年一遇
一次冲出固体物质量（V）/m³	39871	65800	129532	231887
最大堆积长度/m	450	460	472	485
预测最大堆积宽度/m	65	130	220	410
最大堆积面积/m²	30670	50616	99640	178375

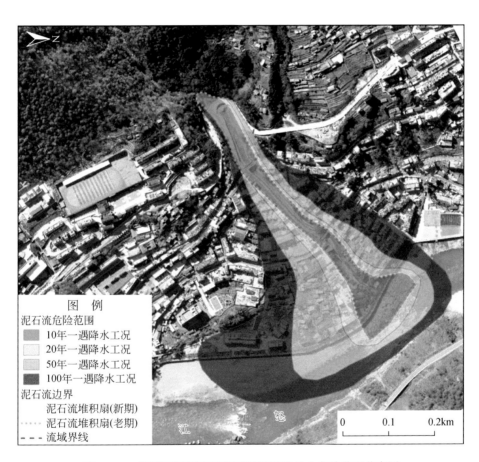

图 10.36　预测不同频率下茨开箐泥石流最大危险范围分布图

　　由于泥石流体的不均匀性，同一泥石流堆积扇内不同位置所受泥石流冲击力和淤埋深度等参数不同，其危险等级不同，可能遭受泥石流毁坏的程度也不相同。其中流速和泥深是评价堆积扇危险等级的两个重要参数。一般情况下，流速大的地方泥石流冲击力也大，物质受到毁坏的程度也高，而泥石流淤积厚度（泥深）可以在一定程度上反映泥石流流量和流速大小，并直观反映对承载体的淤埋程度的破坏，淤埋厚度越大危险等级越高。唐川（1997）通过对堆积扇的淤积厚度、最大石块粒径、扇面纵坡降、距扇面沟道距离、扇面粗糙率五个因子，分别对其危险度进行了分类；泥石流具有流体的性质，容易在地势低洼的地区进行堆积，基于这一思路 Dwain Boyer 通过相对于主沟垂直距离的大小，将堆积扇分为高、中、低三个危险区。铁永波（2009）采用距离到扇面沟道的距离和堆积区坡度两个因子，利用 GIS 工具进行叠加分析计算，得到了汶川县城南沟泥石流堆积扇在单一频率下危险度等级分区图。本次在对茨开箐泥石流危险性等级进行分区时，借鉴并采用了这两个因子。但是不同频率下泥石流冲出沟口的流速和堆积泥位深度是不同的，这将导致距离主沟道相同距离的同一地点危险性等级也会随着发生改变。一般情况下泥石流暴发的频率越低，它的容重和堆积厚度将呈正比变化，高危险区占据主沟道两侧的面积也将会变得越大。例如，对于 10 年一遇时划定为的中度危险，在 20 年一遇时可能为高度危险；同样在 50 年一遇的低度危险，100 年一遇是可能处于中度危险。因此，在利用距扇面沟道距离这一因子对危险度进行判定时，距离主沟道距离的选取要适当进行调整，结合不同频率下泥石流的最大预测淤积宽度，以及已有的研究成果的综合分析，提出将不同频率下距扇面沟道距离（A_1）、堆积扇坡度（A_2）的等级划分结果列于表 10.18 中。

表 10.18　茨开箐泥石流危险性等级评价因子 A_1 与 A_2 的分级划分表

分级（赋值）		高度危险（3）	中度危险（2）	低度危险（1）
距扇面沟道距离（A_1）/m	10 年一遇	<30	30 ~ 65	>65
	20 年一遇	<50	50 ~ 130	>130
	50 年一遇	<100	100 ~ 220	>220
	100 年一遇	<160	160 ~ 410	>410
堆积扇坡度（A_2）/(°)		>8	8 ~ 4	<4

对上述指标，距扇面沟道距离（A_1）利用了 ArcGIS 中的 buffer 缓冲分析工具进行处理；堆积扇坡度（A_2）分类是以堆积区 1∶1000 的等高线为数据支持，利用 ArcGIS 中的 3D Analyst 工具生成坡度图进行统计分类的。利用 GIS 软件中对多因子和多图层的叠加处理功能，将因子 A_1、A_2 进行叠加运算生成危险性分区图，叠加计算模型如下：

$$F = \sum A_i * B_{ij} \tag{10.6}$$

式中，A_i 为评价指标的权重；B_{ij} 为第 i 个指标属性 j 的赋值大小（i，j 分别取 1，2）。

由于茨开箐泥石流堆积区地形坡度整体较平缓，对 A_i 的堆积扇坡度和距扇面沟道距离权重赋值分别为 0.4、0.6。B_{ij} 的赋值采用定量化处理，分别按高度危险、中度危险、低度危险将对应的堆积扇坡度和距扇面沟道距离赋值为 3、2、1，然后通过 GIS 平台对两个因子进行叠加分析计算，最后对其结果进行重分类处理，将评价结果分为高危险区、中危险区、低危险区三类，并用不同颜色进行标注，得到 100 年一遇降水工况下的危险性分区图（图 10.37，表 10.19）。

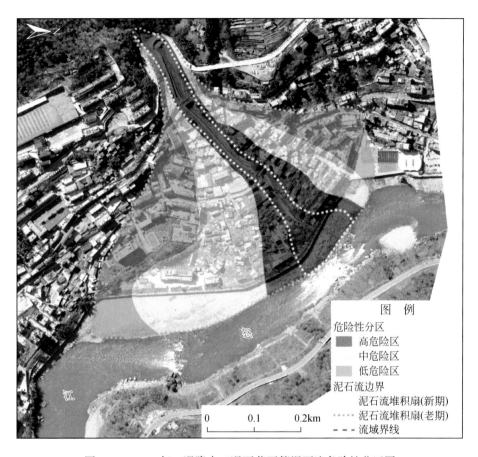

图 10.37　100 年一遇降水工况下茨开箐泥石流危险性分区图

表 10.19　100 年一遇降水工况下茨开箐泥石流危险性分区面积统计表

危险性分区	高危险区	中危险区	低危险区	总计
面积/m²	60566	91658	72339	224563
占比/%	26.97	40.82	32.21	100

从图 10.37 和表 10.19 可见，100 年一遇降水工况下茨开箐泥石流中、高危险区所占面积最大，达 68% 左右，主要分布在沟道两侧，尤其是堆积扇下游侧区域。

4. 泥石流风险评价

通过前面对茨开箐泥石流发育特征、危险度和危险性的评价，结合无人机航测影像和现场调查数据，对泥石流危险区内的承灾体进行精细解译，本次工作根据 100 年一遇降水工况，结合泥石流危险性和承灾体易损性，开展泥石流灾害的单体地质灾害风险评价，划分了高风险区、中风险区和低风险区三个等级区，从评价结果来看（图 10.38），泥石流高风险区主要分布在堆积扇沟道两侧 150m 范围，分布房屋面积为 16234m²；中风险区分布在沟道两侧 150～200m 范围，分布房屋面积为 21348m²；低风险区分布在沟道两侧大于 200m 范围，分布房屋面积为 419188m²。

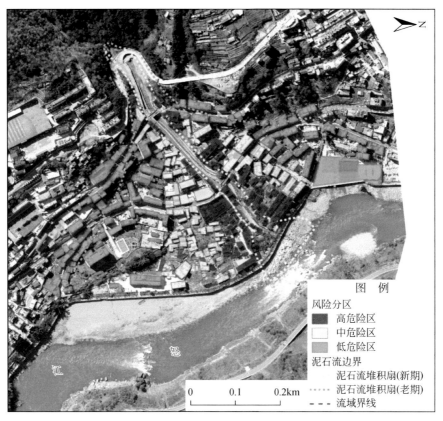

图 10.38   100 年一遇降水工况下茨开箐泥石流风险分区图

5. 泥石流防治建议

从收集资料和现场调查资料来看，茨开箐泥石流已经进行了工程治理。2021 年，因贡山美丽县城建设，于茨开箐沟道内修建有排导槽工程+单边护岸堤。其中排导槽起点位于 C1#桥涵上方，沿河流出口走向直线展布，终点止于 C2#桥涵，排导槽边墙总长 315.3m，有效排导宽 8.0m，边墙高 4m，顶宽 0.8m，基础埋深为 1.5m，边墙采用 C25 混凝土浇筑；防护堤工程起点布设于 C2#桥涵下方，终点在怒江边 C4#桥涵（C0+000.0）处。其中 C2#～C3#桥涵间于左岸布设单边防护堤，总长 209.7m，C3#～C4#桥涵间于右岸布设单边防护堤，总长 180m，左岸出口段拟设单边防护堤 24.0m，墙高 4m，顶宽 0.8m，基础埋深为 1.5m，边墙采用 C25 混凝土浇筑（图 10.39、图 10.40）。

茨开箐泥石流防治工程主要为排导槽和防护堤，工程基本完好，部分桥涵出现了堵塞情况。流域内地质构造复杂，斜坡陡峻，物源丰富，在强降水作用下可能发生较大规模泥石流，在 100 年一遇降水工况下，可能发生较大灾害。因此建议对泥石流进行综合防治，加强对泥石流的监测。

图 10.39　茨开箐泥石流全貌

图 10.40　茨开箐泥石流堆积区已建排导工程

10.4.2　贡山县捧当乡华龙新村龙坡依玛泥石流

1. 泥石流基本特征

龙坡依玛泥石流位于云南省怒江傈僳自治州贡山县捧当乡华龙新村，泥石流流域属于怒江右岸一级支流，沟口地理坐标为98°40′28″E，27°52′49″N。泥石流堆积扇完整，从高分辨率卫星影像上看能够分辨多期泥石流堆积，堆积扇扇顶区域分布聚居区，泥石流主要威胁聚居区 78 户 260 人和 G219 国道，泥石流堆积扇挤压怒江河道，可能发生堵江，发生泥石流可能性大。

1）地形特征

通过遥感调查和现场调查资料分析，流域平面形态呈柳叶形，流域面积为 17.88km²，主沟顺直，主沟长 6.75km；流域最高点海拔为 4060m，最低点海拔为 1490m，高差为2570m，平均纵坡降 380‰。该沟泥石流堆积扇完整，堆积扇挤压怒江河道，为典型的"沟谷型"泥石流沟。

根据泥石流沟地质环境特征，结合泥石流地形地貌和泥石流活动特征，将流域划分为物源区、流通区和堆积区三个大区（表 10.20，图 10.41）。

表 10.20　龙坡依玛泥石流特征统计表

特征		数值
流域面积/km²		17.88
主沟长/km		6.75
平均纵坡降/‰		380
相对高差/m		2570
物源区	面积/km²	17.33
	沟道长度/km	5.39
	平均纵坡降/‰	438.7
	相对高差/m	2365
	沟谷形态	"V" 形
流通区	面积/km²	0.37
	沟道长度/km	0.94
	平均纵坡降/‰	154.3
	相对高差/m	145
	沟谷形态	"V" 形

特征		数值
堆积区	面积/km²	0.18
	沟道长度/km	0.42
	平均纵坡降/‰	142.8
	相对高差/m	60
	堆积扇面积/km²	0.184

图 10.41　龙坡依玛泥石流影像图

物源区分布在主沟海拔 1560m 以上主沟两岸高道两侧高陡坡体上及上部汇流区域，分布范围大，面积为 17.33km²，沟道长度为 5.39km，平均纵坡降为 438.7‰，横断面呈"V"形，沟道宽 5~15m，谷坡陡峻，坡度为 30°~60°，局部呈陡崖状。该区域植被覆盖率较高，不良地质灾害弱发育，区内陡峻的地形地貌条件及较大的汇水面积为泥石流形成提供了较为丰富的水动力条件。该区域内出露岩体为下二叠统（P_1）灰岩及燕山早期（$\eta\gamma_5^{2a}$）细粒二长花岗岩，块状构造，岩层总体较为完整、坚硬。

流通区分布于河道的中下段，面积为 0.37km²，沟道长度为 0.94km，平均纵坡降为 154.3‰，河谷横断面呈"V"形，河床狭窄，谷坡陡峻，沟底宽 15~25m，堆积有大量的砾、漂石和碎块石，厚 2~5m。流通区中部沟道两侧分布有厂房，该区域为矿山开采区，右岸分布露天开采厂，弃渣堆积体挤压沟道。

堆积区分布于泥石流沟下游沟口堆积扇上，平面呈扇形，海拔为 1490~1560m，面积为 0.18km²，沟道发育于堆积体中部，沟道长度为 0.42km，相对高差为 60m，平均纵坡降为 142.8‰。堆积扇现已被工程建设改造，分布大量居民，人类工程活动频繁，泥石流暴发时威胁较大。

2）物源特征

泥石流沟物源由于上中下游条件不同，物源有所差异，主要有崩塌堆积物源、滑坡堆积物源、沟道堆积物源和坡面侵蚀物源四种类型。采用 2020 年无人机航测影像和 2022 年高分辨率卫星影像对泥石流流域物源进行详细解译，流域内共发育物源 33 处（图10.42），其中滑坡堆积物源 3 处、崩塌堆积体物源 13 处、沟道堆积物源 7 处、坡面侵蚀物源 10 处，物源总面积为 2593655m²，按照相关的经验公式初步计算得泥石流物源量为 2132410m³（表 10.21）。泥石流物源分布于整个流域，沟道物源主要集中在流域中下部，流域后缘分布大量寒冻风化坡面物源。

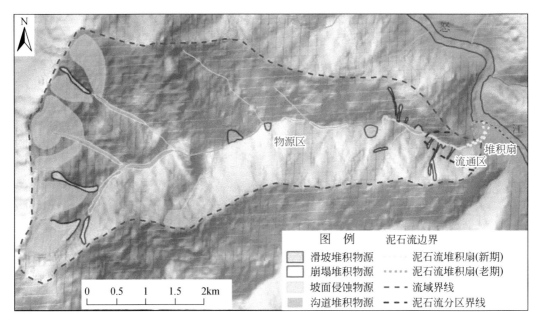

图 10.42　龙坡依玛泥石流物源分布图

表 10.21　龙坡依玛泥石流物源统计表

序号	物源编号	物源类型	物源面积/m²	物源量/m³
1	G01	沟道堆积物源	7820	11730
2	G02	沟道堆积物源	21100	31650
3	G03	沟道堆积物源	13183	19775
4	G04	沟道堆积物源	68222	102333
5	G05	沟道堆积物源	52748	79122
6	H01	滑坡堆积物源	11974	59870
7	H02	滑坡堆积物源	36871	184355
8	H03	滑坡堆积物源	36031	180155
9	B01	崩塌堆积物源	6608	13216
10	G10	沟道堆积物源	4125	6188

续表

序号	物源编号	物源类型	物源面积/m²	物源量/m³
11	B02	崩塌堆积物源	3423	5135
12	B03	崩塌堆积物源	29991	44987
13	B04	崩塌堆积物源	7756	11634
14	G06	沟道堆积物源	7417	11126
15	B05	崩塌堆积物源	10336	15504
16	B06	崩塌堆积物源	3248	4872
17	G07	沟道堆积物源	22665	33998
18	B07	崩塌堆积物源	9889	14834
19	B08	崩塌堆积物源	11108	16662
20	B09	崩塌堆积物源	8438	12657
21	B10	崩塌堆积物源	28413	42620
22	B11	崩塌堆积物源	87096	130644
23	P01	坡面侵蚀物源	78535	39268
24	P02	坡面侵蚀物源	256999	128500
25	P03	坡面侵蚀物源	399874	199937
26	B12	崩塌堆积物源	56152	56152
27	P04	坡面侵蚀物源	157424	78712
28	P05	坡面侵蚀物源	472869	236435
29	G08	沟道堆积物源	74561	37281
30	P06	坡面侵蚀物源	177166	88583
31	B13	崩塌堆积物源	37336	37336
32	P07	坡面侵蚀物源	338685	169343
33	G09	沟道堆积物源	55592	27796
合计			2593655	2132410

3) 水源特征

根据贡山县气象局收集的资料，泥石流区域多年平均降水量为 1727.4mm，最大年降水量为 2379.2mm，最大月降水量为 229.5mm，最大日降水量为 41.4mm，最大 1 小时降水量为 21.1mm，最大 10min 降水量为 17.1mm。可见，总体上雨量较为贫乏，但降水量时空分布不均匀，局地暴雨现象时有发生，成为诱发泥石流、滑坡、崩塌等地质灾害的重要诱因。据前人研究，当 1 小时降水量达到 20mm 左右或 10min 降水量达到 8～10mm 时，区内往往群发泥石流、滑坡等地质灾害，可见集中降水是区内地质灾害的主要引发因素。流域呈柳叶状，主沟纵比降大，沟道安排陡峻，流域汇水条件好，同时区域降水量大，泥石流具有良好的水源条件。

2. 泥石流危险度评价

通过遥感调查和现场调查资料分析，龙坡依玛泥石流流域沟长 6.75km，流域面积为 17.88km²，平均纵坡降为 380‰，流域相对高差为 2570m，该沟为典型的"沟谷型"泥石流沟。运用泥石流危险度评价模型对龙坡依玛泥石流进行危险度定量评价，其危险度值为0.75，为高度危险泥石流沟。

3. 泥石流危险范围预测

根据前面的计算公式得到泥石流最大堆积长度（L）、最大堆积宽度（B）及堆积幅角（R），计算不同频率下龙坡依玛泥石流最大堆积面积见表 10.22。按照沟床条件、淤积坡度和泥石流防治现状等条件对其进行预测范围的确定及调整，得到不同频率下预测范围如图 10.43 所示。在 100 年一遇的降水工况下，泥石流最大堆积长度为 490m，堆积体堵塞怒江，最大堆积面积为 184243m²。

表 10.22　预测不同频率龙坡依玛泥石流最大堆积面积统计表

概率	10 年一遇	20 年一遇	50 年一遇	100 年一遇
一次冲出固体物质量（V）/m³	39607.5	85385.3	189093	276364.5
最大堆积长度/m	400	420	450	490
预测最大堆积宽度/m	95	150	310	520
最大堆积面积/m²	26405	65681	126062	184243

图 10.43　预测不同频率下龙坡依玛泥石流最大危险范围分布图

4. 泥石流风险评价

通过前面对龙坡依玛泥石流发育特征、危险度和危险性的评价，结合无人机航测影像和现场调查数据，对泥石流危险区内的承灾体进行精细解译，本次工作根据 100 年一遇降水工况，结合泥石流危险性和承灾体易损性，开展泥石流灾害的单体地质灾害风险评价，划分了高风险区、中风险区和低风险区三个等级区，从评价结果来看（图 10.44），泥石流高风险区主要分布在堆积扇沟道两侧 130m 范围，分布房屋面积为 17770m²；中风险区分布在沟道两侧 130～180m 范围，分布房屋面积为 14048m²；低风险区分布在沟道两侧大于 180m 范围，分布房屋面积为 1802m²。

图 10.44　100 年一遇降水工况下龙坡依玛泥石流风险分区图

5. 泥石流防治建议

龙坡依玛泥石流目前未进行系统工程治理，仅在堆积扇中部沟道处修建有简易防护堤。综合分析来看，泥石流流域内地质构造复杂，斜坡陡峻，主沟纵坡降大，为泥石流发育提供良好的地形条件；流域内物源丰富，中部沟道两侧发生多处溜滑，部分堵塞沟道，后缘基岩出露，风化强烈，岩体破碎，形成大量的坡面侵蚀物源，沟道下部工矿活动强烈，为泥石流形成提供了丰富的物源；区域属于怒江河谷区，降水充沛，发生局部强降水可能性大，流域具有良好的汇水条件；因此，在强降水作用下可能发生较大规模泥石流，在 100 年一遇降水条件下，可能发生较大灾害。沟口分布聚居区、工业厂房、国道等，泥石流危险性大，沟口区域风险高，建议对泥石流进行综合防治，加强泥石流监测。

10.4.3　贡山县茨开镇嘎拉博村齐郎当泥石流

1. 泥石流基本特征

齐郎当泥石流位于云南省怒江傈僳自治州贡山独龙族怒族自治县茨开镇嘎拉博村，泥石流流域属于怒江左岸一级支流，沟口地理坐标为 98°43′43″E，27°39′59″N。泥石流堆积扇完整，从高分辨率卫星影像上看能够分辨多期泥石流堆积，堆积扇扇顶区域分布聚居区，泥石流主要威胁聚居区 73 户 230 人和 G219 国道，泥石流堆积扇挤压怒江河道，可能发生堵江，泥石流危险性大。

1）地形特征

流域平面形态呈柳叶状，流域最高点海拔为 3751m，最低点海拔为 1407m，相对高差为 2344m，流域面积为 11.72km²，主沟长约 6.62km，主河道平均纵坡降为 354.08‰，流域内河流水系呈树枝状展布，冲沟发育，切割强烈，泥石流沟整体形态呈 "V" 形，沟床宽 2 ~ 10m。结合泥石流的激发条件和泥石流沟的地形地貌特征，总观全流域大致可划分为物源区、流通区、堆积区三个区域（图 10.45，表 10.23）。

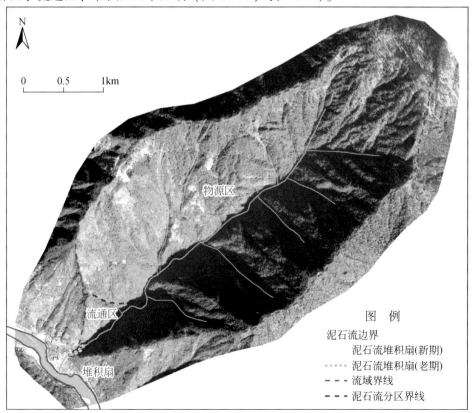

图 10.45　齐郎当泥石流影像图

表10.23　齐郎当泥石流特征统计表

特征		数值
流域面积/km²		11.724
主沟长/km		6.62
平均纵坡降/‰		354.08
相对高差/m		2344
物源区	面积/km²	9.9
	沟道长度/km	5.19
	平均纵坡降/‰	400.58
	相对高差/m	2079
	沟谷形态	V 形
流通区	面积/km²	1.43
	沟道长度/km	0.95
	平均纵坡降/‰	202.11
	相对高差/m	192
	沟谷形态	V 形
堆积区	面积/km²	0.094
	沟道长度/km	0.48
	平均纵坡降/‰	156.25
	相对高差/m	75

2）物源特征

泥石流流域出露的地层主要有第四系人工堆积层（Q_4^{ml}）、泥石流堆积层（Q_4^{set}）、冲洪积层（Q_4^{al+pl}）、崩坡积层（Q_4^{col+dl}）、残坡积层（Q_4^{el+dl}）、燕山晚期花岗岩（γ_5^3）、上古生界石炭系（C^d、C^c）石英砂岩、千枚岩等。怒江断裂从流域中部穿过，断层附近岩体破碎。通过综合遥感精细解译和现场调查，流域内物源类型主要有崩塌堆积物源、滑坡堆积物源、沟道堆积物源和坡面侵蚀物源四种，流域内共发育物源20 处（图10.46），其中滑坡堆积物源5 处、崩塌堆积物源8 处、沟道堆积物源5 处、坡面侵蚀物源2 处，物源总面积634977m²，按照相关的经验公式初步计算得泥石流物源量为998286m³（表10.24）。

表10.24　齐郎当泥石流物源统计表

序号	物源编号	物源类型	物源面积/m²	物源量/m³
1	G01	沟道堆积物源	9417	18834
2	G02	沟道堆积物源	13303	19955
3	G03	沟道堆积物源	10688	21376
4	H01	滑坡堆积物源	1980	11880
5	H02	滑坡堆积物源	7302	36510

序号	物源编号	物源类型	物源面积/m²	物源量/m³
6	H03	滑坡堆积物源	59865	159055
7	G04	沟道堆积物源	20408	30612
8	H04	滑坡堆积物源	9995	49975
9	H05	滑坡堆积物源	27911	89555
10	B01	崩塌堆积物源	47726	90904
11	B02	崩塌堆积物源	51521	51521
12	B03	崩塌堆积物源	65508	98262
13	B04	崩塌堆积物源	28541	42812
14	G05	沟道堆积物源	12468	12468
15	B05	崩塌堆积物源	16606	24909
16	B06	崩塌堆积物源	48828	73242
17	B07	崩塌堆积物源	27011	40517
18	B08	崩塌堆积物源	26460	26460
19	P01	坡面侵蚀物源	44689	44689
20	P02	坡面侵蚀物源	104750	54750
合计			634977	998286

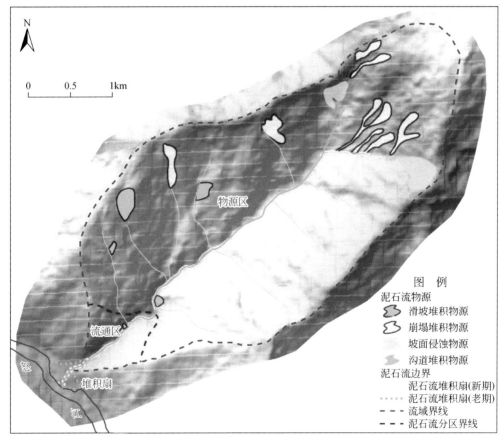

图 10.46　齐郎当泥石流物源分布图

3）水源特征

根据贡山县气象局收集的资料，泥石流区域多年平均降水量为 1727.4mm，最大年降水量为 2379.2mm，最大月降水量为 229.5mm，最大日降水量为 41.4mm，最大 1 小时降水量为 21.1mm，最大 10min 降水量为 17.1mm。可见，总体上雨量较为贫乏，但降水量时空分布不均匀，局地暴雨现象时有发生，成为诱发泥石流、滑坡、崩塌等地质灾害的重要诱因。据前人研究，当 1 小时降水量达到 20mm 左右或 10min 降水量达到 8～10mm 时，区内往往群发泥石流、滑坡等地质灾害，可见集中降水是区内地质灾害的主要引发因素。流域呈柳叶状，主沟纵比降大，沟道安排陡峻，流域汇水条件好，同时区域降水量大，泥石流具有良好的水源条件。

4）泥石流活动历史

据现场调查、访问，齐郎当曾多次暴发泥石流，调查到的暴发时间及人员伤亡、财产损失情况如下：

（1）2006 年暴发泥石流，造成 5 人伤亡，损毁桥梁，损毁农田 5 亩；

（2）2016 年暴发泥石流，冲毁部分农田，无人员伤亡；

（3）2020 年 5 月暴发泥石流，造成下游部分已建防护堤、农田损毁，无人员伤亡；

（4）2020 年 7 月暴发洪水，冲毁上游桥涵。

据实地踏勘和调查访问，齐郎当泥石流主要威胁大练地村委会居民 50 户 211 人，其他威胁有 S230 省道、村庄基础设施、耕地、加油站、厂房等，威胁资产约 939 万元。

2. 泥石流危险度评价

通过遥感调查和现场调查资料分析，流域面积为 11.72km²，主沟沟长为 6.62km，平均纵坡降为 354.08‰，流域形态系数为 0.32，沟谷堵塞系数为 2.1，该沟为典型的"沟谷型"泥石流沟。运用泥石流危险度评价模型对泥石流进行危险度定量评价，其危险度值为 0.90，为极高度危险泥石流沟。

3. 泥石流危险范围预测

结合齐郎当泥石流活动特点的遥感调查，泥石流堆积扇完整，目前主沟道分布在堆积扇中部，堆积扇起点海拔为 1480m，堆积扇挤压怒江河道，前缘江面海拔为 1405m，堆积扇面积为 0.094km²。堆积区沟道长 480m，坡度为 8°～13°，扩散角为 150°。根据前面的计算公式得到泥石流最大堆积长度（L）、最大堆积宽度（B）及堆积幅角（R），不同频率下计算齐郎当泥石流最大堆积面积如表 10.25 所示。按照沟床条件、淤积坡度和泥石流防治现状等条件对其进行预测范围的确定及调整，得到不同频率下泥石流最大危险范围分布图（图 10.47）。在 100 年一遇降水工况下，泥石流最大堆积长度为 480m，最大堆积宽度为 320m，最大堆积面积为 153351m²，堆积体挤压怒江河道，可能造成局部半堵江。

图 10.25 预测不同频率下齐郎当泥石流最大堆积面积

概率	10 年一遇	20 年一遇	50 年一遇	100 年一遇
一次冲出固体物质量（V）/m³	24723	41427.2	84145	153351
最大堆积长度/m	430	442	458	480
预测最大堆积宽度/m	70	130	210	320
最大堆积面积/m²	13735	25892	33658	51117

图 10.47 预测不同频率下齐郎当泥石流最大危险范围分布图

4. 泥石流风险评价

通过前面对齐郎当泥石流发育特征、危险度和危险性的评价，结合无人机航测影像和现场调查数据，对泥石流危险区内的承灾体进行精细解译，本次工作根据 100 年一遇降水工况，结合泥石流危险性和承灾体易损性，开展泥石流灾害的单体地质灾害风险评价，划分了高风险区、中风险区和低风险区三个等级区，从评价结果来看（图 10.48），泥石流高风险区主要分布在堆积扇沟道两侧 150m 范围，分布房屋面积为 5555m²；中风险区分布在沟道两侧 150～300m 范围，分布房屋面积为 9739m²；低风险区分布在沟道两侧大于 300m 范围，分布房屋面积为 8537m²。

5. 泥石流防治建议

齐郎当泥石流汇水面积大，主沟纵坡降大，流域物源丰富，具备了暴发大规模泥石流的物源、水源、地形条件，泥石流易发程度为易发。2006 年至今，发生了多次泥石流活动，近年来受到降水增强的影响，泥石流活动频率有增高的趋势，从现场调查结果看，目前该沟未进行系统的工程治理，各个工程建设部门在各自的工程区开展了局部防护工程，下游侧沟道修建了防护堤，中部公路处修建了四座桥涵，河口处修建排导槽，工程局部破损，部分桥涵不满足泥石流过流要求，目前的治理工程不能完全满足泥石流防治需求，泥石流危险性大，建议对泥石流进行综合防治，加强泥石流监测。

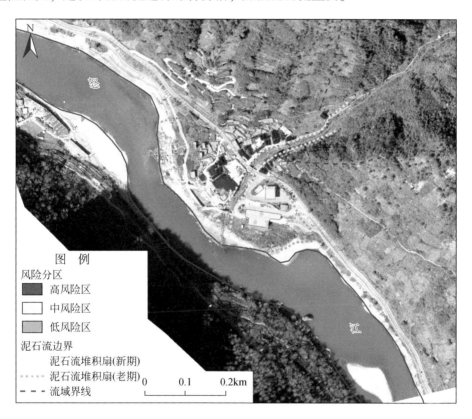

图 10.48　100 年一遇降水工况下齐郎当泥石流风险分区图

10.5　小　　结

本次工作综合怒江峡谷段地形地貌、地质条件、地质灾害发育特征和人类工程活动等因素，在综合遥感精细解译、地质灾害 InSAR 监测、工程地质调查和勘察等基础上，按照重点乡镇场址区、典型地质灾害点开展地质灾害风险评价，详细划分地质灾害风险区，并划分了乡镇开发建设边界，为区内地质灾害防治和国土空间开发利用提供基础支撑。

（1）重点乡镇建设区地质灾害风险评价：捧当乡城镇建设区总面积为 2.167km²，在

100 年一遇降水工况下，高风险区及以上区域面积为 0.538km²，占城镇建设区总面积的 24.83%。石月亮乡城镇建设区总面积为 1.31km²，在 100 年一遇降水工况下，高风险区及以上区域面积为 0.4km²，占城镇建设区总面积的 30.54%。架科底乡城镇建设区总面积为 1.257km²，在 100 年一遇降水工况下，高风险区及以上区域面积为 0.692km²，占城镇建设区总面积的 55.05%。子里甲乡城镇建设区总面积为 0.477km²，在 100 年一遇降水工况下，高风险区及以上区域面积为 0.32km²，占城镇建设区总面积的 67.08%。古登乡城镇建设区总面积为 0.697km²，在 100 年一遇降水工况下，高风险区及以上区域面积为 0.479km²，占城镇建设区总面积的 68.72%。鲁掌镇城镇建设区总面积为 1.63km²，在 100 年一遇降水工况下，高风险区及以上区域面积为 1.182km²，占城镇建设区总面积的 72.52%；

（2）典型地质灾害点建设区地质灾害风险评价：茨开箐泥石流高风险区主要分布在堆积扇沟道两侧 150m 范围，分布房屋面积为 16234m²；龙坡依玛泥石流高风险区主要分布在堆积扇沟道两侧 130m 范围，分布房屋面积为 17770m²；齐郎当泥石流高风险区主要分布在堆积扇沟道两侧 150m 范围，分布房屋面积为 5555m²。

（3）结合怒江峡谷段乡镇场址区建设现状、地形地质条件、地质灾害风险等，开展了怒江高山峡谷段乡镇开发建设边界划分。棒当乡场址区地质灾害防治面积为 5.8km²，其中防控区面积为 3.69km²，包含怒江水域面 0.72km²，主要分布在怒江两侧后山斜坡、龙坡和格咱沟口等区域，该区域泥石流灾害威胁性大，存在高位远程地质灾害风险。石月亮乡场址区地质灾害防治面积为 3.53km²，其中，防控区面积为 2.05km²，包含怒江水域面 0.31km²，场镇开发建设区面积为 1.48km²。

第11章 典型城镇工程建设适宜性评价

11.1 概 述

怒江峡谷段坡高、岸陡、地质条件复杂、人类工程活动强烈，沿江分布2处县城聚居区、15处乡镇聚居区和大量的村庄聚居区，在有限的可利用场地下分布密集的人口。随着近年经济快速的发展，区内人类工程活动空前强烈，因此本章对县城及重点乡镇场址区开展工程建设适宜性评价，为区内工程建设和人民生命安全提供基础支撑。

根据《地质灾害危险性评估规范》（DZ/T 0286—2015）、《地质灾害调查技术要求（1：50000）》（DD 2019—08）、《城市地质调查规范》（DZ/T —2017）、《集镇滑坡崩塌泥石流勘查规范》（DZ/T 0262—2014），以及自然资源部2020年《资源环境承载能力和国土空间开发适宜性评价指南（试行）》等规范和技术要求，对区内开展建设用地适宜性分区评价。分区的划分以地形地貌条件、地质环境条件、地质灾害发育程度及危险性、场地稳定性及人类工程活动等众多因素相结合综合判定为基础，以宏观分析和定量评价为原则，开展现状场地城镇建设适宜性分区评价（王彦钢等，2023；祁生文等，2023）。

11.2 评 价 方 法

11.2.1 评价思路及评价分级

建设适宜性定性评价是以斜坡单元作为评价单元，以地形地貌、工程地质、地质灾害及生态环境为评价指标，在地形地貌因素初步评价基础上，重点依托于地质灾害危险性和地质灾害风险评价结果，开展重点乡镇场址区工程建设适宜性定性评价（杨华等，2023）。

参考现行的《资源环境承载能力和国土空间开发适宜性评价技术指南》（试行）、《城乡规划工程地质勘察规范》（CJJ/T 57—2012）、《城乡建设用地适宜性评价技术规程》（DB50/T 475—2012）等主要规范及技术规程，综合确定本次工程建设适宜性等级为四级，分别为适宜、较适宜、适宜性差、不适宜（图11.1，表11.1）。

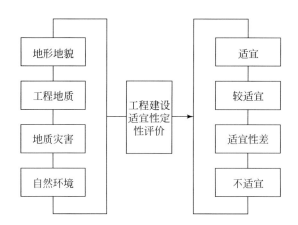

图 11.1　工程建设适宜性定性评价工作流程图

表 11.1　工程建设适宜性评价表

级别	分级依据
适宜	地质环境复杂程度简单，工程建设遭受地质灾害的可能性小，引发、加剧地质灾害的可能性小，危险性小，工程容易处理
较适宜	不良地质现象中等发育，地质构造、地层岩性变化较大，工程建设遭受地质灾害的可能性中等，引发、加剧地质灾害的可能性中等，危险性中等，可采取工程措施进行处理
适宜性差	地质灾害发育强烈，地质构造复杂，软弱结构发育，工程建设遭受地质灾害的可能性大，引发、加剧地质灾害的可能性大，危险性大，防治难度大，工程治理投入大
不适宜	地质灾害发育极强烈，活动断裂发育，地形条件极其复杂，工程建设遭受地质灾害可能性极大，引发、加剧地质灾害的可能性极大，危险性极大，防治工程难度极大，投入的工程治理费用极大

11.2.2　评价指标

1. 地形地貌

（1）按地面坡度建设适宜性分为四级。第一级为适宜，地形坡度 $i \leqslant 10\%$；第二级为较适宜，地形坡度 $10\% \leqslant i < 25\%$；第三级为适宜性差，地形坡度 $25\% \leqslant i < 50\%$；第四级为不适宜，地形坡度 $i \geqslant 50\%$。

（2）按海拔建设适宜性分为四级。第一级为适宜，海拔 $H \leqslant 2500\text{m}$；第二级为较适宜，海拔 $2500\text{m} \leqslant H < 3500\text{m}$；第三级为适宜性差，海拔 $3500\text{m} \leqslant H < 5000\text{m}$；第四级为不适宜，海拔 $H \geqslant 5000\text{m}$。

（3）按地形起伏度建设适宜性分为四级。第一级为适宜，地形起伏 $R \leqslant 50\text{m}$；第二级为较适宜，地形起伏 $50\,\mathrm{m} \leqslant R < 100\,\mathrm{m}$；第三级为适宜性差，地形起伏 $100\,\mathrm{m} \leqslant R < 200\,\mathrm{m}$；第四级为不适宜，地形起伏 $R \geqslant 200\,\mathrm{m}$。

2. 工程地质

评价区内岩土体工程地质差异性较大，本次定性评价主要以工程地质岩组作为评价指标。按工程地质岩组差异性主要分为四级，第一级为坚硬碎屑岩、侵入岩岩组区；第二级为较坚硬变质岩岩组、碳酸盐岩岩组区；第三级为软硬相间层状泥岩、砂岩岩组区；第四级为松散冲洪积、泥石流堆积、残坡积土层。

由于评价区内缓坡地带多为松散冲洪积，因此不宜将第四级定为不适宜建设区，综合考虑将工程地质因子作为浮动评价指标，不作为刚性限制因素。

3. 地质灾害

一般地，建设用地适宜性评价宜将地质灾害风险评价结论作为评价指标，但目前场址内大部分地块土地利用现状为耕地，基于现状的地质灾害风险评价时易损因子不能反映建设区未来建成后的实际易损性。因此，本次将地质灾害危险性区划评价结果作为建设适宜性评价指标。

按照地质灾害危险性分级，建设适宜性分为四级，地质灾害危险性低对应适宜、较适宜分级，地质灾害危险性中等对应适宜性差分级，地质灾害危险性高对应不适宜分级。

4. 生态环境

将自然保护区边界缓冲区范围作为评价指标，基于生态环境因素的建设适宜性分为四级，距离>5 km 对应适宜，1 km<距离≤5 km 对应较适宜，500 m<距离≤1 km 对应适宜性差，距离≤500 m 对应不适宜。

11.2.3　定量评价方法

通过对工作区地质环境承载能力评价，讨论其作为城镇建设适宜性是在依据资料收集及基础调查工作，全面分析工作区资源环境本底情况，包括地形地貌、气候、水资源、土地资源、地质环境、生态保护、环境安全、经济与社会发展等方面，梳理出资源环境要素特点及存在的突出问题（郭骏瀚等，2023；曾爽和王成霞，2023）。对工作区资源环境承载能力评价从土地资源、水资源、环境、灾害四个要素八个指标进行构建指标体系，定量评价场区建设适宜性（谢斯琦和冶建明，2022；周珂旭和黄贤金，2022）。首先对各要素进行资源环境承载能力单要素评价，再依据主成分分析法、限制因子修正法等原理构建资源环境承载能力综合评价方法，划分出资源环境承载能力等级类型，然后结合工作区的区位、交通、服务设施等情况整体评价其建设适宜性（周长红等，2022；秦艮娟等，2022）。

1. 评价原则

（1）尊重自然和科学规律评价应体现尊重自然、顺应自然、保护自然的生态文明理念，充分考虑土地、水、环境、生态等资源环境禀赋条件，统筹把握自然生态整体性和系统性，集成反映各要素间相互作用关系，客观全面的评价资源环境的本底情况（王继龙等，2022）。

（2）针对性的评价要紧紧围绕工作区国土空间规划和社会发展的目标，确定评价路线，选择相应指标，设置能够凸显地理区位特征、资源环境禀赋等区位差异的关键参数，因地制宜地确定指标、算法和分级生产阈值。

（3）适应新发展阶段要求按照生态文明建设要求，落实新发展理念和"以人民为中心"的发展思想，满足高质量、高品质生活对空间发展和治理的现实需求。

（4）注重可操作性评价应尽可能简化，选择最少最有代表性的指标，加强与相关数据基础的统筹衔接，做到评价数可获取、评价方法可操作、评价结果可检验，确保管用、好用、适用。

2. 指标体系

根据对工作区建设用地资源的综合分析，采用模糊综合评价模型，选取基础因子（地形条件、土地资源）和修正评价因子（地质环境）构建适宜性分区评价指标。根据建设开发适宜性程度对评价因子进行量化分级（表11.2）。

表11.2　适宜性评价指标体系

目标层	系统层	要素层	指数层		指标层	
资源环境承载能力状态指标（A）	基础评价系统（B_1）	地形条件（C_1）	D_1	城镇建设条件	E_1	坡度
					E_2	海拔
		土地资源（C_2）	D_2	土地现状	E_3	土地利用类型
			D_3	土地结构类型	E_4	地基土类型
	修正评价系统（B_2）	地质环境（C_3）	D_4	断裂构造	E_7	活动断裂距离
			D_5	地质灾害易发性	E_8	易发性
			D_6	地质灾害危险性	E_9	危险性

3. 技术流程

严格遵循评价原则，围绕城镇建设要求，构建差异化评价指标体系，以定量方法为主，定性方法为辅，全面摸清并分析国土空间本底条件，评价过程中应确保数据可靠、运算准确、操作规范及统筹协调。

第一步，资源环境承载力单要素评价。按照评价对象和尺度差异遴选评价指标，从土地资源、水资源、环境、灾害等陆域自然要素中做单项评价。

第二步，资源环境承载力集成评价。根据资源环境要素单项评价结果，开展陆域集成评价，城镇功能指向下的资源环境承载等级，综合反映国土空间自然本底条件对人类生产生活活动的支撑能力（图11.2）。

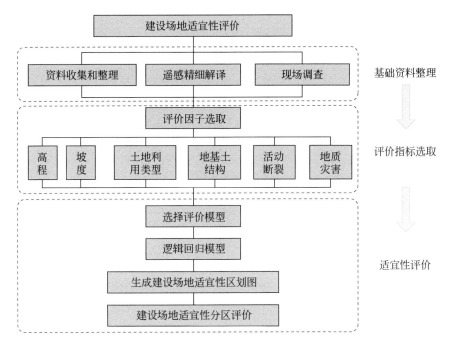

图 11.2　资源环境承载力评价体系图

11.3　县城场址区工程建设适宜性评价

11.3.1　贡山县城

　　参考现行的《资源环境承载能力和国土空间开发适宜性评价技术指南》（试行）、《城乡规划工程地质勘察规范》（CJJ/T 57—2012）、《城乡建设用地适宜性评价技术规程》（DB50/T 475—2012）等主要规范及技术规程，确定本次工程建设适宜性等级分为四级，分别为适宜、较适宜、适宜性差、不适宜。综合考虑地形条件、土地资源、地质环境（地质构造、地质灾害等）等因素，采用定性和定量相结合的方法对贡山县城场址区进行综合适宜性分区，其中较适宜区面积为 1.821km²，占总面积的 12.39%，主要为怒江两岸冲积扇、阶地和缓坡平台区域，该区域地形平缓，受地质灾害影响较小；适宜性差区面积为 0.712km²，占总面积的 4.84%，主要为斜坡坡脚陡缓交界区域，该区域为缓坡，受地质灾害影响较小；不适宜区面积为 11.665km²，占总面积的 79.37%，主要为后部陡坡区域和地质灾害高危险区，该区域为陡坡，受地质灾害影响大；评估区主要分布在怒江两岸，区内水域面主要为怒江河面，水域面面积为 0.499km²，占总面积的 3.4%，水域面划分为不适宜区（表 11.3，图 11.3 ~ 图 11.5）。

表 11.3　贡山县城场址区工程建设适宜性综合分区统计表

适宜性分区	较适宜区	适宜性差区	不适宜区	水域面（不适宜区）	合计
面积/km²	1.821	0.712	11.665	0.499	14.697
所占比例/%	12.39	4.84	79.37	3.4	100

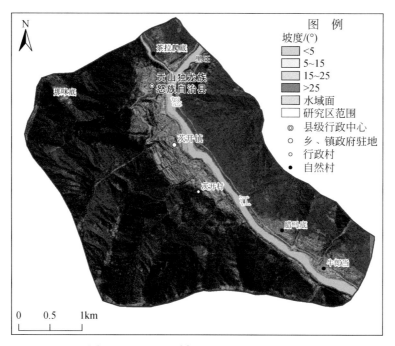

图 11.3　贡山县城场址区地形坡度分级图

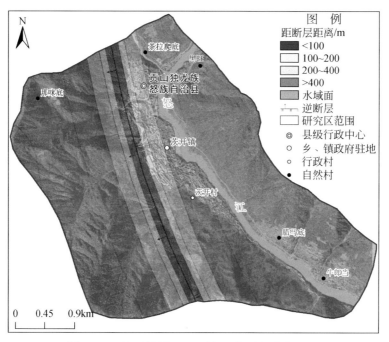

图 11.4　贡山县城场址区受怒江断裂影响分级图

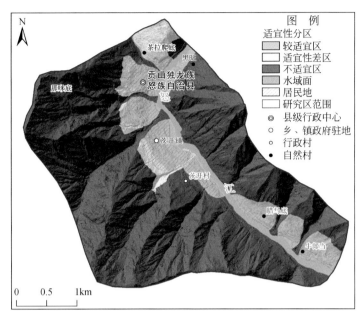

图 11.5　贡山县城场址区工程建设适宜性分区图

根据不同土地资源的建设适宜性赋予不同的人口容量，按适宜建设用地推算法（集约水平）初步计算各类用地的人口容量。根据《城市用地分类与规划建设用地标准》，人均建设用地（居住用地、公共管理与公共服务用地、工业用地、交通设施用地和绿地五大类）按 85.1~105.0m²/人计算，为方便计算，适宜建设区取中值按 95m²/人计算，基本适宜建设区取适宜建设区值的 1.5 倍，即 142.5m²/人计算。根据上面的评价结果，贡山县县城场址区主要为较适宜区和适宜性差区，按照基本适宜建设区统计，初步计算贡山县县城人口容量约为 17775 人（表 11.4）。

表 11.4　贡山县城人口容量计算

适宜建设分区	适宜建设区	基本适宜建设区	不适宜建设区	合计
面积/m²		2533000	12164000	14697000
建设用地/(m²/人)	95	142.5		
人口容量/人	0	17775		17775

11.3.2　福贡县城

综合定性和定量分区结果，对福贡县城场址区进行综合适宜性详细分区，分为适宜、较适宜、适宜性差、不适宜四个大区。其中适宜区面积为 0.564km²，占总面积的 3.99%，主要为怒江两岸阶地平台区域，该区域地形平缓，地基稳定性好，受地质灾害影响较小；较适宜区面积为 1.086km²，占总面积的 7.68%，主要为怒江两岸冲积扇、阶地和缓坡平台区域，该区域地形平缓，受地质灾害影响较小，目前主要为城镇建设区；适宜性差区面积为 3.086km^2，占总面积的 21.82%，主要为斜坡坡脚陡缓交界区域，该区域为缓坡，受地质灾害影响较小；不适宜区面积为 8.74km^2，占总面积的 61.81%，主要为后部陡坡区域和地质灾害高危险区，该区域为陡坡，受地质灾害影响大；评估区主要分布在怒江两岸，区内水域面主要为怒江河面，水域面面积为 0.665km^2，占总面积的 4.7%，水域面划分为不适宜区（表 11.5）。

表 11.5　福贡县城场址区工程建设适宜性综合分区统计表

适宜性分区	适宜区	较适宜区	适宜性差区	不适宜区	水域面（不适宜区）	合计
面积/km^2	0.564	1.086	3.086	8.74	0.665	14.141
所占比例/%	3.99	7.68	21.82	61.81	4.7	100

根据不同土地资源的建设适宜性赋予不同的人口容量，按适宜建设用地推算法（集约水平）初步计算各类用地的人口容量。根据《城市用地分类与规划建设用地标准》，人均建设用地（居住用地、公共管理与公共服务用地、工业用地、交通设施用地和绿地五大类）按 85.1~105.0m^2/人计算，为方便计算，适宜建设区取中值按 95m^2/人计算，基本适宜建设区取适宜建设区值的 1.5 倍，即 142.5m^2/人计算。根据评价结果，福贡县县城初步计算人口容量约为 35912 人（表 11.6，图 9.17、图 11.6、图 11.7）。

表 11.6　福贡县城人口容量计算

适宜建设分区	适宜建设区	基本适宜建设区	不适宜建设区	合计
面积/m^2	564000	4172000	9405000	14141000
建设用地/(m^2/人)	95	142.5		
人口容量/人	6635	29277		35912

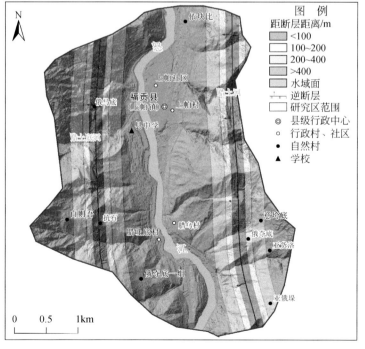

图 11.6　福贡县城场址区受怒江断裂影响分级图

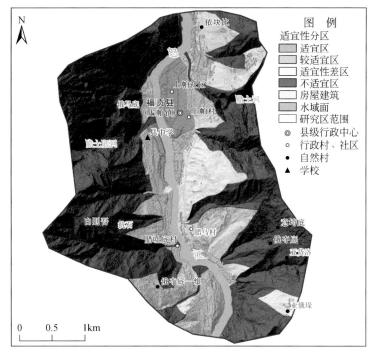

图 11.7　福贡县城场址区工程建设适宜性分区图

11.4　重点乡镇场址区工程建设适宜性评价

11.4.1　贡山县捧当乡场址区

通过对贡山县捧当乡场址区进行综合适宜性分区，其中适宜区面积为 0.31km² ，占总面积的 3.65% ，主要为怒江左岸阶地平台区域，该区域地形平缓，场地稳定性好，受地质灾害影响较小；较适宜区面积为 0.45km² ，占总面积的 5.3% ，主要为怒江两岸冲积扇、阶地和缓坡平台区域，该区域地形平缓，受地质灾害影响较小；适宜性差区面积为 1.54km² ，占总面积的 18.15% ，主要为斜坡坡脚陡缓交界区域，该区域为缓坡，受地质灾害影响较小；不适宜区面积为 5.466km² ，占总面积的 64.43% ，主要为后部陡坡区域和地质灾害高危险区，该区域为陡坡，受地质灾害影响大；评估区主要分布在怒江两岸，区内水域面主要为怒江河面，水域面面积为 0.718km² ，占总面积的 8.46% ，水域面划分为不适宜区（表 11.7，图 11.8 ~ 图 11.10）。

表 11.7　捧当乡场址区工程建设适宜性综合分区统计表

适宜性分区	适宜区	较适宜区	适宜性差区	不适宜区	水域面（不适宜区）	合计
面积/km²	0.31	0.45	1.54	5.466	0.718	8.484
所占比例/%	3.65	5.3	18.15	64.43	8.46	100

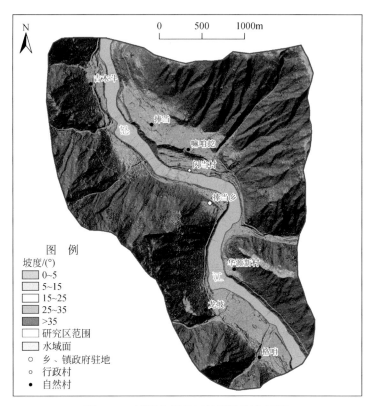

图 11.8　捧当乡场址区地形坡度分级图

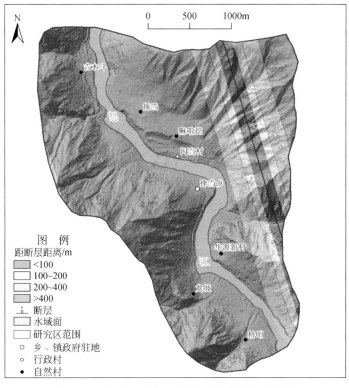

图 11.9　捧当乡场址区受怒江断裂影响分级图

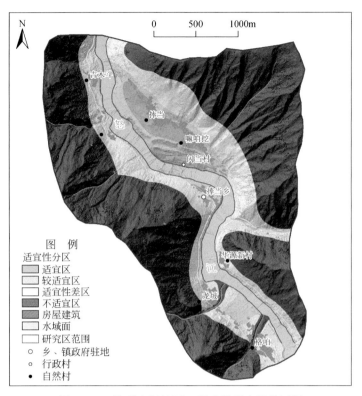

图 11.10 捧当乡场址区工程建设适宜性分区图

11.4.2 福贡县石月亮乡场址区

通过对福贡县石月亮场址区进行综合适宜性分区，其中适宜区面积为 0.16km²，占总面积的 3.41%，主要为怒江左岸阶地平台区域，该区域地形平缓，场地稳定性好，受地质灾害影响较小，目前是主要的城镇居民建筑区；较适宜区面积为 0.33km²，占总面积的 7.02%，主要为怒江左岸冲积扇、阶地和缓坡平台区域，该区域地形平缓，受地质灾害影响较小，目前是主要的场镇建设区；适宜性差区面积为 0.94km²，占总面积的 20.01%，主要为斜坡坡脚陡缓交界区域，该区域为缓坡，受地质灾害影响较小；不适宜区面积为 2.963km²，占总面积的 63.07%，主要为后部陡坡区域和地质灾害高危险区，该区域为陡坡，受地质灾害影响大；评估区主要分布在怒江两岸，区内水域面主要为怒江河面，水域面面积为 0.305km²，占总面积的 6.49%，水域面划分为不适宜区（表 11.8，图 11.11 ~ 图 11.13）。

表 11.8 石月亮乡场址区工程建设适宜性综合分区统计表

适宜性分区	适宜区	较适宜区	适宜性差区	不适宜区	水域面（不适宜区）	合计
面积/km²	0.16	0.33	0.94	2.963	0.305	4.698
所占比例/%	3.41	7.02	20.01	63.07	6.49	100

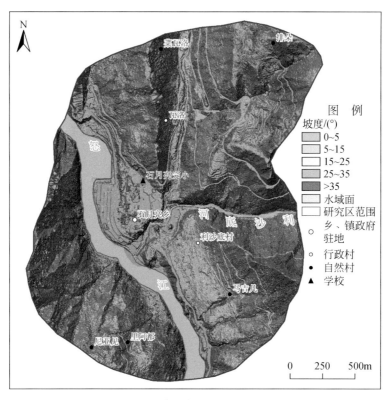

图 11.11　石月亮乡场址区地形坡度分级图

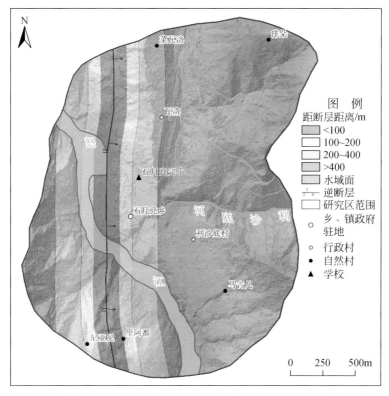

图 11.12　石月亮乡场址区受怒江断裂影响分级图

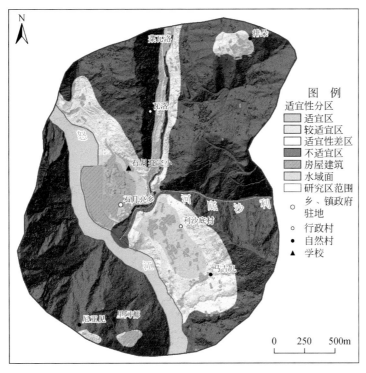

图 11.13　石月亮乡场址区工程建设适宜性分区图

11.5　小　　结

（1）贡山县城场址区主要为较适宜区和适宜性差区，按照基本适宜建设区统计，初步计算贡山县县城人口容量约为 17775 人；福贡县县城城区初步计算人口容量约为 35912 人。

（2）开展了两处县城聚居区、两处乡镇聚居区的工程建设适宜评价，包括贡山县城、贡山县捧当乡场址区、福贡县城和福贡县石月亮乡场址区。贡山县捧当乡场址区不适宜区面积为 5.466km²，占总面积的 64.43%，主要为后部陡坡区域和地质灾害高危险区，该区域为陡坡，受地质灾害影响大。福贡县石月亮乡场址区不适宜区面积为 2.963km²，占总面积的 63.07%，主要为后部陡坡区域和地质灾害高危险区，该区域为陡坡，受地质灾害影响大，为区内工程建设和人民生命安全提供基础支撑。

参 考 文 献

包浩生. 1959. 滇西南地区的新构造运动现象及其特性. 南京大学学报(自然科学版), (7): 65-75.

毕青, 沈坤, 续外芬, 等. 2010. 滇西南地震活动特征分析. 高原地震, 22(1): 10-16.

陈长坤, 纪道溪. 2012. 基于复杂网络的台风灾害演化系统风险分析与控制研究. 灾害学, 27(1): 1-4.

陈丽霞, 殷坤龙, 汪禅. 2008. 单体滑坡灾害风险预测. 自然灾害学报, 17(2): 65-70.

陈宁, 王运生, 蒋发森, 等. 2012. 汶川县渔子溪地震地质灾害特征及灾害链成生分析. 工程地质学报, 20(3): 340-349.

陈仙春, 赵俊三, 陈国平. 2019. 基于"三生空间"的滇中城市群土地利用空间结构多尺度分析. 水土保持研究, 26(5): 258-264.

陈云芳. 2009. 遥感技术在怒江河谷潞江段晚新生代研究中的应用及意义. 北京: 中国地质大学(北京)硕士研究生学位论文.

陈自生. 1992. 高位滑坡的运动转化形式. 山地研究, 10(4): 225-228.

成永刚. 2003. 近二十年来国内滑坡研究的现状及动态. 地质灾害与环境保护, 14(4): 1-5.

程理. 2010. 怒江断裂带道街盆地第四纪构造特征研究. 中国地震局地震预测研究所.

崔云, 孔纪名, 吴文平. 2012. 汶川地震次生山地灾害链成灾特点与防治对策. 自然灾害学报, 21(1): 109-116.

戴可人, 张乐乐, 宋闯, 等. 2021. 川藏铁路沿线 Sentinel-1 影像几何畸变与升降轨适宜性定量分析. 武汉大学学报(信息科学版), 46(10): 1450-1460.

杜娟. 2012. 单体滑坡灾害风险评价研究. 武汉: 中国地质大学(武汉)博士研究生学位论文.

段建中, 薛顺荣, 钱祥贵. 2001. 滇西"三江"地区新生代地质构造格局及其演化. 云南地质, 3: 243-252.

樊晓一, 王成华, 乔建平. 2005. 两龙滑坡特征及转化泥石流机制分析. 水土保持学报, 12(6): 156-158.

冯显杰, 李益敏, 邓选伦, 等. 2022. 高山峡谷地区地质灾害易发性评价——以怒江州为例. 河南理工大学学报(自然科学版), doi: 10.16186/j.cnki.1673-9787.2022040062.

冯自立, 崔鹏, 何思明. 2005. 滑坡转化为泥石流机理研究综述. 自然灾害学报, (3): 8-14.

付尚瑜. 2011. 震裂山体滑坡–溃决型泥石流灾害链研究. 成都: 成都理工大学硕士研究生学位论文.

傅敏宁, 邹武杰, 周国强. 2004. 江西省自然灾害链实例分析及综合减灾对策. 自然灾害学报, 13(3): 101-103.

高晓路, 吴丹贤, 周侃, 等. 2019. 国土空间规划中城镇空间和城镇开发边界的划定. 地理研究, 38(10): 2458-2472.

高治群. 2010. 怒江流域泸水地区地质灾害评价的遥感技术应用. 昆明: 昆明理工大学硕士研究生学位论文.

龚燃. 2021. 2020 年国外民商用对地观测卫星发展综述. 国际太空, (2): 47-54.

龚燃. 2022. 2021 年国外民商用对地观测卫星发展综述. 国际太空, (2): 31-37.

龚燃, 姜代洋. 2023. 2022 年国外民商用对地观测卫星发展综述. 国际太空, 530(2): 26-33.

顾兆炎, 许冰, 吕延武, 等. 2006. 怒江峡谷构造地貌的演化: 阶地宇宙成因核素定年的初步结果. 第四纪研究，（2）：293-294.

郭富赞，孟兴民，张永军，等. 2014. 甘肃山区城镇地质灾害风险区划技术方法探讨. 兰州大学学报（自科版），50（5）：604-610.

郭骏瀚，刘凯，邓岳飞，等. 2023. 基于熵权优化法的地下空间资源地质适宜性评价. 地质通报，42（Z1）：385-396.

郭荣芬，罗燕，唐盛. 2015. "2014. 5. 10"云南怒江州福贡泥石流成因分析. 灾害学，30（1）：102-107.

郭裕元. 1997. 一种全天候高分辨力的成像遥感方式——合成孔径侧视雷达. 影像技术，（3）：58-62.

郭增建，秦保燕. 1987. 灾害物理学简论. 灾害学，（2）：30-38.

虢顺民，向宏发，周瑞琦，等. 1999. 滇西南龙陵-澜沧断裂带——大陆地壳上一条新生的破裂带. 科学通报，44（19）：2118-2121.

郝连成. 2013. 山区城镇地震地质灾害风险评价的技术方法与指标体系研究. 成都：成都理工大学硕士研究生学位论文.

何浩生，何科昭，马篆阶. 1992. 云南境内怒江形成时代的研究. 云南地质，（4）：348-355.

洪惠坤. 2016. "三生"功能协调下的重庆市乡村空间优化研究. 重庆：西南大学博士研究生学位论文.

侯凯. 2010. 陕西省宝鸡市贾村镇泥石流风险评价. 北京：中国地质大学（北京）硕士研究生学位论文.

胡广韬，赵法锁，李丽，等. 1988. 基岩地区高速远程滑坡的多级冲程与超前溅泥气浪. 西安地质学院学报，10（1）：79-87.

胡小龙. 2020. 怒江下游河谷六库—潞江段地质灾害危险性评价及区划研究. 成都：成都理工大学硕士研究生学位论文.

黄安，许月卿，卢龙辉，等. 2020. "生产-生活-生态"空间识别与优化研究进展. 地理科学进展，39（3）：503-518.

黄崇福. 2006. 综合风险管理的地位、框架设计和多态灾害链风险分析研究. 应用基础与工程科学学报，14（Z1）：29-37.

黄润秋，许强. 2008. 中国典型灾难性滑坡. 北京：科学出版社：4-37.

季学伟，翁文国，赵前胜. 2009. 2009 突发事件链的定量风险分析方法. 清华大学学报（自然科学版），49（11）：1749-1752.

简小婷. 2022. 怒江流域福贡段滑坡隐患识别与易发性区划研究. 昆明：昆明理工大学硕士研究生学位论文.

蒋忠信. 1987. 滇西北三江河谷纵剖面的发育图式与演化规律. 地理学报，（1）：16-27，97-98.

蒋忠信. 2003. 怒江没别至贡山段河谷地貌与铁路选线. 铁道工程学报，4：49-53.

康婧，王伟伟，程林，等. 2016. 基于模糊数学方法的海岛地质灾害风险评价——以长兴岛为例. 海洋环境科学，35（6）：861-867.

赖旭东. 2010. 机载激光雷达基础原理与应用. 北京：电子工业出版社.

赖旭东. 2017. 机载激光雷达技术现状及展望. 地理空间信息，15（8）：1-5.

李春燕，孟晖，张若琳，等. 2017. 中国县域单元地质灾害风险评估. 水文地质工程地质，44（2）：160-166.

李冠宇，李鹏，郭敏，等. 2021. 基于聚类分析法的地质灾害风险评价——以韩城市为例. 科学技术与工程，21（25）：10629-10638.

李光涛. 2008. 滇西南怒江断裂带第四纪以来的构造活动性. 中国地震局地震预测研究所.

李光涛，陈国星，苏刚，等. 2008. 滇西地区怒江河流阶地、夷平面变形反映的第四纪构造运动. 地震，（3）：125-132.

李广东, 方创琳. 2016. 城市生态—生产—生活空间功能定量识别与分析. 地理学报, 71(1)：49-65.

李京昌. 1998. 滇西怒江断裂带新构造特征. 地震地质, (4)：25-30, 32-33.

李萌, 王传胜, 张雪飞. 2019. 国土空间规划中水源涵养功能生态保护红线备选区的识别. 地理研究, 38(10)：2447-2457.

李闽. 2002. 地质灾害人口安全易损性区划研究. 中国地质矿产经济, (8)：24-27.

李树德, 曾思伟. 1988. 论泥石流的另一种类型：滑坡型泥石流——以甘肃刘家堡泥石流为例. 水土保持学报, (4)：66-71.

李思楠, 赵筱青, 普军伟, 等. 2021. 西南喀斯特典型区国土空间功能质量评价及耦合协调分析——以广南县为例. 自然资源学报, 36(9)：2350-2367.

李天池, 章书成, 康志成. 1984. 滑坡型泥石流//中国科学院兰州冰川冻土研究所集刊(第四号). 北京：科学出版社：171-177.

李铁锋, 徐岳仁, 潘懋, 等. 2007. 基于多期SPOT-5影像的降雨型浅层滑坡遥感解译研究. 北京大学学报(自然科学版), (2)：62-68.

李岩. 2008. 基于GIS的北京山区地质灾害风险评价研究. 北京：首都师范大学硕士研究生学位论文.

李益敏, 谢亚亚, 蒋德明, 等. 2018. 怒江州斜坡地质灾害孕灾环境因素敏感性研究. 水土保持研究, 25(5)：300-305.

李占飞, 刘静, 邵延秀. 2016. 基于LiDAR的海原断裂松山段断错地貌分析与古地震探槽选址实例. 地质通报, 35(1)：104-116.

李振洪, 宋闯, 余琛, 等. 2019. 卫星雷达遥感在滑坡灾害探测和监测中的应用：挑战与对策. 武汉大学学报(信息科学版), 44(7)：967-979.

廖李红, 戴文远, 陈娟, 等. 2017. 平潭岛快速城市化进程中三生空间冲突分析. 资源科学, 39(10)：1823-1833.

刘爱华. 2013. 城市灾害链动力学演变模型与灾害链风险评估方法的研究. 长沙：中南大学博士研究生学位论文.

刘传正. 2017. 论地质灾害风险识别问题. 水文地质工程地质, 44(4)：1-7.

刘冬英, 沈燕舟, 王政祥. 2008. 怒江流域水资源特性分析. 人民长江, 39(17)：64-66.

刘继来, 刘彦随, 李裕瑞. 2017. 中国"三生空间"分类评价与时空格局分析. 地理学报, 72(7)：1290-1304.

刘圣伟, 郭大海, 陈伟涛, 等. 2012. 机载激光雷达技术在长江三峡工程库区滑坡灾害调查和监测中的应用研究. 中国地质, 39(2)：507-516.

刘文, 王猛, 朱赛楠, 等. 2021. 基于光学遥感技术的高山极高山区高位地质灾害链式特征分析——以金沙江上游典型堵江滑坡为例. 中国地质灾害与防治学报, 32(5)：29-39.

刘文方, 肖盛燮, 隋严春, 等. 2006. 自然灾害链及其断链减灾模式分析. 岩石力学与工程学报, (S1)：2675-2681.

刘希林. 1988. 泥石流危险度判定的研究. 灾害学, (3)：10-15.

刘希林. 2000. 泥石流风险评价中若干问题的探讨. 山地学报, 18(4)：341-345.

刘新有, 李自顺, 刘永兴, 等. 2017. 怒江流域云南区段降雨时空变化分析. 人民长江, 48(18)：39-44.

刘洋. 2013. 基于RS的西藏帕隆藏布流域典型泥石流灾害链分析. 成都：成都理工大学硕士研究生学位论文.

刘耀林, 张扬, 张琰, 等. 2018. 特大城市"三线冲突"空间格局及影响因素. 地理科学进展, 37(12)：1672-1681.

刘宇. 2020. 怒江下游腊勐—中山河段地质灾害危险性评价. 成都：成都理工大学硕士研究生学位论文.

龙四春, 李陶, 刘经南, 等. 2008. D-InSAR 中参考 DEM 误差与地表形变对相位贡献的灵敏度研究. 测绘通报, 387-391.

卢瀚. 2020. 怒江流域泸水段堆积层滑坡早期识别及稳定性分析. 北京: 中国地质大学(北京)硕士研究生学位论文.

陆显超, 卿展晖, 范拓. 2006. 广东省地质灾害预测分区研究. 岩石力学与工程学报, 25(22): 3405-3411.

吕延武, 顾兆炎, 许冰, 等. 2012. 云南怒江丙中洛河段第三级阶地～(10)Be 暴露年龄. 第四纪研究, 32(3): 403-408.

罗路广, 裴向军, 谷虎, 等. 2020. 基于 GIS 的"8·8"九寨沟地震景区地质灾害风险评价. 自然灾害学报, 29(3): 193-202.

骆银辉. 2009. 三江并流区地质环境问题研究. 北京: 中国地质大学(北京)博士研究生学位论文.

孟凡奇, 李广杰, 秦胜伍, 等. 2010. 基于证据权法的泥石流危险度区划. 吉林大学学报: 地球科学版, 40(6): 1380-1384.

孟晖, 李春燕, 张若琳, 等. 2017. 京津冀地区县域单元地质灾害风险评估. 地理科学进展, 36(3): 327-334.

孟庆华, 孙炜锋, 张春山, 等. 2014. 地质灾害风险评估与管理方法研究——以陕西凤县为例. 水文地质工程地质, 1000-3665.

倪化勇, 郑万模, 唐业旗, 等. 2011. 绵竹清平 8·13 群发泥石流成因, 特征与发展趋势. 水文地质工程地质, 38(3): 129-133.

牛全福. 2011. 基于 GIS 的地质灾害风险评估方法研究——以"4·14"玉树地震为例. 兰州: 兰州大学博士研究生学位论文.

潘桂棠, 王立全, 耿全如, 等. 2020. 班公湖-双湖-怒江-昌宁-孟连对接带时空结构——特提斯大洋地质及演化问题. 沉积与特提斯地质, 40(3): 1-19.

齐信, 唐川, 铁永波, 等. 2010. 基于 GIS 技术的汶川地震诱发地质灾害危险性评价——以四川省北川县为例. 成都理工大学学报(自然科学版), 37(2): 160-167.

齐信, 唐川, 陈州丰, 等. 2012. 地质灾害风险评价研究. 自然灾害学报, (5): 33-40.

祁生文, 郑博文, 路伟, 等. 2023. 二氧化碳地质封存选址指标体系及适宜性评价研究. 第四纪研究, 43(2): 523-550.

乔建平, 王萌, 吴彩燕. 2017. 基于概率方法的区域地质灾害风险防御工程效益评估. 中国地质灾害与防治学报, 28(2): 131-136.

秦艮娟, 马长乐, 聂森. 2022. 贵阳山地城市避灾绿地适宜性评价. 湖南师范大学自然科学学报, 45(6): 52-61.

单博. 2014. 基于 3S 技术的奔子栏水源地库区库岸地质灾害易发性评价及灾害风险性区划研究. 长春: 吉林大学博士研究生学位论文.

佘金星, 周兴霞, 刘飞, 等. 2019. 丹巴地质灾害隐患早期识别关键技术研究. 测绘, 42(6): 243-247.

史培军. 1991. 论灾害研究的理论与实践. 南京大学学报, 11: 37-42.

史培军. 2009. 五论灾害系统研究的理论与实践. 自然灾害学报, 18(5): 1-9.

苏鹏程, 韦方强. 2014. 澜沧江流域滑坡泥石流空间分布与危险性分区. 资源科学, 36(2): 273-281.

苏鹏程, 韦方强, 谢涛. 2012. 云南贡山 8.18 特大泥石流成因及其对矿产资源开发的危害. 资源科学, 34(7): 1248-1256.

孙爱博, 张绍良, 公云龙, 等. 2019. 国土空间用途的权衡决策方法研究. 中国土地科学, 33(10): 13-21.

孙克勤. 2010. 世界自然遗产云南三江并流保护区存在的问题和保护对策. 资源与产业, 12(6): 118-124.

孙丕苓, 许月卿, 刘庆果, 等. 2019. 基于生态安全视角的土地利用冲突强度时空演变及影响因素分析——以环京津贫困带为例//中国地理学会. 2019 年中国地理学会经济地理专业委员会学术年会摘要集.

谈树成, 金艳珠, 冯龙等. 2014. 基于 RIA 的 WEBGIS 斜坡地质灾害气象预报预警信息系统的设计与实现——以怒江为例. 地球学报, 35(1): 119-125.

唐川. 1997. 云南省泥石流灾害区域特征调查与分析. 云南地理环境研究, 9(1): 1-9.

唐川. 2005. 云南怒江流域泥石流敏感性空间分析. 地理研究, (2): 178-185, 322.

唐川, 朱静. 1999. 澜沧江中下游滑坡泥石流分布规律与危险区划. 地理学报, (S1): 84-92.

唐晓春. 2008. 四川 5·12 地震灾害链探讨. 西南民族大学学报: 自然科学版, 34(6): 1091-1095.

唐新明, 谢俊峰, 张过. 2012. 测绘卫星技术总体发展和现状. 航天返回与遥感, 33(3): 17-24.

唐亚明, 张茂省. 2011. 滑坡风险评价难点及方法综述. 水文地质工程地质, 38(2): 130-134.

唐渊, 尹福光, 王立全, 等. 2013. 滇西崇山剪切带南段左行走滑作用的构造特征及时代约束. 岩石学报, 29(4): 1311-1324.

陶时雨. 2016. 云南省怒江峡谷区泸水段区域地壳稳定性与地震次生地质灾害预测研究. 昆明: 昆明理工大学硕士研究生学位论文.

铁永波, 阮崇飞, 杨顺, 等. 2021. 云南省贡山县"5·25"暴雨诱发地质灾害的特征与形成机制. 水土保持通报, 41(2): 10-15, 24.

铁永波, 孙强, 徐勇, 等. 2022a. 南方山地丘陵区典型地质灾害成因机制与风险评价. 中国地质调查, 9(4): 1-9.

铁永波, 徐伟, 向炳霖, 等. 2022b. 西南地区地质灾害风险"点面双控"体系构建与思考. 中国地质灾害与防治学报, 33(3): 106-113.

童立强, 郭兆成. 2013. 典型滑坡遥感影像特征研究. 国土资源遥感, 25(1): 86-92.

汪发武. 2019. 地震诱发的高速远程滑坡过程中土结构破坏和土粒子破碎引起的两种不同的液化机理. 工程地质学报, 27(1): 98-107.

汪敏, 刘东燕. 2001. 滑坡灾害风险分析中的易损性及破坏损失评价研究. 工程勘察, (3): 7-11, 34.

王宝亮, 彭盛恩, 陈洪凯. 2010. 推移式滑坡形成机制的力学演绎. 地质灾害与环境保护, 21(2): 74-77.

王芳. 2017. 万州区滑坡灾害风险评价与管理研究. 北京: 中国地质大学博士研究生学位论文.

王国秀. 1989. 矩阵的奇异值分解与标准形. 四川师范大学学报(自然科学版), (3): 59-63.

王继龙, 林丰增, 彭博, 等. 2022. 东南沿海火山岩区城镇建设适宜性评价与实践——以福建省宁德市为例. 华东地质, 43(4): 490-502.

王佳运, 张茂省, 贾俊, 等. 2014. 都江堰中兴镇高位滑坡泥石流灾害致灾成因与发展趋势. 西北地质, 47(3): 157-164.

王嘉学. 2005. 三江并流世界自然遗产保护中的旅游地质问题研究. 昆明: 昆明理工大学博士研究生学位论文.

王介勇, 刘彦随. 2016. 转型发展期"多规合一"理论认知与技术方法. 地理科学进展, 35(5): 529-536.

王静爱, 雷永登, 周洪建, 等. 2012. 中国东南沿海台风灾害链区域规律与适应对策研究. 北京师范大学学报(社会科学版), (2): 130-138.

王开泳, 陈田. 2019. 新时代的国土空间规划体系重建与制度环境改革. 地理研究, 38(10): 2541-2551.

王礼先. 1992. 关于荒溪分类. 北京林学院学报, (3): 94-107.

王随继, 吴绍洪, 何大明, 等. 2006. 纵向岭谷北部三江地貌演变的相似性——地貌参数统计关系证据及成因剖析. 科学通报, 51(Z1): 32-39.

王翔. 2011. 区域灾害链风险评估研究. 大连: 大连理工大学硕士研究生学位论文.

王循庆, 李勇建, 孙华丽. 2014. 基于随机 Petri 网的群体性突发事件情景演变模型. 管理评论, 26(8): 53-62.

王亚飞, 樊杰, 周侃. 2019. 基于"双评价"集成的国土空间地域功能优化分区. 地理研究, 38(10): 2415-2429.

王彦钢, 范学忠, 吴欠. 2023. 城市人居环境适宜性评价分析——以淄博市张店城区为例. 智能城市, 9(3): 76-80.

王志勇, 张金芝. 2013. 基于 InSAR 技术的滑坡灾害监测. 大地测量与地球动力学, 33(3): 87-91.

王治华. 2005. 数字滑坡技术及其应用. 现代地质, (2): 157-164.

魏苏杭. 2017. 怒江州泥石流灾害预警模型及气象预警系统研究. 昆明: 云南大学硕士研究生学位论文.

魏小芳, 赵宇鸾, 李秀彬, 等. 2019. 基于"三生功能"的长江上游城市群国土空间特征及其优化. 长江流域资源与环境, 28(5): 1070-1079.

魏玉强, 程情雯, 单金霞, 等. 2016. 快速城镇化大都市边缘地区耕地红线划定研究. 水土保持研究, 23(1): 80-85.

魏云杰, 王俊豪, 胡爱国, 等. 2022. 澜沧江拉金神谷滑坡成灾机理分析. 中国地质调查, 9(4): 19-26.

文传甲. 1994. 论大气灾害链. 灾害学, (3): 1-6.

吴树仁, 石菊松, 张春山, 等. 2009. 地质灾害风险评估技术指南初论. 地质通报, 28(8): 995-1005.

吴树仁, 王涛, 石玲, 等. 2010. 2008 汶川大地震极端滑坡事件初步研究. 18(2): 1004-9665.

吴益平, 唐辉明, 葛修润. 2005. BP 模型在区域滑坡灾害风险预测中的应用. 岩土力学, 26(9): 1409-1413.

吴越, 刘东升, 李明军. 2011. 岩体滑坡冲击能计算及受灾体易损性定量评估. 岩石力学与工程学报, 901-909.

武锋刚, 张文君. 2011. 基于 GIS 与 RS 的地质灾害解译研究——以怒江上游为例. 南阳理工学院学报, 3(6): 76-79.

肖盛燮. 2006. 灾变链式理论与应用. 北京: 科学出版社.

谢洪, 王成华, 林立相. 2000. 标水岩沟滑坡型泥石流灾害及特征. 中国地质灾害与防治学报, 11(3): 20-23.

谢斯琦, 冶建明. 2022. 基于 AHP~GIS 的干旱区城乡建设用地适宜性评价——以新疆昆玉市为例. 上海国土资源, 43(4): 79-85.

谢自莉, 马祖军. 2012. 城市地震次生灾害演化机理分析及仿真研究. 自然灾害学报, 21(3): 155-163.

徐健铭. 2015. 汶川县映秀镇地质灾害风险评价. 成都: 成都理工大学硕士研究生学位论文.

徐梦珍, 王兆印, 施文婧, 等. 2010. 汶川地震引发的次生山地灾害链——以火石沟为例. 清华大学学报: 自然科学版, (9): 1338-1341.

徐梦珍, 王兆印, 漆力健. 2012. 汶川地震引发的次生灾害链. 山地学报, 30(4): 502-512.

许强, 黄润秋, 殷跃平, 等. 2009. 2009 年 6·5 重庆武隆鸡尾山崩滑灾害基本特征与成因机理初步研究. 工程地质学报, 17(4): 433-444.

许强, 董秀军, 邓茂林, 等. 2010a. 2010 年 7·27 四川汉源二蛮山滑坡−碎屑流特征与成因机理研究. 工程地质学报, 18(5): 609-618.

许强, 张一凡, 陈伟. 2010b. 西南山区城镇地质灾害易损性评价方法——以四川省丹巴县城为例. 地质通报, 29(5): 730-738.

许强, 邓茂林, 李世海, 等. 2018a. 武隆鸡尾山滑坡形成机理数值模拟研究. 岩土工程学报, 40(11): 2012-2021.

许强, 郑光, 李为乐, 等. 2018b. 2018年10月和11月金沙江白格两次滑坡–堰塞堵江事件分析研究. 工程地质学报, 26(6): 1534-1551.

薛东剑. 2010. RS与GIS在区域地质灾害风险评价中的应用——以青川、平武县为例. 成都: 成都理工大学博士研究生学位论文.

薛东剑, 何政伟, 陶舒, 等. 2010. 多源遥感数据在地质灾害风险评价中应用//中国灾害防御协会风险分析专业委员会. "中国视角的风险分析和危机反应"——中国灾害防御协会风险分析专业委员会第四届年会论文集.

杨成生, 董继红, 朱赛楠, 等. 2021. 金沙江结合带巴塘段滑坡群InSAR探测识别与形变特征. 地球科学与环境学报, 43(2): 398-408.

杨华, 徐勇, 王丽佳. 2023. 青藏高原高山峡谷区建设用地和耕地适宜性评价方法及应用——以林芝市为例. 自然资源学报, 38(5): 1283-1299.

杨俊, 郭丽兰, 李争. 2018. 基于空间功能值的矿粮复合区三生空间重构. 农业工程学报, 34(24): 247-255.

杨俊, 张鹏, 李争. 2019. 乡村"三生"空间综合评价与空间优化研究. 国土资源科技管理, 36(4): 117-130.

杨俊辉. 2014. 基于GIS的岩桑树水电站近坝区滑坡风险性评价. 长春: 吉林大学硕士研究生学位论文.

杨明辉. 2006. 21世纪的地形测绘. 测绘科学, 31(2): 13-15.

杨艳, 张绪教, 叶培盛, 等. 2012. 滇西怒江河谷潞江段泥石流灾害时空发育特征. 地质通报, 31(Z1): 343-350.

杨迎冬, 汤沛, 肖华宗, 等. 2017. 云南省地质灾害与水系关系初步分析. 灾害学, 32(3): 36-39.

叶金玉. 2015. 基于多维矩阵的台风灾害链综合风险评估模型及其信息图谱表达. 福州: 福建师范大学博士研究生学位论文.

易靖松, 张勇, 石胜伟, 等. 2018. 基于斜坡单元的山区城镇地质灾害快速评价研究——以江口镇为例. 探矿工程(岩土钻掘工程), 45(8): 72-78.

易靖松, 张群, 张勇, 等. 2023. 基于无限斜坡模型的山区城镇地质灾害风险评价. 科学技术与工程, (2): 509-517.

殷坤龙, 柳源. 2000. 滑坡灾害区划系统研究. 中国地质灾害与防治学报, 11(4): 28-32.

殷跃平. 2010. 斜倾厚层岩质斜坡滑坡视向滑动机制研究——以重庆武隆鸡尾山滑坡为例. 岩石力学与工程学报, 19(2): 217-226.

殷跃平, 朱继良, 杨胜元. 2010. 贵州关岭大寨高速远程滑坡–碎屑流研究. 工程地质学报, 18(4): 445-454.

殷跃平, 王文沛, 李滨, 等. 2016. 地层场地效应对东河口地震滑坡发生影响研究. 土木工程学报, 49(S2): 126-131.

殷跃平, 王文沛, 张楠, 等. 2017. 强震区高位滑坡远程灾害特征研究——以四川茂县新磨滑坡为例. 中国地质, 44(5): 827-841.

于婧, 陈艳红, 唐业喜, 等. 2020. 基于国土空间适宜性的长江经济带"三生空间"格局优化研究. 华中师范大学学报(自然科学版), 54(4): 632-639.

袁从华, 童志怡, 卢海峰. 2008. 牵引式滑坡特征及主被动加固比较分析. 岩土力学, (10): 2853-2858.

袁四化, 王慧彦, 刘晓燕, 等. 2013. 基于GIS的滦县地质灾害风险区划. 自然灾害学报, 22(6): 142-

150.

云南省地质矿产局. 1996. 云南省岩石地层. 武汉：中国地质大学出版社.

曾爽, 王成霞. 2023. 基于GIS的建设用地适宜性评价——以成都市中心五城区为例. 价值工程, 42(1)：13-15.

张波, 张进江, 钟大赉, 等. 2010. 喜马拉雅东构造结东缘碧罗雪山–崇山剪切带北段构造变形特征及构造意义. 中国科学D辑：地球科学, 41：945-959.

张成龙, 李振洪, 余琛, 等. 2021. 利用GACOS辅助下InSAR Stacking对金沙江流域进行滑坡监测. 武汉大学学报(信息科学版), 46(11)：1649-1657.

张春山, 张业成, 胡景江, 等. 2000. 中国地质灾害时空分布特征与形成条件. 第四纪研究, 20(6)：559-566.

张春山, 吴满路, 张业成. 2003. 地质灾害风险评价方法及展望. 自然灾害学报, 12(1)：96-102.

张春山, 张业成, 马寅生, 等. 2006. 区域地质灾害风险评价要素权值计算方法及应用——以黄河上游地区地质灾害风险评价为例. 水文地质工程地质, 33(6)：84-88.

张东明, 李剑锋, 田贵维, 等. 2011. 基于GIS和RS的重庆市滑坡遥感解译. 自然灾害学报, 20(2)：56-61.

张光政, 张世涛, 陶时雨, 等. 2016. 基于斜坡单元的滑坡崩塌灾害易发性区划研究——以泸水县为例. 云南师范大学学报(自然科学版), 36(3)：66-72.

张红娟, 李玉曼, 陈彪. 2019. 乡村"三生"空间布局优化对策研究——以隆尧县梅庄村为例. 农村经济与科技, 30(22)：1-4.

张杰, 李世凯, 甘云兰, 等. 2015. 云南贡山8·18特大泥石流灾害调查分析与启示. 工程地质学报, 23(3)：373-382.

张梁, 张业成, 罗元华, 等. 1998. 地质灾害灾情评估理论与实践. 北京：地质出版社.

张茂省, 薛强, 贾俊, 等. 2019. 山区城镇地质灾害调查与风险评价方法及实践. 西北地质, 52(2)：125-135.

张群, 易靖松, 张勇, 等. 2022. 西南山区县域单元的地质灾害风险评价——以怒江流域泸水市为例. 自然灾害学报, 31(5)：212-221.

张卫星, 周洪建. 2013. 灾害链风险评估的概念模型——以汶川5·12特大地震为例. 地理科学进展, (1)：130-138.

张雪飞, 王传胜, 李萌. 2019. 国土空间规划中生态空间和生态保护红线的划定. 地理研究, 38(10)：2430-2446.

张艳, 刘丹强, 周璐红. 2010. 地质灾害土地资源易损性评价定量探讨. 水文地质工程地质, 37(3)：122-126.

张业成, 张春山, 张梁, 等. 1993. 中国地质灾害系统层次分析与综合灾度计算. 中国地质科学院院报, (27, 28)：139-154.

张永利, 张建平, 任爱珠, 等. 2011. 多智能体的多灾种耦合预测模型. 清华大学学报(自然科学版), (2)：198-203.

赵良军, 李虎, 刘玉锋, 等. 2017. 新疆伊犁果子沟地质灾害风险评价及其致灾因子. 干旱区研究, 34(3)：693-700.

赵希涛, 吴中海, 叶培盛, 等. 2011. 云南怒江河谷新近纪砾石层与堰塞湖相沉积的发现及其意义. 地质学报, 85(12)：1963-1976.

赵旭, 汤峰, 张蓬涛, 等. 2019. 基于CLUE-S模型的县域生产–生活–生态空间冲突动态模拟及特征分析. 生态学报, 39(16)：5897-5908.

郑师谊, 张绪教, 杨艳, 等. 2012. 层次分析法在滇西怒江河谷潞江盆地段崩塌与滑坡地质灾害危险性评价中的应用. 地质通报, 31(Z1): 356-365.

周长红, 张树栋, 吴荣泽, 等. 2022. 武清开发区地下空间开发地质适宜性评价. 地下空间与工程学报, 18(S2): 520-528.

周靖, 马石城, 赵卫锋. 2008. 城市生命线系统暴雪冰冻灾害链分析. 灾害学, (4): 39-44.

周珂旭, 黄贤金. 2022. 人海和谐视角下沿海城市国土空间开发建设适宜性评价研究——以江苏省沿海地区为例. 中国环境管理, 14(6): 149-156.

周愉峰, 马祖军. 2013. 基于情景推演的地震灾害演化动态 GERT 网络模型. 自然灾害学报, (3): 68-75.

朱军. 2018. 基于 GIS 的怒江州生态安全动态评价. 昆明: 云南大学硕士研究生学位论文.

朱雷洲, 谢来荣, 黄亚平. 2020. 当前我国国土空间规划研究评述与展望. 规划师, 36(8): 5-11.

朱良峰, 殷坤龙, 张梁, 等. 2002. 地质灾害风险分析与 GIS 技术应用研究. 地理学与国土研究, 18(4): 10-13.

朱赛楠. 2016. 厚层基岩滑坡软弱夹层演化过程及控滑机理研究. 西安: 长安大学博士研究生学位论文.

朱赛楠, 魏英娟, 王平, 等. 2021a. 大型单斜层状基岩滑坡变形特征与失稳机理研究——以重庆石柱县龙井滑坡为例. 岩石力学与工程学报, 40(4): 739-750.

朱赛楠, 殷跃平, 王猛, 等. 2021b. 金沙江结合带高位远程滑坡失稳机理及减灾对策研究——以金沙江色拉滑坡为例. 岩土工程学报, 43(4): 688-697.

朱昳橙. 2016. 基于 WEBGIS 的怒江州滑坡地质灾害气象预警系统的设计与实现. 昆明: 云南大学硕士研究生学位论文.

朱媛媛, 余斌, 曾菊新, 等. 2015. 国家限制开发区"生产–生活–生态"空间的优化——以湖北省五峰县为例. 经济地理, 35(4): 26-32.

Albert C, Fürst C, Ring I, et al. 2020. Research note: spatial planning in Europe and Central Asia-Enhancing the consideration of biodiversity and ecosystem services. Landscape and Urban Planning, 196: 103741.

Anbalagan R, Singh B. 1996. Landslide hazard and risk assessment mapping of mountainous terrains—a case study from Kumaun Himalaya, India. Engineering Geology, 43(4): 237-246.

Berardino P, Fornaro G, Lanari R, et al. 2002. A new algorithm for surface deformation monitoring based on small baseline differential SAR interferograms. Geoscience and Remote Sensing, IEEE Transactions on, 40(11): 2375-2383.

Carpignano A, Golia E, Mauro C Di, et al. 2009. A methodological approach for the definition of multi-risk maps at regional level: first application. Journal of Risk Research, 12(3-4): 513-534.

Cortinovis C, Haase D, Zanon B, et al. 2019. Is urban spatial development on the right track? Comparing strategies and trends in the European Union. Landscape and Urban Planning, 181: 22-37.

Dai F C, Lee C F, Ngai Y Y. 2002. Landslide risk assessment and management: an overview. Engineering Geology, 64(1): 65-87.

Dombrowsky Wolf R. 1995. Again and again: is a disaster what we call a "disaster". International Journal of Mass Emergencies & Disasters, 13(3): 241-254.

Fell R. 1994. Landslide risk assessment and acceptable risk. Canadian Geotechnical Journal, 31: 261-272.

González-García A, Palomo I, González J A, et al. 2020. Quantifying spatial supply-demand mismatches in ecosystem services provides insights for land-use planning. Land Use Policy, 94: 104493.

Hearn G J. 1995. Landslide and erosion hazard mapping at Ok Tedi copper mine, Papua NewGuinea. Quarterly Journal of Engineering Geology, 28: 47-60.

Helbing D. 2013. Globally networked risks and how to respond. Nature, 497(7447): 51.

Hu T, Peng J, Liu Y, et al. 2020. Evidence of green space sparing to ecosystem service improvement in urban regions: a case study of China's Ecological Red Line policy. Journal of Cleaner Production, 251: 119678.

Iverson R M, et al. 2001. New view of granular mass flows. Geology, 29(2): 115-118.

Kappes M S, Keiler M, Von Elverfeldt K, et al. 2012. Challenges of analyzing multi-hazard risk: a review. Natural Hazards, 64(2): 1925-1958.

Lanari R, Lundgren P, Manzo M, et al. 2004. Satellite radar interferometry time series analysis of surface deformation for Los Angeles, California. Geophysical Research Letters, 31(23).

Li S N, Zhao X Q, Pu J, et al. 2021. Optimize and control territorial spatial functional areas to improve the ecological stability and total environment in karst areas of Southwest China. Land Use Policy, 100: 104940.

Ma W, Jiang G, Chen Y, et al. 2020. How feasible is regional integration for reconciling land use conflicts across the urban-rural interface? Evidence from Beijing-Tianjin-Hebei metropolitan region in China. Land Use Policy, 92: 104433.

Mejia-Navarro M, Wohl E E, Oaks S D. 1994. Geological hazards, vulnerability, and risk assessment using GIS: model for Glenwood Springs, Colorado. Geomorphology, 10: 331-354.

Menoni S. 2001. Chains of damages and failures in a metropolitan environment: some observations on the Kobe earthquake in 1995. Journal of Hazardous Materials, 86(1-3): 101-119.

Notti D, Herrera G, Bianchini S, et al. 2014. A methodology for improving landslide PSI data analysis. International Journal of Remote Sensing, 35(6): 2186-2214.

Oliveira E, Leuthard J, Tobias S. 2019. Spatial planning instruments for cropland protection in western European countries. Land Use Policy, 87: 104031.

Ren T, Gong W, Gao L, et al. 2022. An interpretation approach of ascending-descending SAR data for landslide identification. Remote Sensing, 14(5): 1299.

Samsonov S, D'Oreye N, Smets B. 2013. Ground deformation associated with post-mining activity at the French-German border revealed by novel InSAR time series method. International Journal of Applied Earth Observation and Geoinformation, 23(Complete): 142-154.

Sandwell D T, Price E J. 1997. Sums and differences of interferograms: imaging the troposphere. Eos Trans AGU, 78 (46): F144.

Torres R, Snoeij P, Geudtner D, et al. 2012. GMES Sentinel-1 Mission. Remote Sensing of Environment, 120: 9-24.

Varnes D J. 1984. Landslide hazard zonation: a review of principles and practice. Natural Hazard, 3-63.

Wang J X, Gu X Y, Huang T R. 2013. Using Bayesian networks in analyzing powerful earthquake disaster chains. Natural Hazards, 68(2): 509-527.

Wang Y, Liu D, Dong J, et al. 2021. On the applicability of satellite SAR interferometry to landslide hazards detection in hilly areas: a case study of Shuicheng, Guizhou in Southwest China. Landslides, 18(7): 2609-2619.

Xu Q, Fan X M, Huang R Q, et al. 2010. A catastrophic rockslide-debris flow in Wulong, Chongqing, China in 2009: background, characterization, and causes. Landslides, 7(1): 75-87.

Yin Y P, Cheng Y L, Liang J T, et al. 2016. Heavy-rainfall-induced catastrophic rockslide-debris flow at Sanxicun, Dujiangyan, after the Wenchuan M_S 8.0 earthquake. Landslides, 13(1): 9-23.

Yu B, Pan W, Song J, et al. 2012. Risk zonation and evaluation of landslide geohazards in Hangzhou. Rock Soil Mech, 33(S1): 193-199.

Zhou D, Lin Z, Lim S H. 2019. Spatial characteristics and risk factor identification for land use spatial conflicts in a rapid urbanization region in China. Environmental Monitoring and Assessment, 191(11): 1-22.